电子技术基础与技能

（第3版）

李中显　韩贵黎　主编

電子工業出版社
Publishing House of Electronics Industry
北京 • BEIJING

内 容 简 介

本书根据全国中等职业学校电子类专业教学大纲，结合河南省电子技术应用专业教学标准，参照电子类专业职业资格标准，考虑中、高职教学内容衔接，参考历年来全国电工电子技能大赛方案编写而成。

全书分为 10 个项目，分别为电子技能基础训练、常见电子元器件的识别及检测、直流稳压电源的认知及应用、放大电路的认知及应用、集成放大器的认知及应用、正弦波振荡器的认知及应用、组合逻辑电路的认知及应用、脉冲电路的认知及应用、时序逻辑电路的认知及应用、综合实训。

本书为新编校企合作实验教材，采用了适应技能培养的“项目＋任务”编写体例，突出了工学结合、适应“双证”、体现“四新”（新知识、新技术、新工艺、新方法）的特点，适合中等职业教育电子类专业教学使用，也可作为对口升学知识与技能考试用书。

图书在版编目（CIP）数据

电子技术基础与技能 / 李中显，韩贵黎主编. —3 版. —北京：电子工业出版社，2022.1

ISBN 978-7-121-42852-4

Ⅰ. ①电… Ⅱ. ①李… ②韩… Ⅲ. ①电子技术—中等专业学校—教材 Ⅳ. ①TN

中国版本图书馆 CIP 数据核字（2022）第 021662 号

责任编辑：张　凌
印　　刷：涿州市京南印刷厂
装　　订：涿州市京南印刷厂
出版发行：电子工业出版社
　　　　　北京市海淀区万寿路 173 信箱　邮编　100036
开　　本：880×1 230　1/16　印张：17.5　字数：390 千字
版　　次：2013 年 8 月第 1 版
　　　　　2022 年 1 月第 3 版
印　　次：2024 年 6 月第 10 次印刷
定　　价：48.00 元

凡所购买电子工业出版社图书有缺损问题，请向购买书店调换。若书店售缺，请与本社发行部联系，联系及邮购电话：（010）88254888，88258888。

质量投诉请发邮件至 zlts@phei.com.cn，盗版侵权举报请发邮件至 dbqq@phei.com.cn。

本书咨询联系方式：（010）88254583，zling@phei.com.cn。

河南省中等职业教育校企合作精品教材

出版说明

为深入贯彻落实《河南省职业教育校企合作促进办法（试行）》（豫政〔2012〕48号）精神，我们在深入行业、企业、职业院校调研的基础上，经过充分论证，按照校企“1+1”双主编与校企编者“1∶1”的原则要求，组织有关职业院校一线骨干教师和行业、企业专家，编写了河南省中等职业学校机械加工技术、建筑工程施工、电子电器应用与维修、计算机应用、食品生物工艺五个专业的校企合作精品教材。

这套校企合作精品教材的特点如下：一是注重与行业的联系，实现专业课程内容与职业标准对接，学历证书与职业资格证书对接；二是注重与企业的联系，将“新技术、新知识、新工艺、新方法”及时编入教材，使教材内容更具前瞻性、针对性和实用性；三是反映技术技能型人才培养规律，把职业岗位需要的技能、知识、素质有机地整合到一起，真正实现教材由以知识体系为主向以技能体系为主的跨越；四是教学过程对接生产过程，充分体现“做中学，做中教”“做、学、教”一体化的职业教育教学特色。我们力争通过本套教材的出版和使用，为全面推行“校企合作、工学结合、顶岗实习”人才培养模式的实施提供教材保障，为深入推进职业教育校企合作做出贡献。

在这套校企合作精品教材编写过程中，校企双方编写人员力求体现校企合作精神，努力将教材高质量地呈现给广大师生，但由于本次教材编写是一次创新性的工作，书中难免会存在不足之处，敬请读者提出宝贵意见和建议。

河南省职业技术教育教学研究室

依据《河南省职业教育校企合作促进办法》和教育部、省政府有关加强职业教育校企合作的精神，本着适应企业需要，突出能力培养，体现“做中学，做中教”的职教特色，在深入企业调研的基础上，编写了本书。

本书以技能操作为主，以知识够用为原则，以提高学生综合职业能力和服务终身发展为目标，每个项目采用了“任务分析—任务准备—任务实施—知识链接—思考与练习”的编写模式。在本书的编写中，力求突出以下特色：

（1）在编写理念上，贴近中职学生的认知规律，以电子技术知识与技能为中心，以电子行业职业资格、国家职业标准为参照，采用大量技能实训提高学生技能，通过电子产品制作，引入相关知识点，注重“做中学，做中教”“做、学、教”一体化，凸显理论实践一体化的职教特色。

（2）在结构设置上，把“技能目标”和“知识目标”放在每个项目开端，使读者对本项目的重点技能和知识点一目了然；把“技能实训”和“知识链接”放在每个项目中讲解，着重对学生进行技能的培养和训练；“知识链接”的内容与“任务实施”的内容紧密相关，目的是拓展中职学生的理论知识；以电子技术技能基础、模拟电子线路技能与实训、数字电路技能与实训、整机综合实训为链条，体现电子技术知识体系。

（3）在内容编排上，紧跟电子技术的发展潮流，以教学大纲为本，根据电子企业的岗位需求来选择教学内容，体现新知识、新技术、新工艺、新方法的特点。尤其是书中实用、实际的实训项目内容，均是来自一线教师和企业技术人员的心得体会与经验总结，学生掌握各产品装配工艺之后，将会提高技能水平和操作速度。

（4）在呈现形式上，全书穿插实物图片、装配工艺卡片、操作步骤、实训要求、知识链接、思考练习等环节，力求学生在电子技术技能与知识掌握方面共同提高。

本书分为10个项目，建议安排178学时，在教学过程中可参考如下所示的课时分配表。

项目序号	项目内容	参考课时
项目一	电子技能基础训练	10
项目二	常见电子元器件的识别及检测	10
项目三	直流稳压电源的认知及应用	18

续表

项目序号	项目内容	参考课时
项目四	放大电路的认知及应用	24
项目五	集成放大器的认知及应用	18
项目六	正弦波振荡器的认知及应用	16
项目七	组合逻辑电路的认知及应用	26
项目八	脉冲电路的认知及应用	16
项目九	时序逻辑电路的认知及应用	24
项目十	综合实训	16

本书由河南信息工程学校李中显、韩贵黎主编并统稿，具体分工如下：李中显编写项目一、项目二；郑州市财贸学校李震编写项目三、项目四；韩贵黎编写项目五、项目六，并制作二维码资源；河南信息工程学校薛东亮编写项目七、项目八；新安县职业高级中学吴佳佳编写项目九、项目十。

本书配有多媒体教学资源，请扫描正文中的二维码浏览学习。本书还配有教学课件，请有需要的读者登录华信教育资源网（www.hxedu.com.cn）免费注册后下载。

由于编者水平有限，书中难免存在不足之处，敬请读者予以批评指正。

编　者

目录 Contents

项目一 电子技能基础训练

SMT 工艺技术的特点可以通过与传统通孔插装技术（THT）的比较体现。从组装工艺技术的角度分析，SMT 和 THT 的根本区别是“贴”和“插”。二者的差别还体现在基板、元器件、组件形态、焊点形态和组装工艺等方面。通过本项目内容学习，掌握焊接基本知识与技能，了解电子产品组装基础与安装要求，了解电子产品工艺文件主要内容与编制要求。

技能目标

1. 能使用焊接工具及材料。
2. 能使用常用电子仪器及设备。
3. 掌握 THT 元件的焊接工艺。
4. 掌握 SMT 元件的焊接工艺。

知识目标

1. 了解常用的焊接工具与材料。
2. 掌握电子产品手工焊接工艺。
3. 掌握电子产品组装基础、组装特点、安装要求。
4. 了解电子产品工艺文件编制。

第一部分　技能实训

技能实训 1　THT 元件焊接实训

一、实训要求

（1）装配、焊接工具认识及使用。

（2）电烙铁检测。

（3）THT 元件焊接。

二、实训器材

（1）实习工具、万用表各一套。

（2）焊料、焊剂。

（3）各种 THT 电子元器件、训练用连孔万能板。

三、训练内容

1. 装配工具认识

常用的手工装配工具如图 1-1 所示。

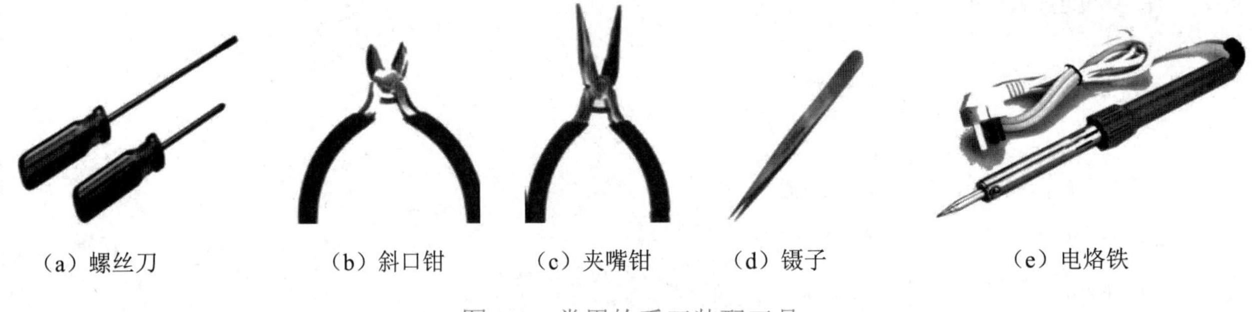

（a）螺丝刀　（b）斜口钳　（c）夹嘴钳　（d）镊子　（e）电烙铁

图 1-1　常用的手工装配工具

2. 电烙铁检测

（1）外观检查：电源插头、电源线、烙铁头。

（2）用万用表检查：电烙铁先要用万用表电阻挡检查插头与金属外壳之间的电阻值，万用表指针应该不动；然后检测插头两端阻值，25W 电热丝的电阻为 2.4kΩ左右。

3．五步法焊接练习的训练内容

1）方法与技巧

（1）焊接练习——五步法，如图 1-2 所示，焊点剖面示意图如图 1-3 所示。

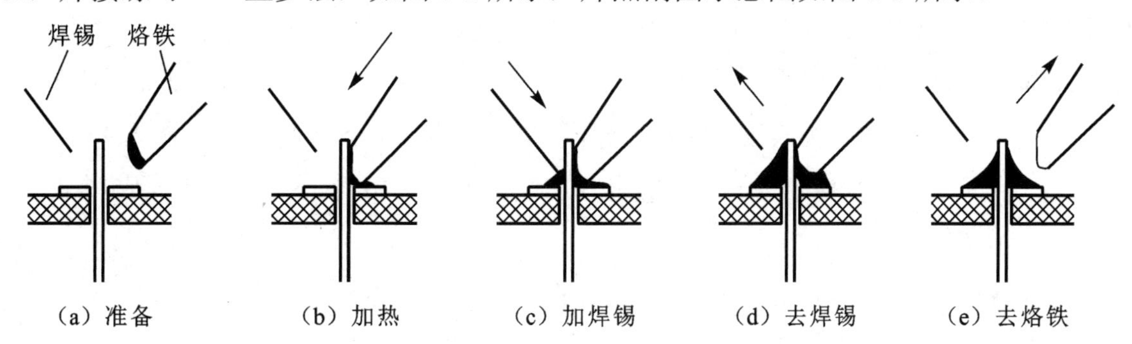

图 1-2　焊接练习——五步法

（2）元件引线表面清理如图 1-4 所示。

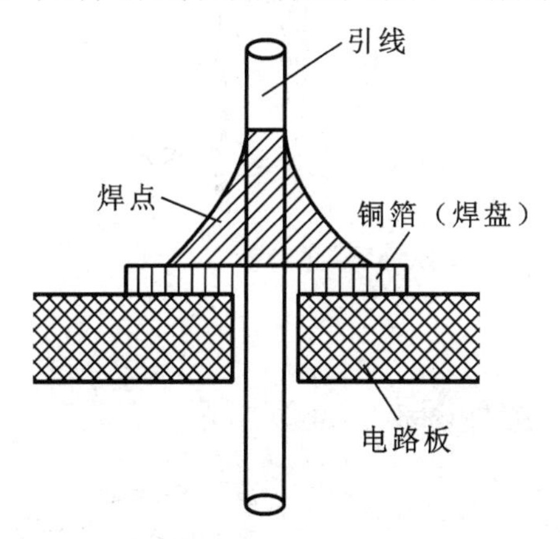

图 1-3　焊点剖面示意图

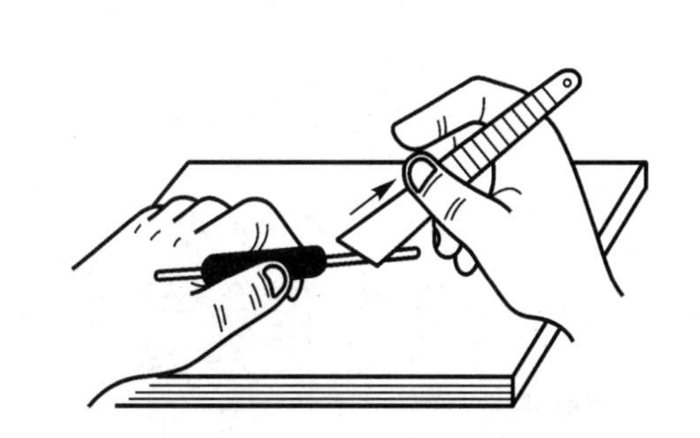

图 1-4　元件引线表面清理

（3）引线预焊如图 1-5 所示。

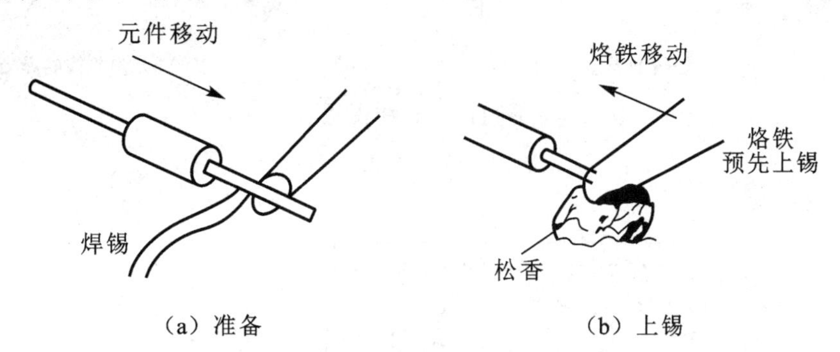

图 1-5　引线预焊

（4）引线成形。

其中，五步法焊接操作要点如下。

（1）烙铁头保持清洁。把烙铁头放在湿海绵或湿抹布上擦拭，去除烙铁头上的脏物。

（2）烙铁头形状。根据不同的焊件，选择不同的电烙铁头。

（3）焊锡桥的运用。使用焊锡桥不仅在焊接时起到传热的作用，还能保护烙铁头不被氧化。

（4）加热时间。一般情况下，焊接加热时间控制在 5s 内。

（5）焊锡量的控制。焊锡量不能过多也不能过少，使焊点光滑，呈锥形，如图 1-3 所示。

2）印制电路板装焊

（1）装焊内容。

装焊 20 个电阻，其中，卧式安装 10 个电阻，立式安装 10 个电阻；装焊 10 根单股导线、10 根多股导线；装焊 5 个瓷片电容、5 个电解电容、装焊 5 个二极管 1N4001；装焊 5 个三极管。

（2）装焊示意图。

电阻的卧式安装如图 1-6（a）所示，立式安装如图 1-6（b）所示。

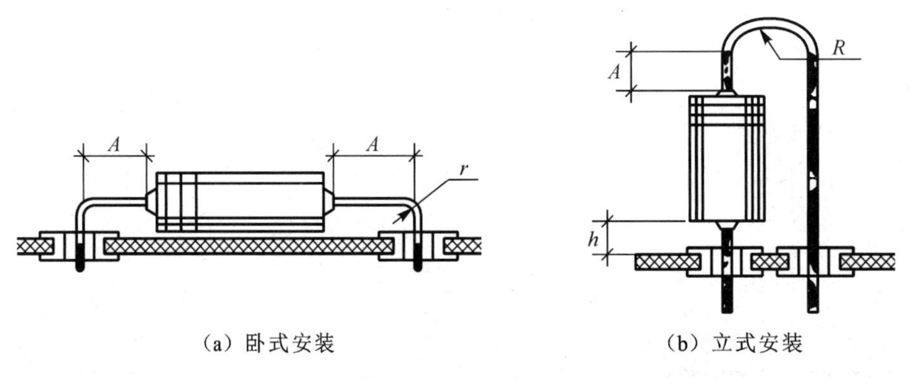

（a）卧式安装　　（b）立式安装

图 1-6　电阻安装

导线单股线的焊接如图 1-7（a）所示，多股线的焊接如图 1-7（b）所示。

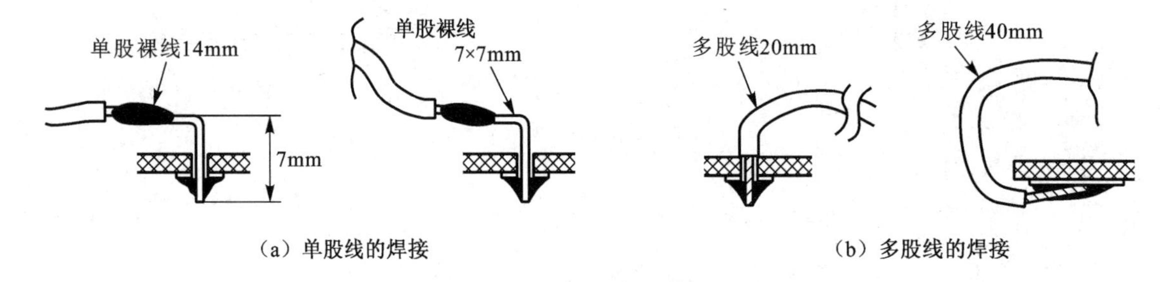

（a）单股线的焊接　　（b）多股线的焊接

图 1-7　导线焊接

PCB 装配如图 1-8 所示。

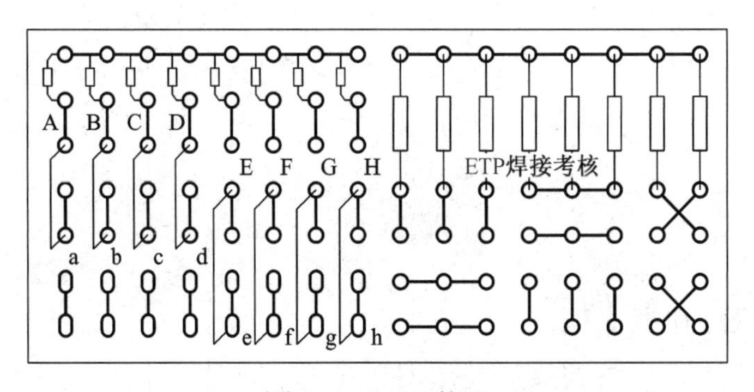

图 1-8　PCB 装配

四、安全文明操作

（1）严禁带电操作（不包括通电测试），保证人身及设备安全。

（2）工具摆放有序，保持桌面整洁。

（3）放置电烙铁等工具时要规范，防止烫伤或损坏物件。

（4）实训结束要清理现场。

Loading

技能实训 2　SMT 元件焊接实训

一、实训要求

1．掌握使用恒温电烙铁焊接贴片电阻、贴片电容、贴片电感的步骤。

2．掌握贴片元件手工焊接的温度设定。

3．掌握合格焊点质量评定及了解不良焊点的原因。

二、实训步骤

（1）电烙铁的温度调至 330℃±30℃。

① 烙铁通电后，先将烙铁温度调到 200～250℃，进行预热。

② 根据不同物料，将温度设定为 300～380℃。

③ 对烙铁头做清洁和保养。

（2）放置元件在对应的位置上，如图 1-9（a）所示。

（3）左手用镊子夹持元件定位在焊盘上，右手用烙铁将已上锡焊盘的锡熔化，将元件定焊在焊盘上，如图 1-9（b）所示。

① 被焊件和电路板要同时均匀受热。

② 加热时间以 1～2s 为宜。

（4）用烙铁头加焊锡丝到焊盘，将两端进行固定焊接，电烙铁以与轴向成 45°的方向撤离，如图 1-9（c）所示。

（5）焊好的元件如图 1-9（d）所示。

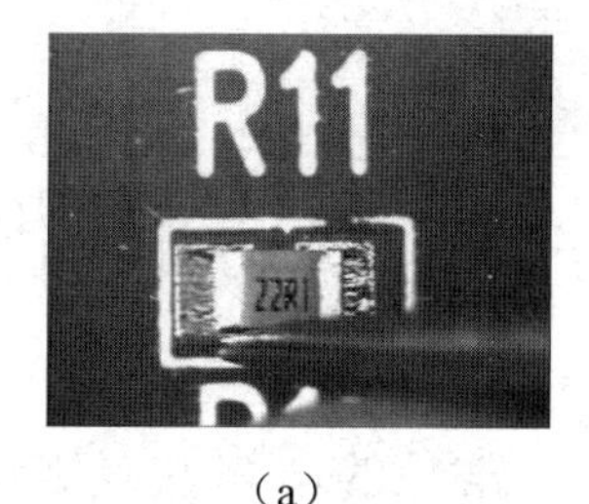

（a）

（b）

图 1-9　贴片元件焊接步骤示意图

(c)

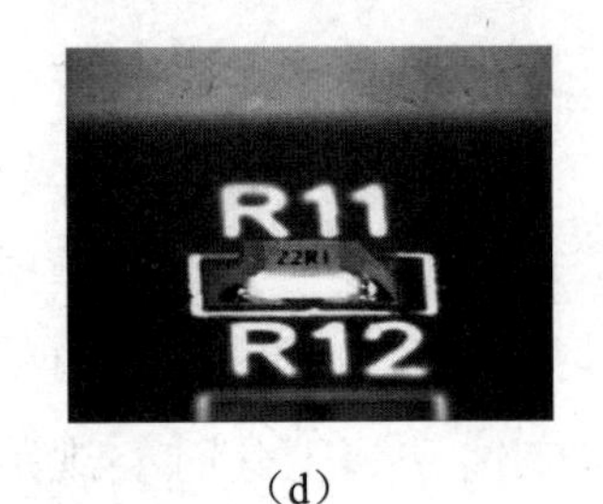

(d)

图 1-9　贴片元件焊接步骤示意图（续）

三、实训内容

（1）焊接贴片元件 20 个。

（2）每个元件焊接时间不要超过 10s。

（3）写出使用恒温电烙铁焊接贴片元件的步骤、心得体会和注意事项。

（4）课下独立操作恒温电烙铁，焊接贴片元件 20 次。

四、安全文明操作

（1）严禁带电操作（不包括通电测试），保证人身及设备安全。

（2）工具摆放有序，保持桌面整洁。

（3）放置电烙铁等工具时要规范，防止烫伤或损坏物件。

（4）操作结束后要清理现场。

第二部分　知识链接

知识点 1　焊接基础

一、焊接工具与材料

焊接工具与材料有电烙铁、电烙铁架、焊锡、吸锡器、热风枪、松香、焊锡膏、尖嘴钳、偏口钳、镊子、小刀等，其中，常见的焊接工具与材料如图 1-10 所示。

1. 电烙铁

（1）电烙铁是焊接电子元件及接线的主要工具，选择合适的电烙铁，合理地使用它，是保证焊接质量的基础。

（2）按发热方式，电烙铁分为内热式、外热式、恒温式，常见的电烙铁及烙铁头如图 1-11 所示。

（3）按电功率，电烙铁分为 15W、20W、35W 等。

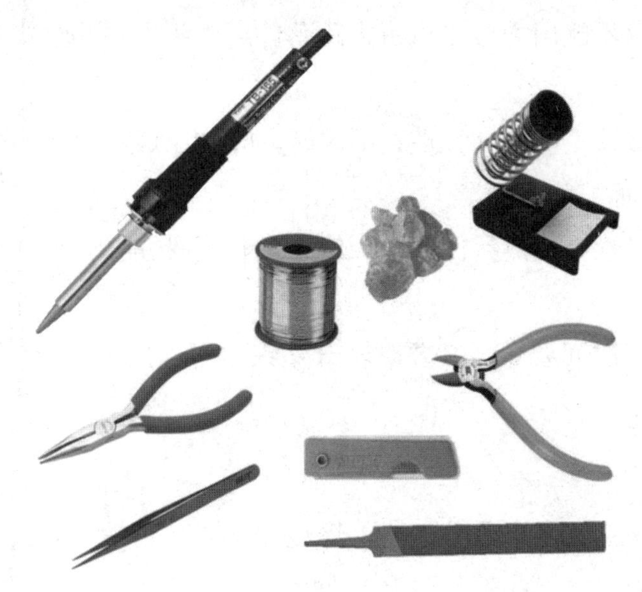

图 1-10　常见的焊接工具与材料

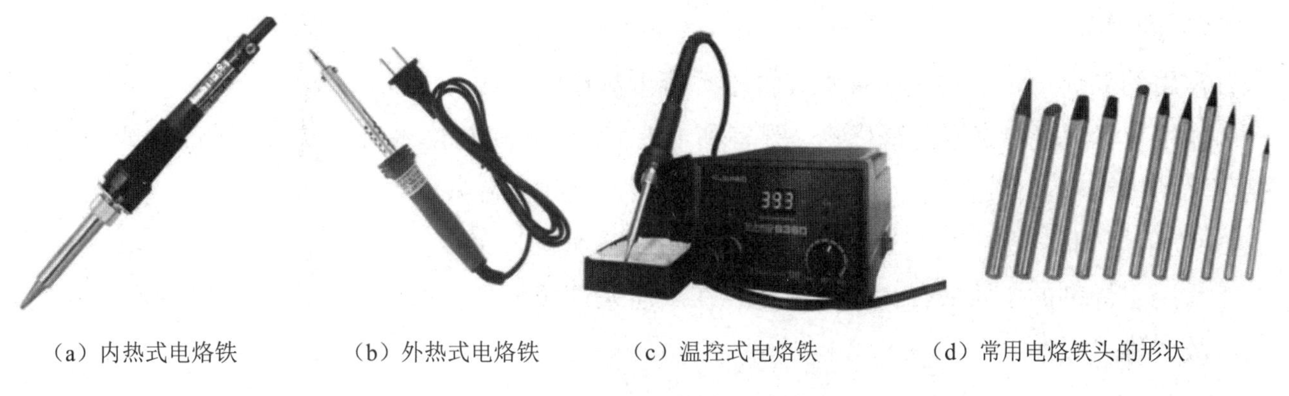

（a）内热式电烙铁　（b）外热式电烙铁　（c）温控式电烙铁　（d）常用电烙铁头的形状

图 1-11　常见的电烙铁及烙铁头

（4）根据焊件大小确定使用的电烙铁类型，一般选 30W 左右。焊接集成电路及易损元件时可以采用储能式电烙铁。

（5）新烙铁在使用前的处理。

① 电烙铁检测后，接通电源，当烙铁头的温度升至能熔锡时，将松香涂在烙铁头上，等松香冒白烟后再涂上一层焊锡。

② 这样就给烙铁头镀上一层焊锡，俗称“吃锡”。

③ 现在很多内热式烙铁都是经过电镀的，如果不是特殊需要，则一般不需要修锉或打磨。

（6）防止烙铁“烧死”。

烙铁头经过一段时间的使用后，表面会凹凸不平，而且氧化严重，因此会不粘锡，这就是人们常说的“烧死”了，也称“不吃锡”。这时候必须重新镀上锡，方法与新烙铁上锡方法一样。

（7）使用电烙铁的注意事项。

① 最好使用三极插头，要使外壳妥善接地。

② 使用前，应认真检查电源插头、电源线有无损坏，并检查烙铁头是否松动。

③ 在电烙铁使用中，不能用力敲击，防止跌落。烙铁头上焊锡过多时，可用湿布擦掉，不可乱甩，以防烫伤他人。

④ 在焊接过程中，烙铁不能到处乱放，不焊时，应放在烙铁架上。注意电源线不可搭在烙铁头上，以防烫坏绝缘层而发生事故。

⑤ 焊接二极管、三极管等怕热元件时应用镊子夹住元件引脚，使热量通过镊子散热，不至于损坏元件。

⑥ 焊接集成电路时，时间要短，必要时断开烙铁电源，用余热焊接。

2. 焊锡、助焊剂与阻焊剂

1）焊锡

焊锡是一种锡铅合金，不同的锡铅比例，焊锡的熔点、温度不同，一般为 180～230℃。焊接时，一般采用有松香芯的焊锡丝。这种焊锡丝，熔点较低，而且内含松香助焊剂，使用极为方便。

2）助焊剂

常用的助焊剂是松香或松香水（将松香溶于酒精中制成）。

作用：清除金属表面的氧化物，既有利于焊接，又可保护烙铁头。焊接较大元件或导线时，也可采用焊锡膏，但它有一定的腐蚀性，焊接后应及时清除残留物。

3）阻焊剂

常用阻焊剂的主要成分为光固树脂，在高压汞灯照射下会很快固化。阻焊剂的颜色多为绿色，故俗称“绿油”。

3. 辅助工具

为了方便焊接操作常采用尖嘴钳、偏口钳、镊子和小刀等辅助工具。

二、手工焊接工艺

1. THT 元件的焊接工艺

1）焊接操作姿势与卫生

（1）焊剂挥发出的化学物质对人体有害，如果操作时鼻子距离烙铁头太近，就很容易将有害气体吸入。一般烙铁离开鼻子的距离应至少不小于 30cm，通常以 40cm 为宜。

（2）铅是对人体有害的重金属，由于焊丝成分中含有一定比例的铅，因此，操作时应戴手套或操作后洗手，避免食入。

2）焊接要求

（1）焊接技术是电子装配首先要掌握的一项基本功，它不但要有熟练的焊接技能，也是保

证电路工作可靠的重要环节。

（2）在焊接时，不仅必须要做到焊接牢固，焊点表面要光滑、清洁，无毛刺，要求高一点，还要美观整齐、大小均匀。避免虚焊、冷焊（如果烙铁温度不够，则焊点表面会看起来像豆渣一样）、漏焊、错焊。

3）电烙铁及焊锡丝的握法

手持电烙铁的方法如图 1-12 所示，拿锡丝的方法如图 1-13 所示。反握法动作稳定，长时间操作不宜疲劳，适于大功率烙铁；正握法适于中等功率烙铁或带弯头电烙铁的操作。在操作台上焊印制电路板等焊件时多采用笔握法。焊锡丝一般有两种拿法，要注意焊丝中有一定比例的铅金属，实训结束后洗手。

（a）正握法

（b）反握法

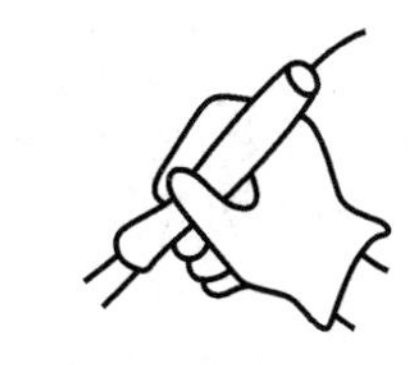

（c）笔握法

图 1-12　手持电烙铁的方法

（a）连续焊接时

（b）断续焊接时

图 1-13　拿锡丝的方法

4）焊前准备

（1）所有元件引线均不得从根部弯曲，一般应留 1.5mm 以上。弯曲可使用尖嘴钳和镊子，或借助圆棒。元件插装示意图如图 1-14 所示。

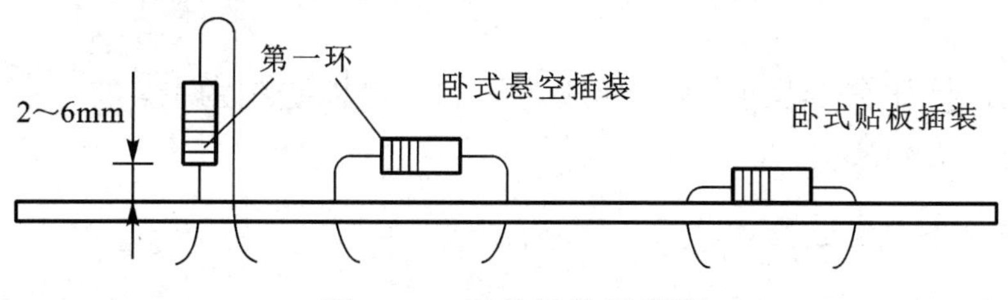

图 1-14　元件插装示意图

（2）弯曲一般不要成死角，圆弧半径应大于引线直径的 1～2 倍。

（3）要尽量将有字符的元件面置于容易观察的位置。

5）焊接步骤

五步焊接法如表 1-1 所示。

表 1-1　五步焊接法

焊接步骤	图　示	焊接过程	焊接步骤	图　示	焊接过程
第一步		准备施焊	第二步		加热焊件

续表

焊接步骤	图示	焊接过程	焊接步骤	图示	焊接过程
第三步		熔化焊料	第四步		移开焊锡
第五步		移开电烙铁			

6）导线焊接

导线与接线端子的连接有三种基本形式，如图 1-15 所示。

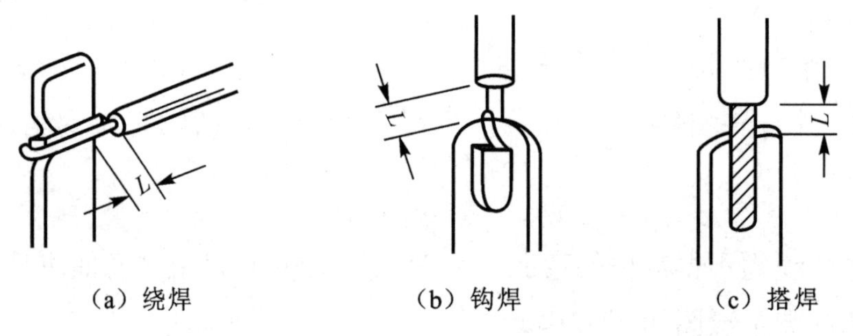

图 1-15　导线与接线端子的连接

导线与导线的连接如图 1-16 所示，导线之间的连接以绕焊为主。

（1）去掉一定长度绝缘皮。

（2）端子上锡，穿上合适套管。

（3）绞合，施焊。

（4）趁热套上套管，冷却后套管固定在接头处。

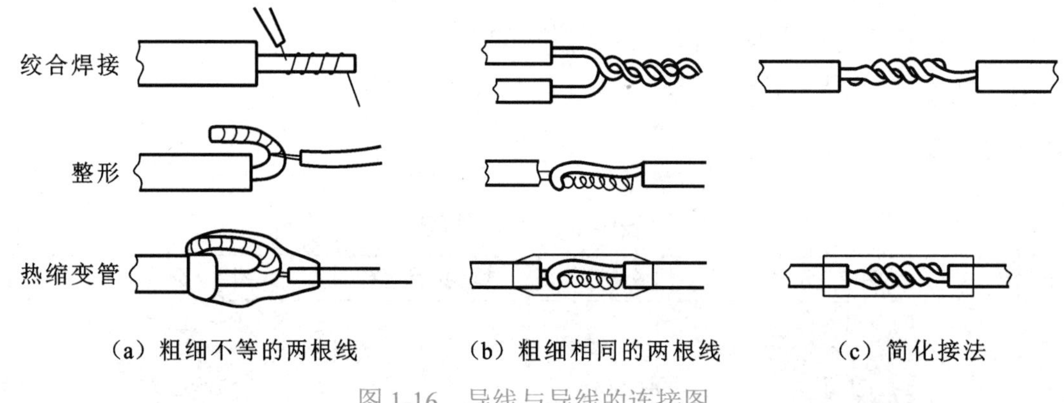

图 1-16　导线与导线的连接图

7）拆焊

调试和维修中常需要更换一些元件，如果方法不当，则会破坏印制电路板，也会使换下而并未失效的元件无法重新使用。

（1）一般电阻、电容等引脚不多，可用电烙铁直接解焊。集成块可用专用工具，如吸锡器。

（2）医用空心针头法。

医用空心针头的针尖内径刚好能套住双列直插式集成电路的引出脚，其外径能插入引脚孔，使用时采用尖头烙铁把引脚焊锡化，同时用针头套住引脚，插入印制板孔内，然后边移开烙铁边旋转针头，使熔锡凝固，最后拔出针头。这样，该引脚就和印制板完全脱离。照此方法，每个引脚做一遍，整块集成电路即能自动脱离印制板，此方法简便易行。

（3）焊锡熔化吹气法。

利用热风枪的气流把熔化的焊锡吹走，气流必须向下，这样可将焊锡及时排走，以免留在印制板内成为隐患。

8）焊点的质量检查

（1）外观检查。

① 外形以焊接导线为中心，均匀、呈裙形拉开。

② 焊接的连接面呈半弓形凹面，焊料与焊件交界处平滑，接触角尽可能小。

③ 表面有光泽且平滑。

④ 无裂纹、针孔、夹渣。

⑤ 是否漏焊，焊料拉失，焊料引起导线间短路，导线及元件绝缘的损伤，焊料飞溅等。

⑥ 检查时，除目测外，还要用指触、镊子拨动、拉线等。检查有无导线断线，焊盘剥离等缺陷。焊点常见缺陷如表 1-2 所示。

表 1-2　焊点常见缺陷

序　　号	图　　示	缺 陷 名 称	缺 陷 成 因
1		虚焊	焊件清理不干净，或加热不足
2		焊锡过多	焊锡丝撤离过迟
3		焊锡过少	焊锡丝撤离过早

续表

序　号	图　示	缺陷名称	缺陷成因
4		冷焊	焊料未完全凝固时焊件抖动
5		空洞	焊件与焊盘间隙过大
6		拉尖	加热时间过长，烙铁头温度降低
7		桥接	焊料过多，或烙铁头撤离方向不正确
8		焊盘脱落	加热时间过长

（2）通电检查。

通电检查必须是在外观检查及连接检查无误后才可进行的工作，也是检验电路性能的关键步骤。如果不经过严格的外观检查，通电检查不仅困难较多，而且有损坏设备仪器造成安全事故的危险。

2. SMT 元件的焊接工艺

1）表面安装元器件

表面安装元器件是无引线或短引线元器件，常分为无源器件（SMC）和有源器件（SMD）两大类。表面安装常用器材有焊膏、红胶、PCB、模板、刮刀等。

（1）无源器件（SMC）。

表面安装无源器件包括片式电阻器、片式电容器和片式电感器等，常见实物外形如图 1-17 所示。

（2）有源器件（SMD）。

① 表面安装二极管。表面安装二极管常用的封装形式有圆柱形、矩形薄片形和 SOT-23 型片状三种，其常用的封装形式如图 1-18 所示。

② 表面安装三极管。表面安装三极管常用的封装形式有 SOT-23 型、SOT-89 型、SOT-143

型和 SOT-252 型四种，其常用的封装形式如图 1-19 所示。

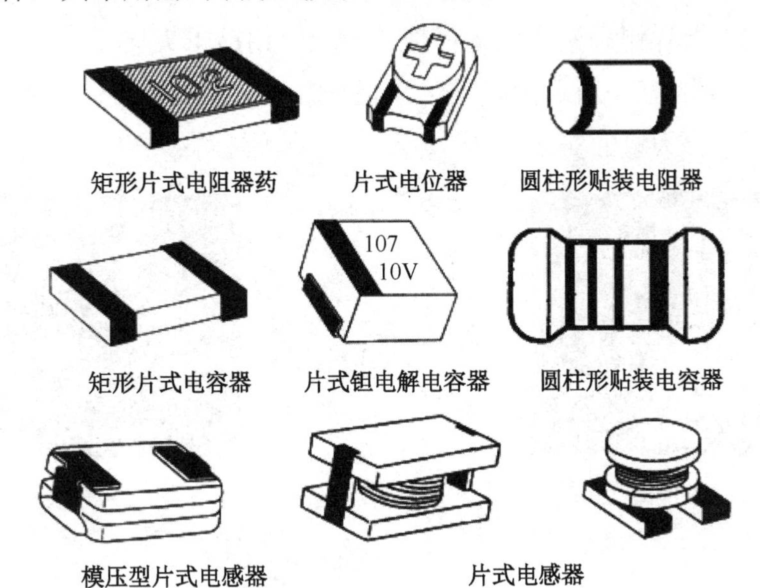

图 1-17　常见表面安装无源器件的实物外形

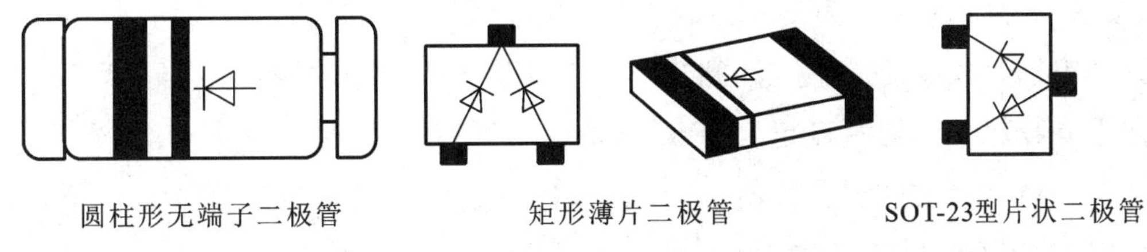

图 1-18　表面安装二极管常用的封装形式

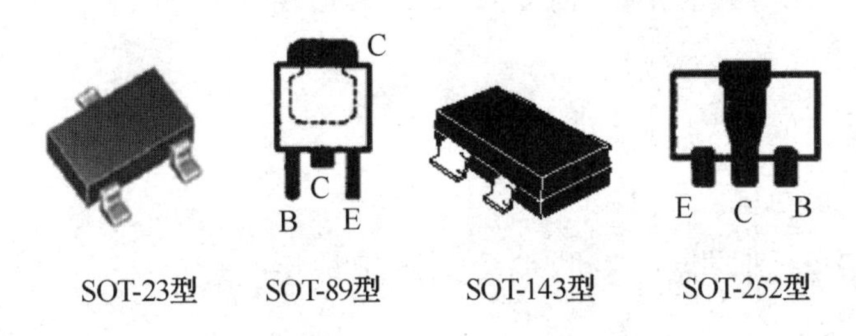

图 1-19　表面安装三极管常用的封装形式

③ 表面安装集成电路。表面安装集成电路常用的封装形式有 SOP 型、PLCC 型、QFP 型、BGA 型、CSP 型、MCM 型等几种，部分封装形式如图 1-20 所示。

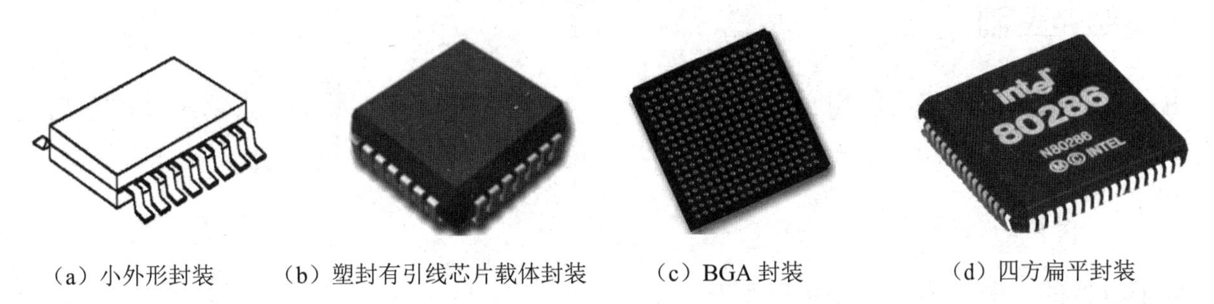

图 1-20　表面安装集成电路部分封装形式

2）贴片阻容元件的焊接

先在一个焊盘上点上焊锡，然后放上元件的一端，用镊子夹住元件，焊上一端之后，再看看是否放正了，如图 1-21（a）所示；如果已放正，就再焊上另一端，如图 1-21（b）所示，但要真正掌握焊接技巧需要大量的实践。

（a）焊接一端

（b）焊接另一端

图 1-21 贴片元件焊接步骤

注意事项：

（1）电烙铁的温度调至 330℃±30℃。

① 烙铁通电后，先将烙铁温度调到 200～250℃，然后进行预热。

② 根据不同物料，将温度设定为 300～380℃。

③ 对烙铁头进行清洁和保养。

（2）将元件放置在对应的位置上。

（3）左手用镊子夹持元件定位在焊盘上，右手用烙铁将已上锡焊盘的锡熔化，将元件定焊在焊盘上。

① 被焊件和电路板要同时均匀受热。

② 加热时间以 1～2s 为宜。

（4）用烙铁头加焊锡丝到焊盘，将两端分别固定焊接。

Loading 知识点 2 电子产品装配工艺

一、组装基础

电子设备的组装是将各种电子元器件、机电元件及结构件，按照设计要求，装接在规定的位置上，组成具有一定功能的完整电子产品的过程。

1. 电子设备组装内容

电子设备的组装内容主要分为以下几项。

（1）单元电路的划分。如电源电路、功放电路、功率驱动电路、单片机控制电路等。

（2）元器件的布局。输入、输出、功率器件、显示器件、低频高频电路单元。

（3）各种元件、部件、结构件的安装。

（4）整机装联。

2. 电子设备组装级别

在组装过程中，根据组装单位的大小、尺寸、复杂程度和特点的不同，将电子设备的组装分成不同的级别。电子设备的组装级别如表 1-3 所示。

表 1-3 电子设备的组装级别

组装级别	特点
第 1 级（元件级）	组装级别最低，结构不可分割。主要为通用分立元件、集成电路等
第 2 级（插件级）	用于组装和互连第 1 级元器件。例如，装有元器件的电路板及插件
第 3 级（插箱板级）	用于安装和互连第 2 级组装的插件或印制电路板部件
第 4 级（箱柜级）	通过电缆及连接互连第 2、3 级组装，构成独立的有一定功能的设备

二、组装的特点

1. 组装技术的发展与特点

随着新材料、新器件的大量涌现，必然会促进组装工艺技术的新进展。目前，电子产品组装技术的发展具有连接工艺的多样化、工装设备的改进、检测技术的自动化及新工艺新技术的应用等特点。

2. 电路板组装

电子设备的组装是以印制电路板为中心展开的，电路板组装是整机组装的关键环节，直接影响产品的质量。

三、安装要求

1. 元器件引线的成形

元器件引线成形示意图如图 1-22 所示。

2. 元器件安装的技术要求

（1）元器件的标志方向应按照图纸规定的要求，安装后能看清元器件上的标志。若装配图上没有指明方向，则应使标记向外易于辨认，并按从左到右、从下到上的顺序读出。

（2）元器件的极性不得装错，安装前应套上相应的套管。

（3）安装高度应符合规定要求，同一规格的元器件应尽量安装在同一高度上。

（4）安装顺序一般为先低后高、先轻后重、先易后难、先一般元器件后特殊元器件。

（5）元器件在印制电路板上的分布应尽量均匀、疏密一致，排列整齐美观。不允许斜排、立体交叉和重叠排列。

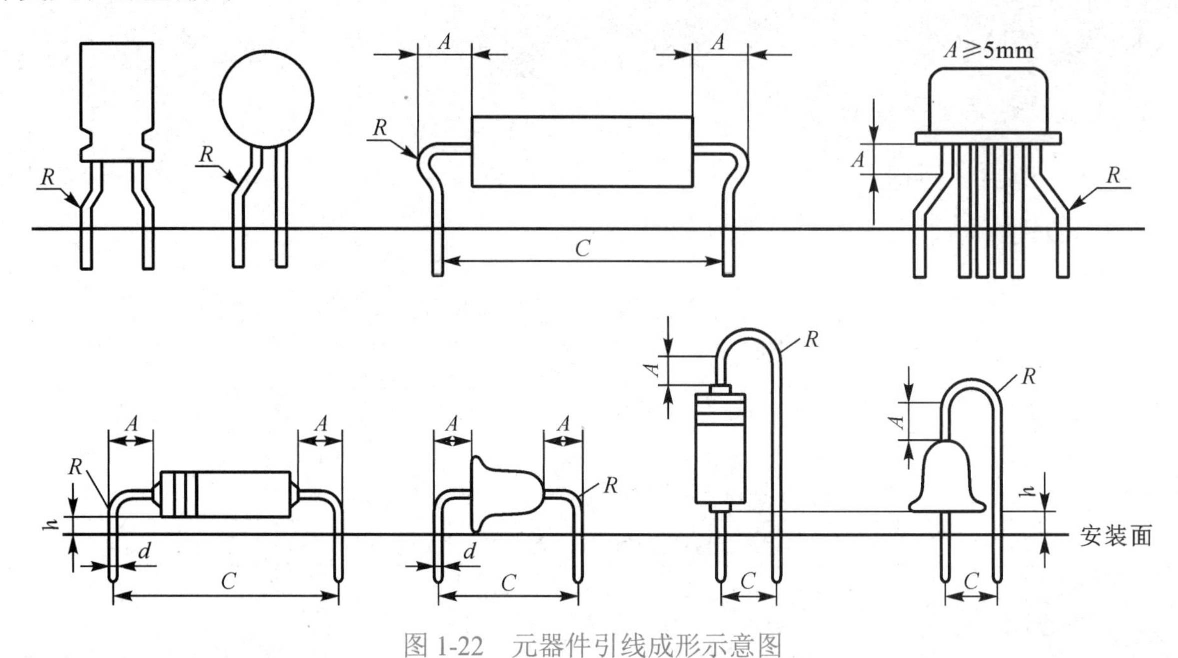

图 1-22 元器件引线成形示意图

（6）元器件外壳和引线不得相碰，要保证 1mm 左右的安全间隙，无法避免时，应套绝缘套管。

（7）元器件的引线直径与印制电路板焊盘孔径应有 0.2～0.4mm 的合理间隙。

（8）MOS 集成电路的安装应在等电位工作台上进行，以免产生静电损坏器件，发热元件不允许贴板安装，较大元器件的安装应采取绑扎、粘固等措施。

四、元器件安装

电子元器件种类繁多，外形不同，引出线也多种多样，印制电路板的安装方法也就有差异，必须根据产品结构的特点、装配密度、产品的使用方法和要求来决定。

1. 元器件的安装方法

1）贴板安装

贴板安装形式如图 1-23 所示。

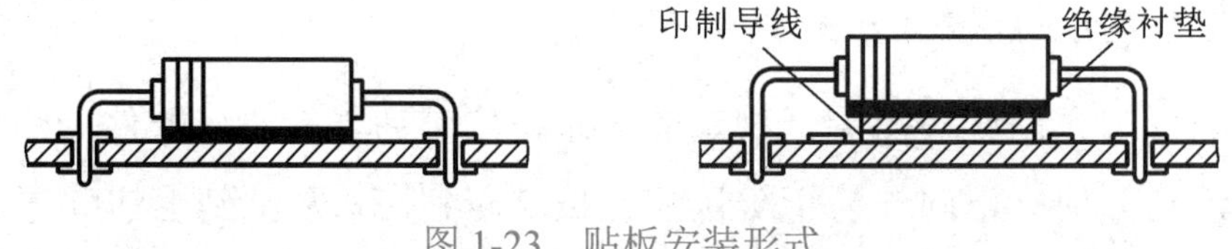

图 1-23 贴板安装形式

2）悬空安装

悬空安装形式如图 1-24 所示。

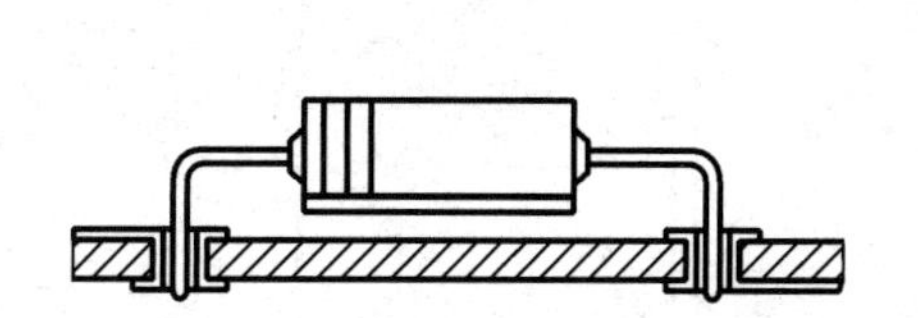

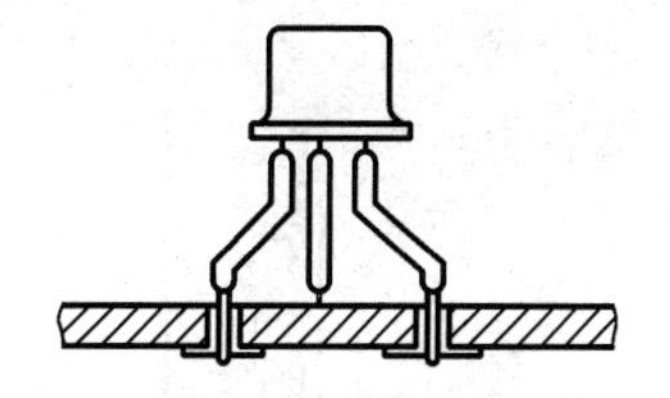

图 1-24　悬空安装形式

3）垂直安装

垂直安装形式如图 1-25 所示。

4）埋头安装

埋头安装形式如图 1-26 所示。

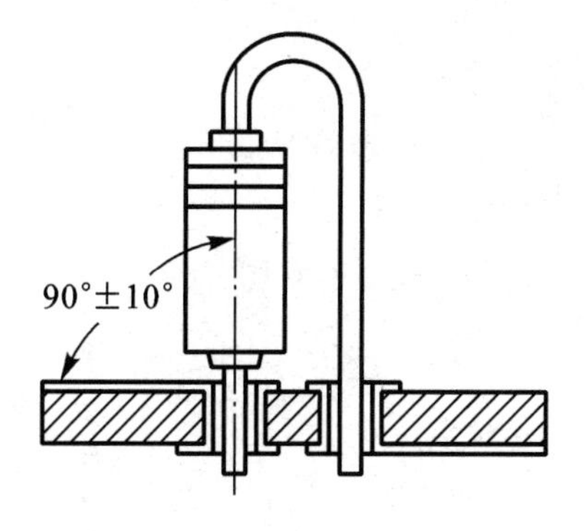

图 1-25　垂直安装形式

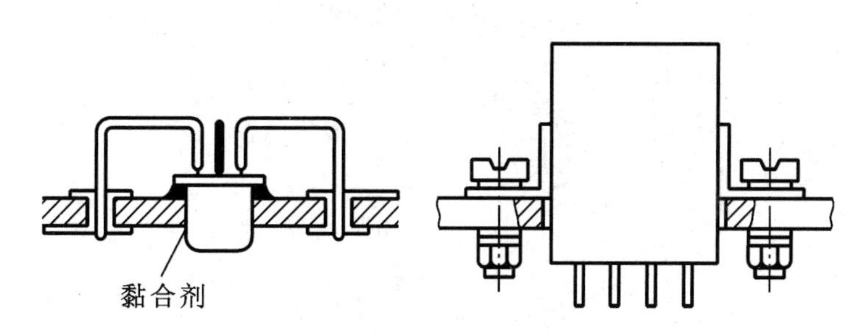

图 1-26　埋头安装形式

5）有高度限制时的安装

有高度限制时的安装形式如图 1-27 所示。

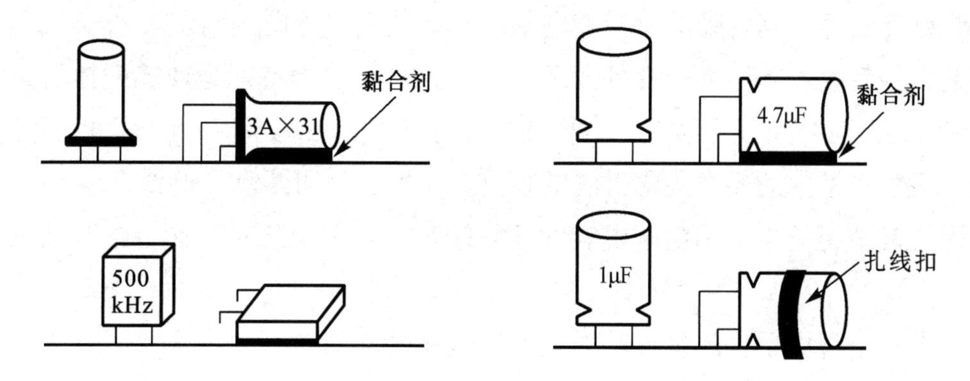

图 1-27　有高度限制时的安装形式

6）支架固定安装

支架固定安装形式如图 1-28 所示。

7）功率器件的安装

功率器件的安装形式如图 1-29 所示。

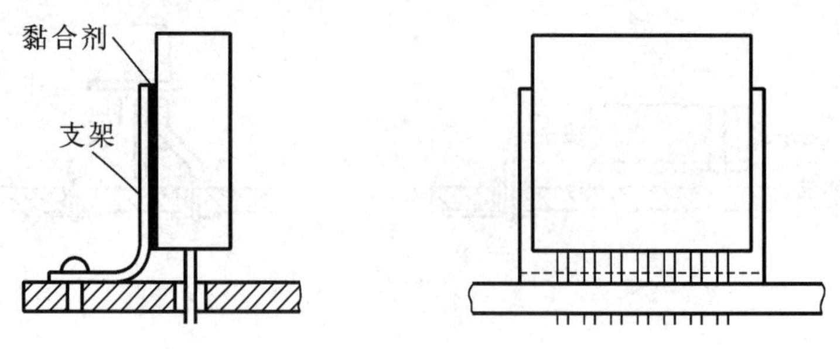

图 1-28　支架固定安装形式

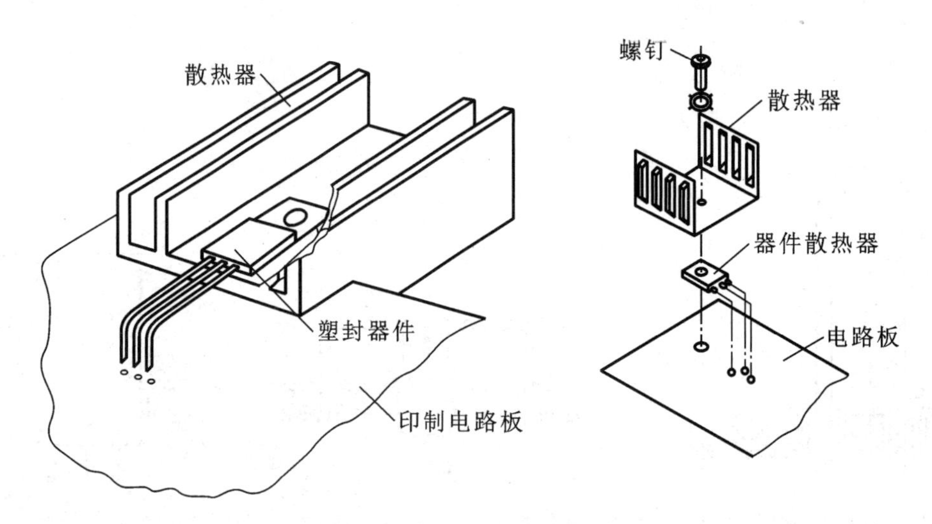

图 1-29　功率器件的安装形式

2．元器件安装注意事项

（1）插装好元器件，其引脚的弯折方向都应与铜箔走线方向相同。

（2）安装二极管时，除注意极性外，还要注意外壳封装，特别是玻璃壳体易碎，引线弯曲时易爆裂，在安装时可将引线先绕1～2圈再装，对于大电流二极管，有的将引线体当作散热器，故必须根据二极管规格中的要求决定引线的长度，也不宜把引线套上绝缘套管。

（3）为区别晶体管的电极和电解电容的正负端，一般在安装时，加上带有颜色的套管以示区别。

（4）大功率三极管由于发热量大，一般不宜装在 PCB 上。

五、工艺文件的编制

1．工艺文件专业术语说明

（1）工艺文件：企业组织生产、指导工人操作和用于生产、工艺管理等的各种技术文件的总称。工艺文件是产品加工、装配、检验的技术依据，也是企业组织生产、产品经济核算、质量控制和工人加工产品的主要依据。

（2）工艺文件的编号：工艺文件的代号，简称“文件代号”。它由四部分组成：企业区

分代号、该工艺文件的编制对象（设计文件）的十进制分类编号、工艺文件简号和区分号。

（3）底图总号：由企业技术档案部门在接收底图产品设计文件时，填写设计文件的底图总号。

（4）旧底图总号：由企业技术档案部门填写被本底图所代替的底图总号。

（5）草图：设计产品所绘制的原始资料，它是供生产和设计部门使用的一种临时性设计文件，草图可以徒手绘制。

（6）原图：供描绘底图用的设计文件。

（7）底图：确定产品的基本凭证，它是用于复制图的设计文件，如用硫酸纸绘制的底图、印制底图、CAD 基准盘，都属于设计类底图。底图可以分为基本底图和副底图。基本底图（原底图）是经过有关人员签署后的底图，是产品的基本凭证。副底图（基本底图的副本）是供复制图用的底图。在一些企业中，实际编制底图设计文件已不再分基本底图和副底图，两者已经合二为一。

（8）工艺文件格式通用栏：各种工艺文件格式的表头、标题栏及登记栏的统称。用于填写产品名称、产品图号、编号、签署、更改标记及底图归档等。

2. 工艺文件封面填写说明

工艺文件的封面在工艺文件装订成册时使用。简单的设备可以按整机装订成册，复杂的设备可按分机单元装成若干册。在填写中，“共×册”填写工艺文件的总册数；“第×册”填写该册在全套工艺文件中的序号；“共×页”填写该册的总页数；“型号”“名称”“图号”分别填写产品型号、名称、图号；“本册内容”填写该册主要工艺文件内容的名称；最后由相关人员（单位技术负责人）执行批准手续，并填写批准日期。

3. 工艺文件目录填写说明

工艺文件目录供装订成册的工艺文件编写目录用，反映产品工艺文件的齐套性。在填写中，“产品的名称或型号”“产品图号”与封面的型号、名称、图号栏保持一致；“拟制”“审核”栏内由有关职能人员签署姓名和日期；“更改”栏内填写更改事项；“底图总号”栏内由企业技术归档部门在接收底图时填写文件的基本底图总号；“旧底图总号”栏内填写被本底图所代替的旧底图总号；“文件代码”栏填写文件的简号，不必填写文件的名称；其余各栏按标题填写，填写零部件、整件的图号、名称及其页数。

Loading 理论测验 <<<<<<<<

一、单项选择题

1．下列不属于对助焊剂的要求的是（　　）。

A．常温下必须稳定，熔点应低于焊料

B．在焊接过程中具有较高的活化性，较低的表面张力，黏度和比重应小于焊料

C．绝缘差、无腐蚀性、残留物无副作用，焊接后的残留物难清洗

D．不产生有刺激性的气味和有害气体，熔化时不产生飞溅或飞沫

2．松香酒精溶液的松香和酒精的比例为（　　）。

A．1∶3　　B．3∶1　　C．任何比例均可

3．烙铁头按照材料分为合金头和纯铜头，使用寿命长的烙铁头是（　　）。

A．合金头　　B．纯铜头

4．焊接一般电容器时，应选用的电烙铁是（　　）。

A．20W内热式　　B．35W内热式

C．60W外热式　　D．100W外热式

5．150W外热式电烙铁采用的握法是（　　）。

A．正握法　　B．反握法　　C．握笔法

6．PCB的装焊顺序正确的是（　　）。

A．二极管、三极管、电阻器、电容器、集成电路、大功率管，其他元器件是先小后大

B．电阻器、电容器、二极管、三极管、集成电路、大功率管，其他元器件是先大后小

C．电阻器、电容器、二极管、三极管、集成电路、大功率管，其他元器件是先小后大

D．电阻器、二极管、三极管、电容器、集成电路、大功率管，其他元器件是先大后小

7．在更换元器件时就需要拆焊，属于拆焊用的工具为（　　）。

A．电烙铁、铜纺织线、镊子　　B．电烙铁、铜纺织线、螺丝刀

C．电烙铁、镊子、螺丝刀　　D．铜纺织线、镊子、螺丝刀

二、多项选择题

1．焊点出现弯曲的尖角是由于（　　）。

A．焊接时间过长，烙铁撤离方向不当

B．焊剂太多，烙铁撤离方向不当

C．电烙铁功率太大造成的

D．电烙铁功率太小造成的

2．焊接一只低频小功率三极管应选用的电烙铁是（　　）。

A．20W内热式　　B．35W内热式　　C．50W外热式　　D．75W外热式

3．75W外热式电烙铁（　　）。

A．一般做成直头，使用时采用握笔法

B．一般做成弯头，使用时采用正握法

C．一般做成弯头，使用时采用反握法

D．一般做成直头，使用时采用正握法

4．下列电烙铁中适合用反握法的是（ ）。

A．20W B．35W C．60W D．150W

5．20W 内热式电烙铁主要用于焊接（ ）。

A．8W 以上电阻 B．大电解电容器

C．集成电路 D．以上选项都不对

6．焊点表面粗糙不光滑是由于（ ）。

A．电烙铁功率太大或焊接时间过长 B．电烙铁功率太小或焊丝撤离过早

C．焊剂太多造成的 D．焊剂太少造成的

7．电烙铁“烧死”是指（ ）。

A．烙铁头不再发热 B．烙铁头粘锡量很多，温度很高

C．烙铁头氧化发黑，烙铁不再粘锡 D．烙铁头内电热丝烧断，不再发热

8．一般电烙铁有三个接线柱，其中一个是接金属外壳的，接线时应（ ）。

A．用三芯线将外壳保护接地

B．用三芯线将外壳保护接零

C．用两芯线即可，接金属外壳的接线柱可空着

9．夹生焊是指（ ）。

A．焊料与被焊物的表面没有相互扩散形成金属化合物

B．焊料依附在被焊物的表面上，焊剂用量太少

C．焊件表面晶粒粗糙，锡未被充分熔化

三、判断题

1．在检测电阻时，手指可以同时接触被测电阻的两个引线，人体电阻的接入不会影响测量的准确性。 （ ）

2．在应用 SMT 的电子产品中分为两种安装方式：完全表面安装和混合安装。 （ ）

3．笔握法适用于小功率的电烙铁焊接 PCB 上的元器件。 （ ）

4．焊接时每个焊点一次焊接的时间应该是 3～5s。 （ ）

四、简答题

1．在焊接过程中，助焊剂的作用是什么？

2．怎样做可以避免烙铁头烧死，烙铁不再粘锡？

3．电烙铁的握法有哪几种？正握法主要适用于什么场合？

4．电子产品组装时，元件安装有哪些标准？

5．电子产品装配工艺文件包括哪几部分？

项目二 常见电子元器件的识别及检测

电子元器件是电子技术中的基本元素。任何一种电子装置，都由这些电子元器件合理、和谐、巧妙地组合而成。特别是近年来，传统电子元器件的更新换代，新型元器件层出不穷，客观地说，不了解这些元器件的性能和规格，就难以适应当代电子技术的发展。

本项目主要介绍常见电阻、电容、电感、二极管、三极管、片状元件等的基本知识、识别及检测。识别电子元器件及检测元器件是电子技能实训的基本功能。

● **技能目标**

1. 能识别常见的阻抗元件、半导体器件。
2. 能检测常见的阻抗元件、半导体器件。
3. 掌握使用万用表检测常用电子元器件的基本方法。

● **知识目标**

1. 掌握常用阻抗元件的基本特性及其识别与检测方法。
2. 了解片状元件的特点与种类。
3. 掌握常用片状元件的识别及检测。

第一部分　技能实训

Loading

技能实训 1　色环电阻识别与检测

<<<<<<<<

色环电阻是应用于各种电子设备最多的电阻类型，是采用色环标志的电阻器。颜色醒目、标示清晰、不易褪色，从各个方向都能看清阻值和允许偏差。在电子整机装配时，无须注意电阻器的标志方向，有利于电子整机的自动化生产和提高效率；在进行电子设备维修时，无论色环电阻怎样安装，都能方便地读出其阻值，便于检测和更换。因此，国际上广泛采用色环标注法标示电阻器。

一、认识色环

1. 色环标注法

（1）电阻的标称阻值和误差通常都标注在电阻体上，其标称方法有三种：直标法、文字符号法和色环标注法。

（2）色环标注法是指用不同颜色的色环表示标称阻值和允许偏差大小的方法。一般常用 4 个色环或 5 个色环的色标。

2. 认识色环

1）4 色环标注法

普通电阻器大多用 4 个色环表示阻值和允许偏差，如图 2-1 所示。第一、二个色环表示有效数字，第三个色环表示倍率（乘数），与前三环距离较大的第四个色环表示允许误差。4 色环如表 2-1 所示。

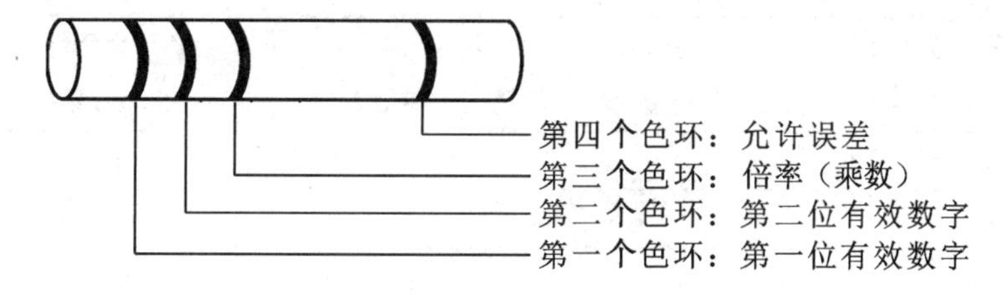

图 2-1　电阻器 4 色标注

表 2-1　4 色环

颜　　色	第一个色环 第一位有效数字	第二个色环 第二位有效数字	第三个色环 （倍率）乘数	第四个色环 允许误差
黑色	0	0	10^0	
棕色	1	1	10^1	±1%

续表

颜　　色	第一个色环 第一位有效数字	第二个色环 第二位有效数字	第三个色环 （倍率）乘数	第四个色环 允许误差
红色	2	2	10^2	±2%
橙色	3	3	10^3	
黄色	4	4	10^4	
绿色	5	5	10^5	±0.5%
蓝色	6	6	10^6	±0.25%
紫色	7	7	10^7	±0.1%
灰色	8	8	10^8	±0.05%
白色	9	9	10^9	
金色			10^1	±5%
银色			10^2	±10%
无色				±20%

2）5 色环标注法

精密电阻器采用 5 色环标注法标注阻值和允许偏差，如图 2-2 所示。第一、二、三个色环表示有效数字，第四个色环表示倍率（乘数），与前四环距离较大的第五个色环表示允许误差。5 色环如表 2-2 所示。

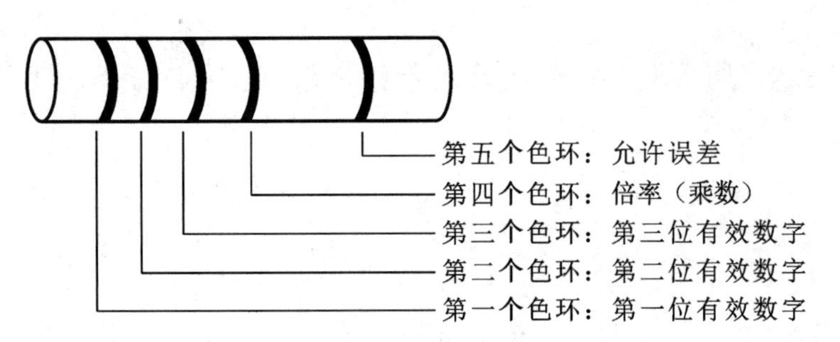

图 2-2　电阻器 5 色标注

表 2-2　5 色环

颜　　色	第一个色环 第一位有效数字	第二个色环 第二位有效数字	第三个色环 第三位有效数字	第四个色环 （倍率）乘数	第五个色环 允许误差
黑色	0	0	0	10^0	
棕色	1	1	1	10^1	±1%
红色	2	2	2	10^2	±2%
橙色	3	3	3	10^3	
黄色	4	4	4	10^4	
绿色	5	5	5	10^5	±0.5%
蓝色	6	6	6	10^6	±0.25%
紫色	7	7	7	10^7	±0.1%
灰色	8	8	8	10^8	±0.05%

续表

颜　　色	第一个色环 第一位有效数字	第二个色环 第二位有效数字	第三个色环 第三位有效数字	第四个色环 （倍率）乘数	第五个色环 允许误差
白色	9	9	9	10^9	
金色				10^1	±5%
银色				10^2	±10%
无色					±20%

3．实物图

图 2-3 所示为色环电阻实物图。

图 2-3　色环电阻实物图

二、色环电阻识别方法

（1）根据实物（色环电阻），排定色环顺序。

在实践过程中，有些色环电阻排列顺序不甚分明，往往容易读错。因此，在识别色环电阻时，应掌握必要的技巧：偏差环距其他色环远，第一个色环距端部近。

（2）记下各位置色环的颜色。

（3）根据色环颜色迅速读出色环电阻的标称阻值大小和允许误差。

三、色环电阻识别练习

1．由色环电阻识读阻值和误差

（1）以 10 个或更多个电阻为单元，进行识读阻值和误差练习。

（2）记录识读时间，以利于提高速度。

（3）填写色环电阻参数识读表，如表 2-3 所示。

表 2-3　色环电阻参数识读表

编　　号	色环电阻颜色					标称阻值/Ω	允许误差/%
	1	2	3	4	5		
1							
2							
3							
4							
5							
6							
7							
8							
9							
10							
完成时间：						正确次数：	

2. 由阻值和误差辨别色环电阻颜色

（1）根据色环电阻的阻值和误差辨别色环电阻颜色。

（2）记录辨别时间，以利于提高速度。

（3）填写色环识读表，如表 2-4 所示。

表 2-4　色环识读表

编　　号	标称阻值/Ω	允许误差/%	色环电阻颜色				
			1	2	3	4	5
1	220	±1					
2	470	±2					
3	1.2k	—					
4	1.8k	±1					
5	2.3k	±5					
6	100k	—					
7	1.8M	±0.5					
8	2.25M	±0.1					
9	750	—					
10	6.8k	±0.25					
11	24k	±10					
12	39k	—					
13	2.7k	±5					
14	4.5M	—					
15	84k	±0.5					
16	17.3k	±0.25					
17	20k	±1					
18	6.75M	±5					
19	555	—					
20	15.3	±0.5					
完成时间：		正确次数：					

四、安全文明操作

（1）严禁带电操作（不包括通电测试），保证人身及设备安全。

（2）元件摆放有序，保持桌面整洁。

（3）实训结束后要清理现场。

Loading 技能实训 2 电解电容识别与检测

电解电容是目前用得较多的大容量电容。因其有正负极之分，如果极性用反，将使漏电流剧增。在此情况下，电容将会急剧变热而损坏，甚至会引起爆炸。又因电解质是负极的主要部分，电解电容因此得名。

一、认识电解电容

如图 2-4 所示为电解电容结构示意图和电解电容实物图。

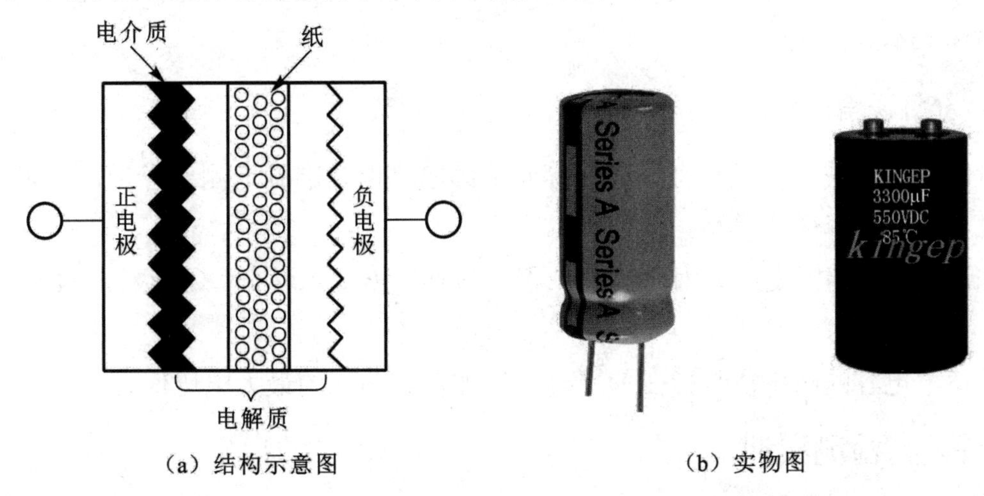

（a）结构示意图 （b）实物图

图 2-4 电解电容结构示意图和电解电容实物图

电解电容器通常由金属箔（铝或钽）作为正电极，金属箔的绝缘氧化层（氧化铝或钽五氧化物）作为电介质，电解电容器以其正电极的不同分为铝电解电容器和钽电解电容器。铝电解电容器的负电极由浸过电解质液（液态电解质）的薄纸薄膜或电解质聚合物构成；钽电解电容器的负电极通常采用二氧化锰。

二、电解电容检测方法

1．极性的检测方法

（1）在电解电容器中，两根引脚有正、负之分，新电解电容两个引脚，一长一短，长引脚为正，短引脚为负。

（2）如果电解电容两引脚被剪齐，还可以从外表上标注分辨正负极，正极引脚一侧的外表会标有“+”号，负极引脚一侧的外表会标有“–”号。

（3）如果不能通过上面两种方法检测出极性，还可以用万用表检测其极性。具体方法为：先将电容放电，再将两引线做好 A、B 标记，万用表置电阻挡，黑表笔接 A 引线，红表笔接 B 引线，待指针静止不动后读数，测完后再给电容放电；再将黑表笔接 B 引线，红表笔接 A 引线，比较两次读数，阻值较大的一次黑表笔所接为正极，红表笔所接为负极。

2．质量、漏电电阻的检测方法

因为电解电容的容量较一般固定电容大得多，测量时，应针对不同容量选用合适的量程。一般情况下，1～47μF 的电容可用 R×1k 挡测量；大于 47μF 的电容可用 R×100k 挡测量。

将万用表红表笔接负极，黑表笔接正极，在刚接触的瞬间，万用表指针即向右偏转较大偏度（对于同一电阻挡，容量越大，摆幅越大），接着逐渐向左回转，直到停在某一位置。此时的阻值便是电解电容的正向漏电阻，此值略大于反向漏电阻。实际使用经验表明，电解电容的正向漏电阻一般应在几百千欧以上，否则将不能正常工作。在测试中，若正向、反向均无充电的现象，则表针不动，说明容量消失或内部断路；如果所测阻值很小或为零，则说明电容漏电大或已被击穿损坏，不能再使用。

3．容量、允许误差、耐压值的检测方法

（1）容量的检测方法。可以从有标注的管面上读取；但要准确地测出容量，可以用电容表测试，测试时，量程选择先大后小。

（2）允许误差。按精密度可分为±1%（00 级）、±2%（0 级）、±5%（Ⅰ级）、±10%（Ⅱ级）、±20%（Ⅲ级）五个等级。

（3）耐压值。电容的耐压值是指在使用时允许加在其两端的最大电压值。

三、电解电容检测实训

（1）以 10 个电解电容为单元，进行电解电容的检测实训。

（2）记录检测时间，以利于提高速度。

（3）根据检测项目，填写表 2-5 所示的电阻参数识读表。

注意：如果电解电容出现内部短路或断路，就不能使用电容表进行容量的实测。

表 2-5　电阻参数识读表

编　号	标称容量	允许误差	耐压值	万用表挡位	漏电电阻	实测容量
1						
2						
3						
4						
5						
6						
7						
8						
9						
10						
完成时间：				正确次数：		

四、安全文明操作

（1）严禁带电操作（不包括通电测试），保证人身及设备安全。

（2）元件摆放有序，保持桌面整洁。

（3）实训结束后要清理现场。

Loading　技能实训 3　晶体管识别与检测 <<<<<<<<

晶体管在各种电路中得以广泛应用，不同型号的晶体管，其功能和作用也不相同。在电路检查及维修过程中，经常遇到各种各样的晶体管，只有掌握晶体管检测的方法，才能在电路维修过程中事半功倍。本实训以晶体二极管和晶体三极管为例讲解晶体管的识别与检测。

一、晶体二极管的检测

晶体二极管是由一个 PN 结构成的，从 P 区引出的是正极，从 N 区引出的是负极，具有单向导电性，对二极管的检测还是比较容易的。

1．通过外形识别引脚

（1）如果二极管外形如图 2-5（a）所示，色环端为二极管负极，另一端为二极管正极。

（2）如果二极管外形如图 2-5（b）所示，色点端为二极管正极，另一端为二极管负极。

（3）如果二极管外形如图 2-5（c）所示，左端标注三角形为二极管正极，右端标注竖道为二极管负极。

（4）如果二极管外形如图 2-5（d）所示，长引脚为二极管正极，短引脚为二极管负极。

2．使用指针式万用表检测极性及正向电阻

二极管测试原理如图 2-6 所示。

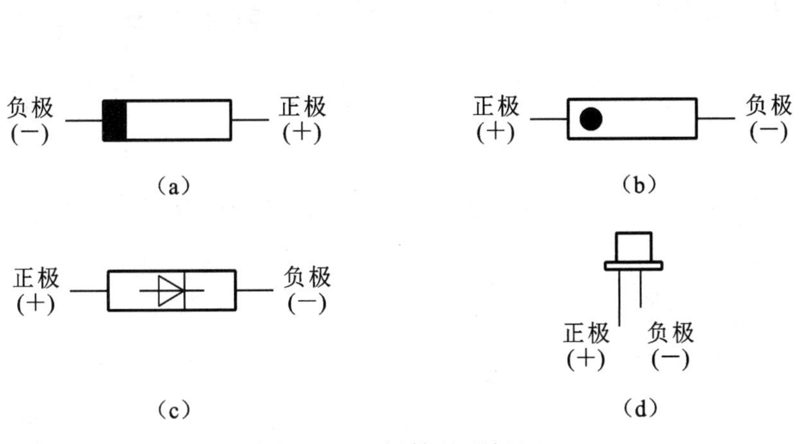

图 2-5　二极管外形标记

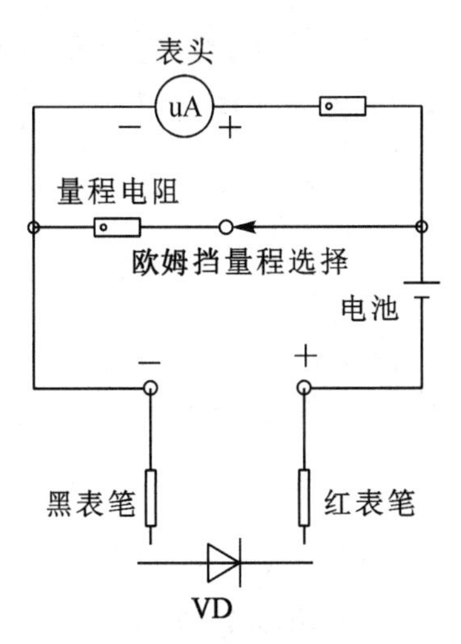

图 2-6　二极管测试原理

（1）将指针式万用表欧姆挡置于 $R\times100$ 挡或 $R\times1\text{k}$ 挡。

（2）测量任意两引脚间的电阻，然后交换万用表红黑表笔再测量两引脚间的电阻。测得的电阻值越小，说明电路中的电流越大，导电性能越好；电阻值越大，说明电路中的电流越小，导电性能越差。

一次测量值小，一次测量值大时，说明二极管质量是好的。电阻值小时，二极管处于正向导通状态，这时黑表笔连接的引脚是二极管的正极。两次测量结果都较小时，说明二极管短路；两次测量结果都较大时，说明二极管断路。

（3）依据测量结果填写表 2-6 所示的二极管检测表。

表 2-6 二极管检测表

序号	正向电阻		反向电阻		质量好坏		
	挡位	电阻值	挡位	电阻值	好	短路	断路
1							
2							
3							
4							
5							
6							
7							
8							
9							
10							

二、晶体三极管检测

如图 2-7 所示的晶体三极管是由两个 PN 结（发射结、集电结）构成的，有三个区（基区、发射区、集电区），从三个区分别引出三个极（基极 b、发射极 e、集电极 c）。使用万用表可以判别晶体三极管的管型（NPN 或 PNP 型）、引脚（e、b、c）和估计晶体三极管的性能好坏。

根据图示结构，可以使用万用表区分晶体三极管的极性和引脚，以下测量方法适用于数字式和指针式万用表。

1. 检测晶体三极管基极 b

如图 2-8 所示，如果在 c、e 之间加测量电压，无论电源方向如何，总有一个 PN 结处于反向偏置状态，电路不会导通。

测量方法：用万用表的红、黑表笔分别接触三极管的任意两个引脚，测量一次后，如果电阻值无穷大（指针表的表针不动；数字表只显示“1”），则将红、黑表笔交换，再测这两个引脚一次。如果两次测得的电阻值都是无穷大，说明被测的两个引脚是集电极 c 和发射极 e，剩下

的一个则是基极 b。如果在两次测量中，有一次的阻值不是无穷大，则换一个引脚再测，直到找出正、反向电阻都大的两个引脚为止（如果在三个引脚中找不出正、反向电阻都大的两个引脚，则说明三极管已经损坏，至少有一个 PN 结已经被击穿短路）。

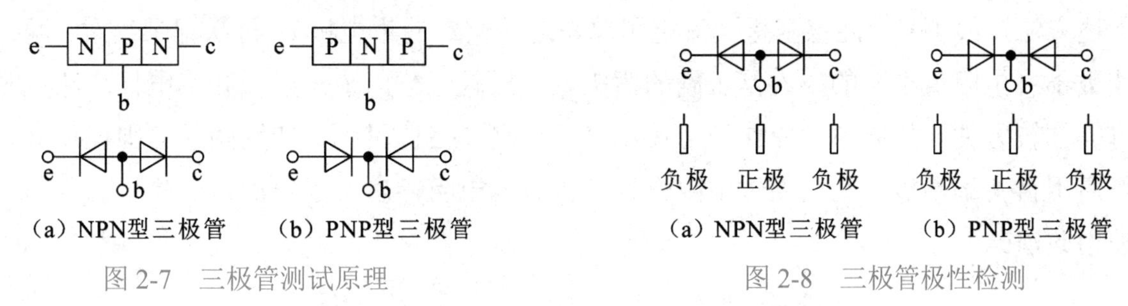

图 2-7　三极管测试原理　　图 2-8　三极管管极性检测

想要区别 e 和 c，需要测出三极管的极性后再进一步测量。

2．检测三极管的管型（NPN、PNP）

测出三极管的基极 b 后，通过再次测量来区分三极管是 NPN 型还是 PNP 型。由图 2-8 可知，当在基极加测量电压的正极时，NPN 管的基极对另外两个极都是正向偏置，而 PNP 管的基极对另外两个极都是反向偏置。

测量方法如下：将万用表的正表笔（指针表的黑表笔；数字表的红表笔）接触已知的基极，用另一支表笔分别接触另外两个引脚，如果另外两个引脚都导通，则说明被测管是 NPN 型，否则是 PNP 型。

3．检测三极管是否损坏

三极管的损坏，是因为三极管的 PN 结损坏所致。PN 结的损坏分为两种情况：短路和断路。短路是指 PN 结失去“单向”导电性，成为通路，正、反向电阻都近似为零；断路是指 PN 结内部开路，电阻无穷大。使用万用表判别三极管是否损坏，就是通过测量三极管的发射结和集电结是否具有单向导电性来判别。在以上两项的测量中，可以发现是否有 PN 结损坏。损坏的 PN 结或者正、反向电阻都趋于零，或者正、反向电阻都无穷大，由此可以判别三极管是否损坏。

4．检测发射极和集电极

三极管的发射结、集电结对称于基极。所以仅仅通过测量“PN 结单向导电性”难以区分哪一个是发射极，哪一个是集电极。但发射结和集电结的结构有所不同。制造三极管时，发射区面积（体积）做得小，掺杂浓度高，便于发射载流子；而集电区面积大，掺杂浓度低，便于收集载流子。所以，c、e 正确连接电源时，三极管具有较大的电流放大能力，用万用表欧姆挡测量，c、e 之间的电阻小；当 c、e 与电源连接不当时，电流放大能力很差，c、e 之间的电阻很大。

测试方法：对于已经确定了“管型”和“基极”的三极管，先假定基极之外的两个引脚中的某一个引脚是集电极，另一个引脚假定为发射极。利用指针式万用表的 $R\times1\text{k}$ 挡，按照图 2-9

所示两个图测试。图中的100kΩ电阻是基极偏流电阻，需要外接，并与假定的集电极连接。在假定的集电极和发射极引脚上加正确测试电压，NPN管的集电极应连接黑表笔，发射极连红表笔；PNP管相反。记录万用表的读数，然后将假定引脚交换，即将假定的集电极与发射极交换，仍按上述方法连线测量（注意基极偏流电阻总是连接假定的集电极），再次记录读数。两次测量中，读数小（电阻值小）的一次是正确的假定。这样就区分出了发射极和集电极。测量时，两人同时操作较方便。如果单人操作，可使用“鳄鱼夹”夹持引脚，或用两手分别捏住表笔和引脚，然后用舌尖舔基极，利用人体电阻作为基极偏流电阻，也可进行测量（除了急需，一般不建议使用此法）。

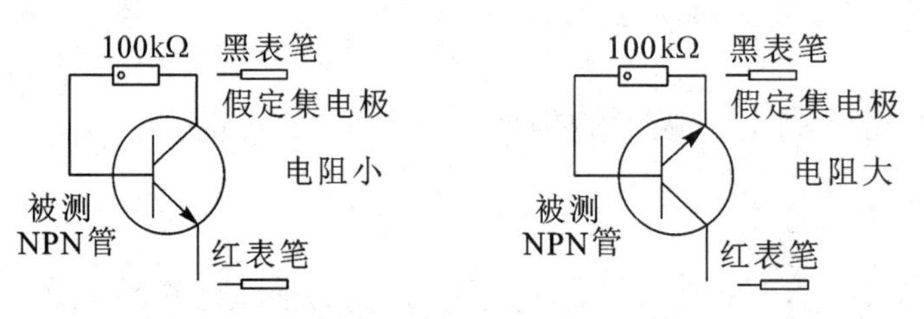

图2-9　三极管发射极、集电极检测图

5．依据测量数据填写表2-7所示的三极管检测表

表2-7　三极管检测表

序　号	引脚阻值（取小值）			管　型		质量好差	
	r_{bc}	r_{be}	r_{ce}	NPN	PNP	好	差
1							
2							
3							
4							
5							
6							
7							
8							
9							
10							

三、安全文明操作

（1）严禁带电操作（不包括通电测试），保证人身及设备安全。

（2）工具摆放有序，保持桌面整洁。

（3）放置工具时要规范，防止损坏桌面或其他物件。

（4）使用测量仪表，应选用合适的量程，防止损坏。

（5）实训结束后要清理现场。

第二部分　知识链接

知识点 1　常见阻抗元件

<<<<<<<<

阻抗元件包括电阻器、电容器、电感器。它们是电子产品中应用最广泛的电路元件。

一、电阻器的识别与检测

1. 作用、分类、命名

（1）电阻器的主要作用是限流和分压。在电路中，电阻器用来调节和稳定电流、电压，作分流器和分压器用，或作为消耗电能电阻。

（2）电阻器的分类。

① 按阻值特性分类：固定电阻、可调电阻（电位器）、特种电阻（敏感电阻）等。

② 按制造材料分类：线绕电阻、薄膜电阻、实心电阻等。

③ 按安装方式分类：插件电阻、贴片电阻等。

④ 按功能分类：负载电阻、采样电阻、分流电阻、保护电阻等。

（3）电阻器的命名。

根据国家标准 GB 2470—1981，电阻器和电位器的型号由四个部分组成，如图 2-10 所示。电阻器型号的含义如表 2-8 所示。

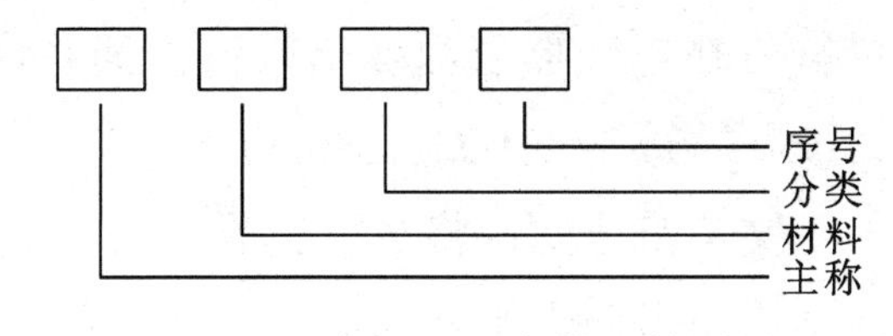

图 2-10　电阻器和电位器的型号

表 2-8　电阻器型号的含义

主称		材料		分类	
符号	意义	符号	意义	符号	意义
R	电阻器	T	碳膜	1	普通
W	电阻器	P	硼碳膜	2	普通
		U	硅碳膜	3	超高频
		C	沉积膜	4	高阻
		H	合成膜	5	高温
		I	玻璃釉膜	6	支柱
		J	金属膜	7	精密
		Y	氧化膜	8	高压（电阻器）
		S	有机实心	8	特殊函数（电位器）

续表

主称		材料		分类	
符号	意义	符号	意义	符号	意义
		N	无机实心	9	特殊
		X	线绕	G	可调
		R	热敏	T	多圈
		G	光敏	D	温度补偿用
		M	压敏	B	温度测量用
				C	旁热式
				P	微调
				W	正温度系数

2. 电阻器的主要参数

（1）标称阻值、允许误差及标称方法。

标称阻值：电阻器上标出的名义阻值。

普通电阻器的允许误差有 6 个等级：±0.5%、±1%、±2%、±5%、±10%、±20%。在一般的电子制作中，并不要求有很高精度，后三种误差等级已能满足需要。

电阻器的标称阻值和允许误差通常有三种标称方法：直标法、文字符号法、色环标注法。

直标法：将电阻器的主要参数和技术性能用数字或字母直接标注在电阻体上。用数字和单位符号在电阻器表面标出阻值，其允许误差直接用百分数表示，若电阻上未注偏差，则均为±20%。例如，5.1kΩ、5%。

文字符号法：将文字、数字两者有规律地组合起来表示电阻器的主要参数。用阿拉伯数字和文字符号两者有规律地组合来表示标称阻值，其允许偏差也用文字符号表示。符号前面的数字表示整数阻值，后面的数字依次表示第一位小数阻值和第二位小数阻值。

色标标注法：用不同颜色的色环来表示电阻器的阻值及误差等级。一般地，普通电阻用 4 色环表示，精密电阻用 5 色环（一般电阻范围是 0～10MΩ）表示，并用不同颜色的带或点在电阻器表面标出标称阻值和允许偏差。

（2）电阻器的额定功率是指电阻器在一定的气压和温度下，长期连续工作所允许承受的最大功率。电阻器额定功率符号如图 2-11 所示。

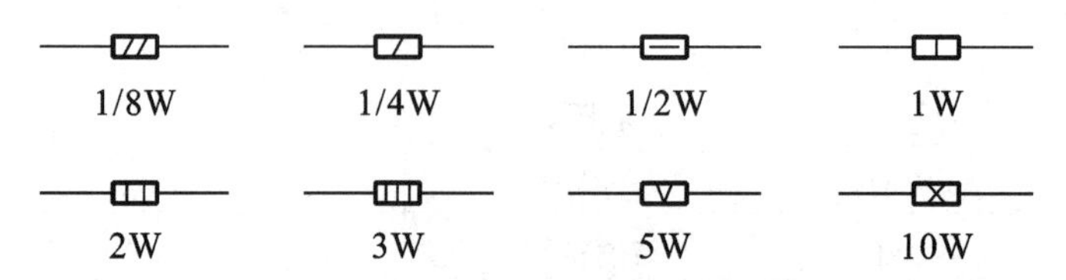

图 2-11　电阻器额定功率符号

3. 电阻器的检测

（1）外观检查。

对于固定电阻首先查看标志是否清晰、保护漆是否完好、有无烧焦、有无伤痕、有无裂痕、有无腐蚀、电阻体与引脚是否紧密接触等。对于电位器还应检查转轴灵活、松紧适当、手感舒适。有开关的要检查开关动作是否正常。

（2）万用表检测。

用万用表的电阻挡对电阻进行测量，对于测量不同阻值的电阻选择万用表的不同乘数挡。对于指针式万用表，由于电阻挡的示数是非线性的，阻值越大，示数越密，因此选择合适的量程，应使表针偏转角大些，指示于 1/3～2/3 满量程，读数更为准确。若测得阻值超过该电阻的误差范围、阻值无限大、阻值为 0 或阻值不稳，则说明该电阻器已坏。

在测量中应注意，拿电阻的手不要与电阻器的两个引脚相接触，这样会使手所呈现的电阻与被测电阻并联，影响测量精度。另外，不能在带电情况下用万用表电阻挡检测电路中电阻器的阻值。在线检测应先断电，再将电阻从电路中断开出来，然后进行测量。

（3）用电桥测量电阻。

如果要求精确测量电阻器的阻值，可通过电桥（数字式）进行测试。将电阻插入电桥元件测量端，选择合适的量程，即可从显示器上读出电阻器的阻值。例如，用电阻丝自制电阻或对固定电阻器进行处理来获得某一较为精确的电阻值时，就必须用电桥测量自制电阻的阻值。

二、电容器的识别与检测

1. 作用、分类、命名

（1）电容器的主要作用：应用于电源电路，实现旁路、去耦、滤波和储能方面的作用；应用于信号电路，主要完成耦合、振荡、同步及时间常数的作用。

（2）电容器的分类。

按结构可分为固定电容器、可变电容器和微调电容器。

按介质可分为空气介质电容器、固体介质（云母、陶瓷、涤纶等）电容器和电解电容器。

按有无极性可分为有极性电容器和无极性电容器。

（3）电阻器的命名。

根据国家标准 GB 2470—1981，电容器的型号由四部分组成，如图 2-12 所示。电容器型号的含义如表 2-9 所示。

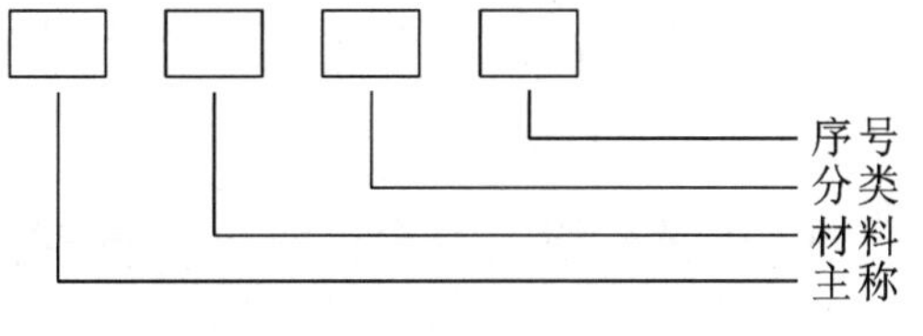

图 2-12 电容器的型号

表 2-9 电容器型号的含义

主称		材料		分类	
C	电容器	C	高频陶瓷	1	圆片（瓷介）
		T	低频陶瓷	1	非密封（云母、有机）
		I	玻璃釉	1	箔式（电解）
		O	玻璃膜	2	管形（瓷介）
		Q	漆膜	2	非密封（云母、有机）
		H	复合介质	2	箔式（电解）
		D	铝电解质	3	叠片（瓷介）
		A	钽电解质	3	密封（云母、有机）
		Y	云母	3	箔式（电解）
		V	云母纸	4	独石（瓷介）
		Z	纸介	4	密封（云母、有机）
		J	金属化纸	4	烧结分液体（电解）
		B	聚苯乙烯	5	穿心（瓷介、有机）
		BF	聚四氟乙烯	6	支柱（瓷介）
		N	铌电解质	7	无极性（电解）
		G	合金电解	8	高压（瓷介、云母、有机）
		L	涤纶	9	特殊（有机、电解）
		LS	聚碳酸酯		
		E	其他材料电解		

2．电容器的主要参数

（1）标称容量、允许误差及标称方法。

标称容量：电容器上标出的名义电容量值称为标称容量。其允许误差通常分为三级：Ⅰ级（±5%）、Ⅱ级（±10%）、Ⅲ级（±20%）。

普通电容器的允许误差有±2%、±5%、±10%、±20%等几种。

电容器容量的标识方法主要有直标法、数码法和色标法三种。

直标法：将电容器的容量、耐压及误差直接标注在电容器的外壳上，其中，误差一般用字母来表示。常见的表示误差的字母有 J（±5%）和 K（±10%）等。例如，47nJ100 表示容量为（47nF 或 47000pF）±5%，耐压为 100V。

数码法：用三位数字来表示容量的大小，单位为 pF。前两位为有效数字，第三位表示倍率（乘数），即乘以 10^n。

色标法：这种表示方法与电阻的色环标注法类似，其颜色所代表的数字与电阻色环完全一致，单位为 pF。

（2）电容器的工作电压表示电容器在使用时允许加在其两端的最大电压值。

3. 电容器的检测

普通的指针式万用表能判断电容器的质量、电解电容器的极性，并能定性比较电容器容量的大小。

（1）质量判定。用万用表的 $R\times1\text{k}$ 挡，将表笔接触电容器（1μF 以上的容量）的两引脚。接通瞬间，表头指针应向顺时针方向偏转，然后逐渐逆时针回复。如果不能复原，则稳定后的读数就是电容器的漏电电阻，阻值越大表示电容器的绝缘性越好；若在上述的检测过程中，表头指针无摆动，则说明电容器开路；若表头指针向右摆动的角度大且不回复，则说明电容器已被击穿或严重漏电，若表头指针保持在 0Ω 附近，则说明该电容器内部短路。对于电容量小于 1μF 的电容器，由于电容充放电现象不明显，因此检测时，表头指针偏转幅度很小或根本无法看清，但并不说明电容器质量有问题。

（2）容量判定。检测过程同上，表头指针向右摆动的角度越大，说明电容器的容量越大；反之，说明容量越小。

（3）极性判定。根据电解电容器正接时，漏电流小、漏电阻大；反接时，漏电流大、漏电阻小的特点可判断其极性。将万用表打在欧姆挡的 $R\times1\text{k}$ 挡，先测一下电解电容器的漏电阻值，而后将两表笔对调一下，再测一次漏电阻值。两次测试中，漏电阻值小的一次，黑表笔接的是电解电容器的负极，红表笔接的是电解电容器的正极。

（4）可变电容器碰片检测。用万用表的 $R\times1\text{k}$ 挡，将两表笔固定接在可变电容器的定、动片端子上，慢慢转动可变电容器的转轴，如表头指针发生摆动，则说明有碰片；否则，说明是正常的。使用时，动片应接地，防止调整时人体静电通过转轴引入噪声。

三、电感器的识别与检测

1. 作用、分类

（1）电感器的基本作用：滤波、振荡、延迟、陷波等。在电子线路中，电感线圈对交流有限流作用，它与电阻器或电容器能组成高通或低通滤波器、移相电路及谐振电路等；变压器可以进行交流耦合、变压、变流和阻抗变换等。

（2）电感器的分类。

① 按电感形式分类：固定电感、可变电感。

② 按导磁体性质分类：空心线圈、铁氧体线圈、铁芯线圈、铜芯线圈。

③ 按工作性质分类：天线线圈、振荡线圈、扼流线圈、陷波线圈、偏转线圈。

④ 按绕线结构分类：单层线圈、多层线圈、蜂房式线圈。

⑤ 按工作频率分类：高频线圈、低频线圈。

⑥ 按结构特点分类：磁芯线圈、可变电感线圈、色码电感线圈、无磁芯线圈等。

2．电感器的主要参数

1）电感量

线圈的电感量是表示电感线圈产生自感应能力的物理量。线圈电感量的大小与线圈的匝数、线圈的直径、线圈内部是否有铁芯，以及绕线方式有直接的关系。线圈的实际电感量与标称电感量之间也存在误差，对于滤波、振荡电感线圈，允许误差为0.2%～0.5%；对于一般耦合、扼流圈等，允许误差为10%～20%。

2）感抗X_L

电感线圈对交流电流阻碍作用的大小称为感抗X_L，单位是欧姆。它与电感量L和交流电频率f的关系为$X_L=2\pi fL$。

3）品质因数Q

品质因数Q是表示线圈质量的一个物理量，Q为感抗X_L与其等效电阻的比值，即$Q=X_L/R$。线圈的Q值越高，回路的损耗越小。线圈的Q值与导线的直流电阻、骨架的介质损耗、屏蔽罩或铁芯引起的损耗、高频趋肤效应的影响等因素有关。采用磁芯线圈、多股粗线圈均可提高线圈的Q值。

4）分布电容

线圈的匝与匝间、线圈与屏蔽罩间、线圈与底板间存在的电容被称为分布电容。分布电容的存在使线圈的Q值减小，稳定性变差，因此，线圈的分布电容越小越好。采用分段绕法可减少分布电容。

3．电感器的检测

（1）外观检查。

检测电感时先进行外观检查，如线圈有无松散，引脚有无折断，线圈是否烧毁或外壳是否烧焦等。若有上述现象，表明电感已损坏。

（2）万用表电阻法检测。

用万用表的欧姆挡测线圈的直流电阻。电感的直流电阻值一般很小，匝数多、线径细的线圈能达几十欧姆；对于有抽头的线圈，各引脚之间的阻值均很小，仅有几欧姆左右。若用万用表的$R\times1\Omega$挡测量线圈的直流电阻，阻值无穷大则说明线圈（或与引出线间）已经开路损坏；阻值比正常值小很多，则说明有局部短路；阻值为零，则说明线圈完全短路。

对于有金属屏蔽罩的电感线圈，还需检查它的线圈与屏蔽罩间是否短路。若用万用表检测线圈各引脚与外壳（屏蔽罩）之间的电阻不是无穷大，而是有一定电阻值或为零，说明该电感内部短路。

检测色码电感时，将万用表置于$R\times1\Omega$挡，红、黑表笔接色码电感的引脚，此时，指针应向右摆动。根据测出的阻值判别电感好坏：阻值为零，内部有短路性故障；阻值为无穷大，内

部开路；只要能测出电阻值，电感外形、外表颜色又无变化，可认为是正常的。

（3）采用具有电感挡的数字式万用表检测电感时，将数字式万用表量程开关置于合适的电感挡，然后将电感引脚与万用表两表笔相接即可从显示屏显示出电感的电感量。若显示的电感量与标称电感量相近，则说明该电感正常；若显示的电感量与标称电感量相差很多，则说明电感不正常。

Loading

知识点 2　常见半导体器件

半导体是一种具有特殊性质的物质，它不像导体一样能够完全导电，又不像绝缘体那样不能导电，它介于两者之间，所以称为半导体。半导体较常用的两种元素是硅和锗。本节主要介绍半导体二极管和半导体三极管。

一、半导体器件命名

根据国标符号 GB 249—1989，如图 2-13 所示的半导体器件的型号由五部分组成。半导体器件型号的含义如表 2-10 所示。

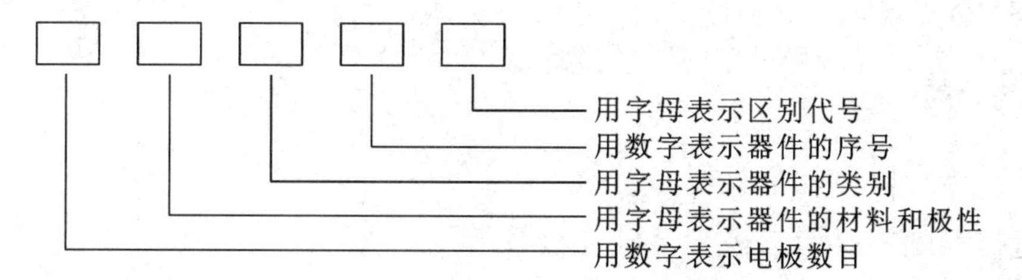

图 2-13　半导体器件的型号

表 2-10　半导体器件型号的含义

第一部分		第二部分		第三部分	
符　号	意　义	符　号	意　义	符　号	意　义
2	二极管	A	N 型锗材料	P	普通管
		B	P 型锗材料	V	微波管
		C	N 型硅材料	W	稳压管
		D	P 型硅材料	C	参量管
				Z	整流管
				L	整流堆
				S	隧道管
				N	阻尼管
				U	光电器件
				K	开关管
3	三极管	A	PNP 型锗材料	X	低频小功率管
		B	NPN 型锗材料	G	高频小功率管
		C	PNP 型硅材料	D	低频大功率管

续表

第一部分		第二部分		第三部分	
符号	意义	符号	意义	符号	意义
3	三极管	D	NPN 型硅材料	A	高频大功率管
		E	化合物材料	U	光电器件
				K	开关管
				Z	整流管
				L	整流堆
				S	隧道管
				N	阻尼管

二、半导体二极管

1. 二极管的结构

二极管是由一个 PN 结加上两条电极引线做成管心，并用管壳封闭而成的。P 型区的引出线称为正极或阳极，N 型区的引出线称为负极或阴极。二极管的文字符号为 VD。

2. 二极管的分类

晶体二极管可分为以下几个类型。

（1）按制造材料分类：锗二极管、硅二极管等。

（2）按用途分类：整流二极管、开关二极管、检波二极管等。

（3）按结构分类：点接触型二极管、面接触型二极管。

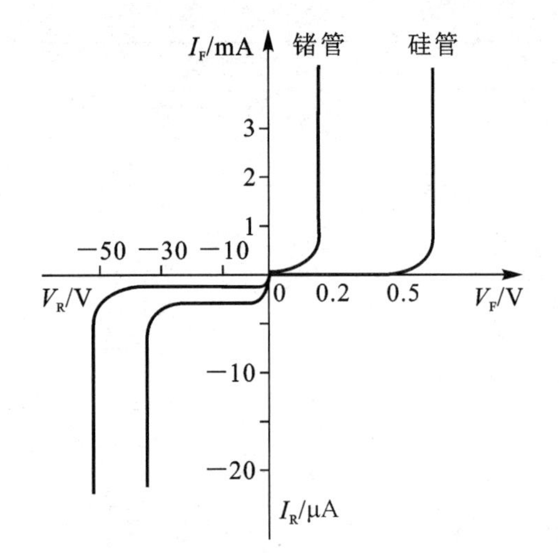

图 2-14 半导体二极管的伏安特性曲线

3. 半导体二极管的特性

1）正向特性

正向特性曲线如图 2-14 所示第一象限。在起始阶段，外加正向电压很小，二极管呈现的电阻很大，正向电流几乎为零，该曲线段称为死区。使二极管开始导通的临界电压称为开启电压，一般地，硅二极管的开启电压约为 0.5V，锗二极管的开启电压约为 0.2V。

当正向电压超过开启电压后，电流随电压的上升迅速增大，二极管电阻变得很小，进入正向导通状态。曲线较陡直，电压与电流的关系近似为线性，为导通区。导通后二极管两端的正向电压称为正向压降（或管压降），这个电压比较稳定，几乎不随流过的电流大小而变化。一般地，硅二极管的正向压降约为 0.7V，锗二极管的正向压降约为 0.3V。

2）反向特性

反向特性曲线如图 2-14 所示第三象限坐标曲线。

二极管加反向电压时，在起始的一段范围内，只有很少的少数载流子，也就是很小的反向电流，且不随反向电压的增加而改变，称为反向饱和电流或反向漏电流。该段称为反向截止区。一般，硅管的反向电流为 0.1mA，锗管为几十微安。

注意：反向饱和电流随温度的升高而急剧增加，硅管的反向饱和电流要比锗管的反向饱和电流小。在实际应用中，反向电流越小，二极管的质量越好。当反向电压增大到超过某一值时，反向电流急剧增大，这一现象称为反向击穿，所对应的电压称为反向击穿电压。

4．二极管主要参数

（1）最大整流电流 I_{FM}：二极管长期运行时，允许通过的最大正向平均电流。

（2）正向压降 V_D：二极管正向偏置时，流过的电流为最大整流电流时的正向压降值。

（3）最大反向工作电压 V_{RM}：二极管使用时，允许施加的最大反向电压。一般为反向击穿电压 V_{BR} 的 1/2。

（4）反向电流 I_{RM}：二极管未击穿时的反向电流值。

（5）最高工作频率 f_M：保证二极管正常工作的最高频率。

相关教学资源

三、半导体三极管

1．三极管的结构

三极管由两个 PN 结构成。在 N 型半导体和 P 型半导体交错排列形成三个区，分别称为发射区、基区和集电区。从三个区引出的金属电极分别称为发射极、基极和集电极，用符号 e、b、c 来表示。处在发射区和基区交界处的 PN 结称为发射结，处在基区和集电区交界处的 PN 结称为集电结。三极管符号的标注较常使用 VT。

从外表上看两个 N 区（或两个 P 区）是对称的，实际上，发射区的掺杂浓度大，集电区的掺杂浓度低，且集电结面积大。基区要制造得很薄，其厚度一般在几微米至几十微米。

半导体三极管的结构示意图如图 2-15 所示。它有两种类型：NPN 型和 PNP 型。

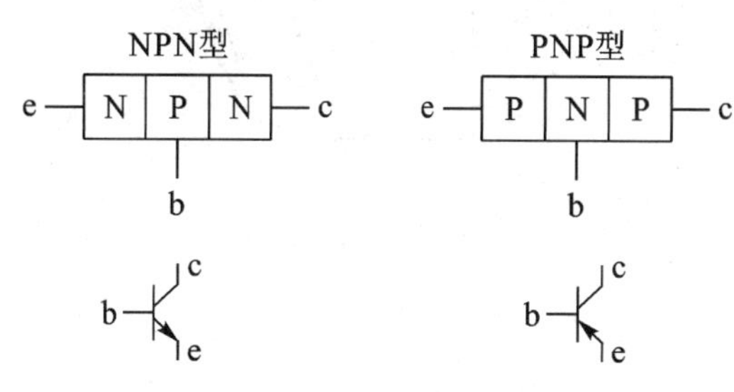

图 2-15　半导体三极管的结构示意图

2．三极管的分类

（1）按材质分类：硅管、锗管。

（2）按结构分类：NPN、PNP。

（3）按三极管消耗功率分类：小功率管、中功率管和大功率管等。

3．半导体三极管的特性

（1）三极管输入特性曲线。

当输出电压 U_{CE} 一定时，反映输入电流 I_B 与输入电压 U_{BE} 之间的关系的曲线称为三极管输入特性曲线，如图 2-16（a）所示。

在输入回路中，由于三极管的发射结是一个正向偏置的 PN 结，因此三极管的输入特性曲线与二极管的正向特性曲线非常相似；与二极管一样，三极管也有一个导通电压，通常，硅管为 0.6～0.7V，锗管为 0.2～0.3V。

（2）三极管输出特性曲线。

当输入电流 I_B 一定时，反映输出电流 I_C 与输出电压 U_{CE} 之间关系的曲线称为三极管输出特性曲线，如图 2-16（b）所示。

饱和区：在此区域内，三极管的发射结和集电结均处于正偏。I_B 失去了对 I_C 的控制能力，这种情况，称为三极管的饱和，三极管失去了电流放大作用，相当于一个闭合开关。三极管饱和时，三极管集电极与发射极间的电压称为集—射饱和压降，用 U_{CES} 表示；小功率硅管的 U_{CES} 约为 0.3V，锗管的 U_{CES} 约为 0.1V。

放大区：处在此区域，三极管发射结正偏，集电结反偏。三极管集电极电流受控于基极电流，三极管具有电流放大作用。

截止区：指 I_B=0 的那条特性曲线以下的区域。在此区域里，三极管的发射结和集电结都处于反向偏置状态，三极管失去了放大作用，集电极只有微小的穿透电流 I_{CEO}。

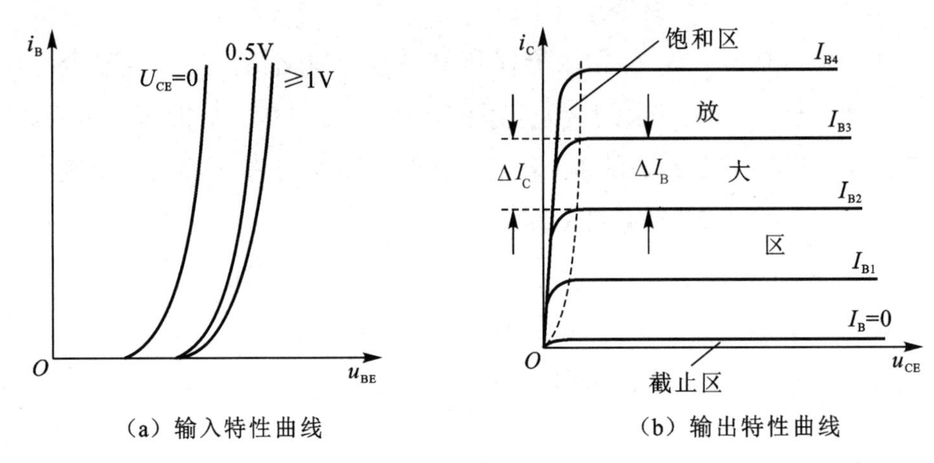

（a）输入特性曲线　　（b）输出特性曲线

图 2-16　三极管的伏安特性曲线

4．三极管的主要参数

（1）直流电流放大系数 $\bar{\beta}$：可用电流表或晶体管特性图示仪测得集电极电流 I_C 和基极电流 I_B 后算出，也可用数字万用表的 H_{FE} 挡测得。计算公式：$\bar{\beta} \approx \dfrac{I_C}{I_B}$。

（2）穿透电流 I_{CEO}：基极开路时的 I_C 值，反映了三极管的热稳定性，越小越好。

（3）交流电流放大系数 β：I_C 与 I_B 的变化量之比可由电流表或晶体管特性图示仪测得 ΔI_C 和 ΔI_B 后根据下式计算：

$$\beta = \frac{\Delta I_C}{\Delta I_B}$$

（4）反向击穿电压 BV_{CEO}：基极开路时，集电极与发射极之间的击穿电压。

Loading　知识点 3　片状元件（SMD）<<<<<<<<

表面贴装器件（Surface Mounted Devices，SMD）是表面贴装技术（Surface Mount Technology，SMD）元器件中的一种。

一、片状元件的特点与种类

1．片状元件的特点

片状元件又称表面安装元件或 SMT 元件，具有如下几个特点。

（1）片状元件的电极无引线或短引线，集成电路芯片相邻电极间距比传统的双列直插式集成电路的引脚间距（2.54mm）小得多，随着集成电路工艺水平的提高，电极间距越来越小。在集成度相同的情况下，贴片元件的体积比传统的小得多；或者说，与同样体积的传统电路芯片比较，片状元件的集成度提高了很多。

（2）片状元件直接贴装在印制电路板的表面，将电极焊接在与元件同一面的焊盘上。这样，印制电路板上的通孔只起到电路连通导线的作用，孔的直径仅由制作印制电路板时金属化孔的工艺水平决定，通孔周围无焊盘，使印制电路板的布线密度大大提高。

（3）片状元件最重要的特点是小型化和标准化。

2．片状元件的分类

按结构形状分类：薄片矩形、圆柱形、扁平异形等。

按功能上分类：无源元件（Surface Mounting Component，SMC）、有源器件（Surface Mounting Device，SMD）和机电元件。

二、SMD 分立器件的识读

1．SMD 分立器件的分类和外形

（1）SMD 分立器件的分类。SMD 分立器件包括分立二极管、三极管、场效应管等，也有由两三只二极管、三极管组成的简单复合电路。

（2）SMD 分立器件的外形。SMD 分立器件的引脚数为 2～6 个，二极管器件一般采用二端

或三端 SMD 封装，小功率三极管一般采用三端或四端 SMD 封装，四端至六端 SMD 器件内大多封装了两只三极管或场效应管。图 2-17 所示为典型 SMD 分立器件的外形图。

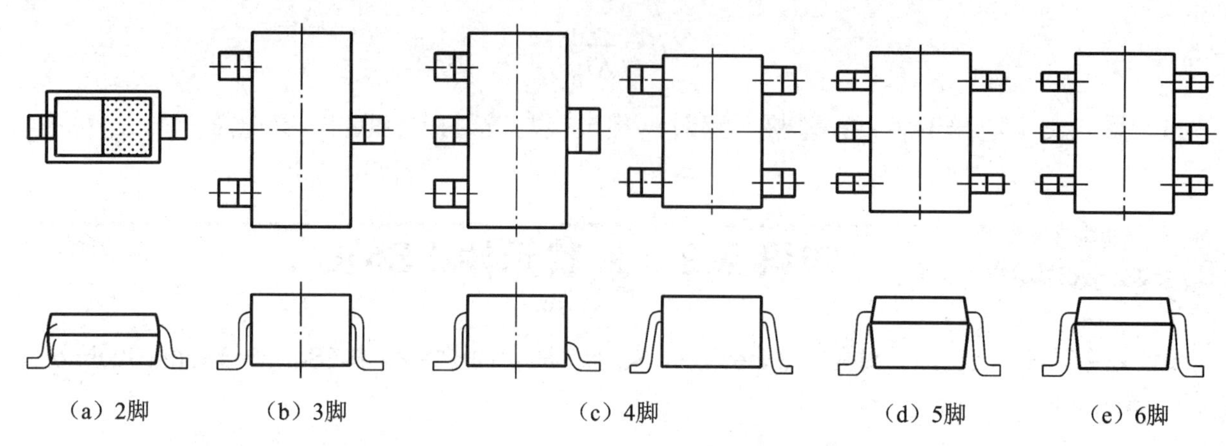

（a）2脚　（b）3脚　（c）4脚　（d）5脚　（e）6脚

图 2-17　典型 SMD 分立器件的外形图

（3）SMD 分立器件的实物图。

SMD 分立器件的实物图如图 2-18 所示。

图 2-18　SMD 分立器件的实物图

2. 片状二极管

片状二极管具有体积小、耗散功率小、参数变化不大的优点。片状二极管的额定电流为 150mA～1A，耐压为 50～400V，功耗为 0.5～1W，二极管实物图如图 2-19 所示。

（a）无引线柱形玻璃封装二极管

（b）塑封二极管

图 2-19　二极管实物图

3. 片状三极管

三极管采用带有翼形短引线的塑料封装（Short Out-line Transistor，SOT），可分为 SOT23、SOT89、SOT143 几种尺寸结构，三极管实物图如图 2-20 所示。

片状小功率三极管，额定功率为 100～300mW，电流为 10～700mA；片状大功率三极管，额定功率为 300mW～2W，电流为 10～700mA。两个连在一起的引脚是集电极。

图 2-20　三极管实物图

三、SMD 集成电路

（1）IC 的主要封装类型有 SOT（小型晶体管）、SOP（小型封装）、SSOP（缩小型封装）、TSSOP（薄缩小型封装）、QFP（四方形封装）、TQFP（薄四方形封装）、PQFP（扁平四方形封装）、SOJ（J 形脚封装）、CLCC（宽脚距陶瓷封装）、PLCC（宽脚距塑料封装）、BGA（球状栅阵列）等，其中，IC 的部分封装类型如图 2-21 所示。

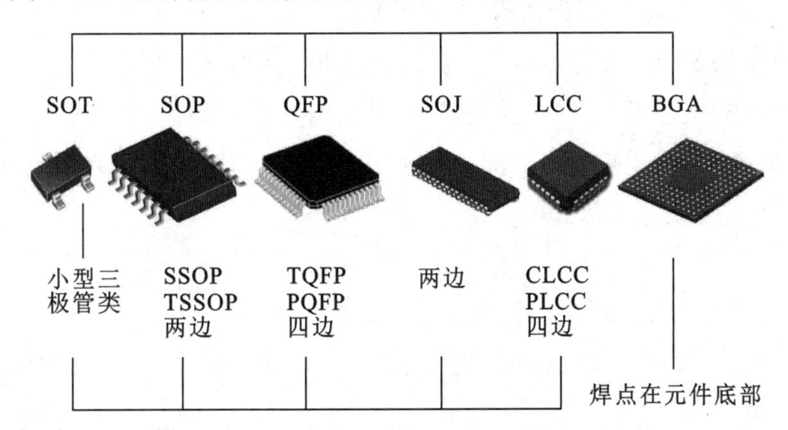

图 2-21　IC 的部分封装类型

（2）IC 第一脚辨认方法如图 2-22 所示。

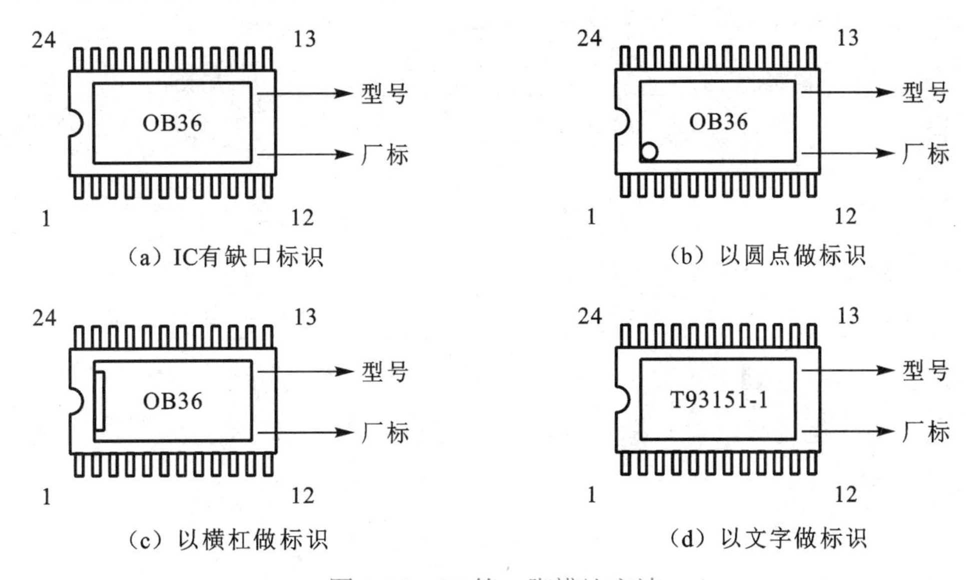

图 2-22　IC 第一脚辨认方法

Loading

理论测验

<<<<<<<<

一、判断题

1．电容器的识读采用直标法、色标法、文字符号法和数标法。 （ ）

2．电感器的主要参数有电感量、品质因数和分布电容。 （ ）

3．P 型半导体带正电，N 型半导体带负电。 （ ）

4．晶体二极管有一个 PN 结，所以具有单向导电性。 （ ）

5．晶体二极管的正向特性也有稳压作用。 （ ）

6．稳压二极管按材料分为硅管和锗管。 （ ）

7．二极管的正向电阻比反向电阻大。 （ ）

8．用指针式万用表检测二极管时，一般选 $R\times100$k 挡或 $R\times1000$k 挡。 （ ）

9．实际工作中，放大三极管与开关三极管不能相互替换。 （ ）

10．碳膜电阻器性能好，所以广泛应用于对电阻器特性要求较高的电路中。 （ ）

二、填空题

1．PN 结是半导体器件的核心，具有________特性。

2．一般来说，硅二极管的正向压降为________V，锗二极管的正向压降为________V。

3．二极管的主要参数有________、________、________、________和________。

4．电容器的选用主要考虑________、________和________。

5．标称电阻器的阻值和允许误差通常有________、________和________三种方法。

6．色环电阻一般常用____个色环或____个色环。

7．SMT 元件按功能可分为________、________和________三大类。

8．三极管有_______个 PN 结，形成了__________、__________和__________三个区。

三、选择题

1．二极管两端加上正向电压时（ ）。

A．一定导通　　B．超过死区电压才导通

C．超过 0.3V 才导通　　D．超过 0.7V 才导通

2．色环电阻的颜色为红、蓝、棕、金，其表示参数为（ ）。

A．2.4Ω±5%　　B．250Ω±5%

C．240Ω±5%　　D．240Ω±10%

3．如果用万用表测得二极管的正、反向电阻值都很大，则二极管（ ）。

A．特性良好　　B．内部开路

C．功能正常　　D．已被击穿

4．如果用万用表测得二极管的正、反向电阻都很小，则二极管（　　）。

A．特性良好　　B．内部开路

C．功能正常　　D．已被击穿

5．色环电阻中红色环离其他色环较远，则此红色环表示的数是（　　）。

A．2　　B．10^2

C．2%　　D．3

6．用于片状三极管的封装是（　　）。

A．SOP　　B．SIP

C．DIP　　D．SOT

7．当三极管的两个 PN 结都反偏时，三极管所处的状态是（　　）。

A．导通状态　　B．放大状态

C．饱和状态　　D．截止状态

8．当三极管的发射结正偏、集电结反偏时，三极管所处的状态是（　　）。

A．导通状态　　B．放大状态

C．饱和状态　　D．截止状态

9．二极管的正极电位为-10V，负极电位为-5V，则二极管处于（　　）。

A．正偏　　B．反偏

C．零偏　　D．无法确定

四、问答题

1．如何使用万用表检测电容的好坏？

2．什么是 SMT 元件？它有什么特点？

3．半导体器件 3AX81 有什么含义？

4．如何利用万用表检测三极管的极性？

项目三 直流稳压电源的认知及应用

各种家用电器、电子设备的运行都需要稳定的直流电源。这些直流电除少数直接利用干电池和直流发电机外，大多数采用把交流电（市电）转变为直流电的直流稳压电源。直流稳压电源一般由变压、整流、滤波、稳压四部分组成。

本项目介绍直流稳压电源电路的工作原理、安装及调试方法，是研究复杂直流稳压电源的基础。

● 技能目标

1. 能根据实际需要选用、使用整流二极管。
2. 掌握整流、滤波电路连接及波形测试方法。
3. 能焊接整流、滤波电路。
4. 能用万用表和示波器测量相关电量参数和波形。
5. 能识读集成稳压电源的电路图。
6. 能根据装配工艺卡组装直流稳压电源，会对电路进行调试。

● 知识目标

1. 了解几种常用特殊二极管的外形特征、功能。
2. 掌握整流二极管的工作特性及使用注意事项。
3. 了解直流稳压电源的组成、工作原理。
4. 掌握桥式整流、电容滤波电路的工作原理。
5. 了解三端集成稳压器件的种类、主要参数、典型应用电路，能识别其引脚。

第一部分　技能实训

技能实训 1　桥式整流滤波电路制作

Loading　<<<<<<<<

整流滤波电路的作用是将波动较大的交流电转换成波动较小的直流电。把交流电转换成直流电的过程称为整流。整流电路输出的电压虽然极性方向不变，但是波形波动较大（这种大小波动、方向不变的电压和电流称为脉动直流电）。为了将交流电转换成要求较高的接近理想的直流电，还需要对整流输出电压进行滤波，滤除其中的脉动成分。能实现这个功能的电路称为滤波电路，又称滤波器。所以，在整流电路后面还需要根据要求接上滤波器，称为整流滤波电路。

一、认识电路

1. 电路工作原理

整流滤波电路原理如图 3-1 所示。

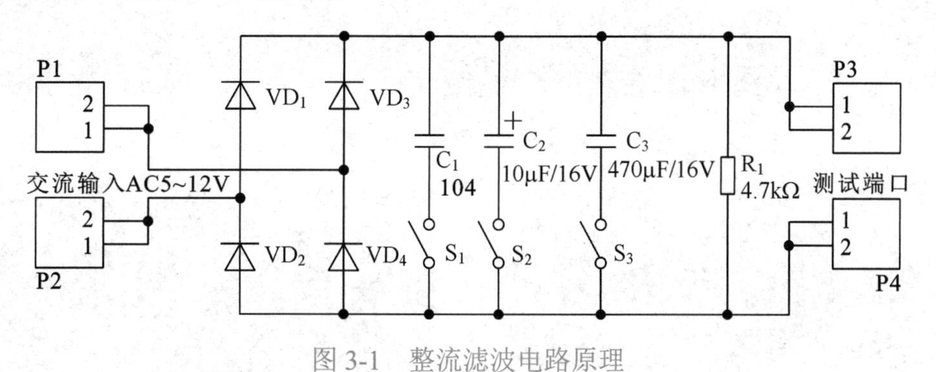

图 3-1　整流滤波电路原理

（1）电路介绍：电路中的四只二极管（VD_1～VD_4）组成单相桥式整流电路，C_1～C_3 三只电容，与电容串联的开关（S_1～S_3）用来选择接入电路的滤波器，便于对比不同电容滤波器的滤波效果，电阻 R_1 为负载电阻。

（2）工作原理：VD_1～VD_4 四只二极管按原理图所示的连接方法组成“桥式”整流电路，由于二极管具有单向导电性，输入的正弦交流电经过整流电路后，被转换为脉动直流电压。脉动直流电压加载到由电容组成的滤波器上，脉动程度大为减弱，波形变得比较平滑，形成接近水平直线的直流电。整流滤波过程中的波形变化如图 3-2 所示。通过开关 S_1～S_3 选择不同的电容接入电路，可对比容量不同的电容滤波器的滤波效果。

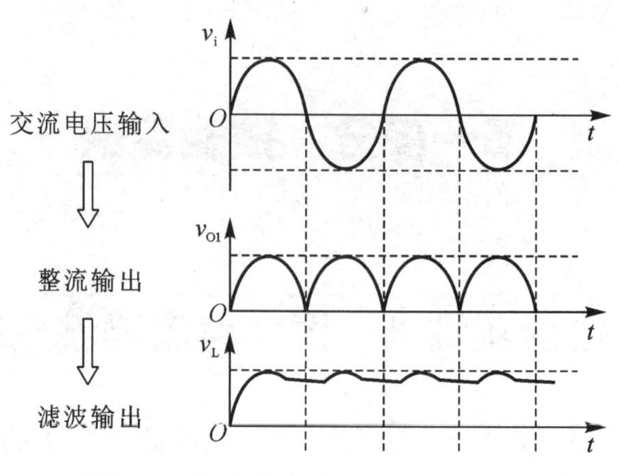

图 3-2　整流滤波过程中的波形变化

2. 组装实例

将电子元器件依照电路图在连孔万能板上按工艺要求转接好，就形成了一个桥式整流滤波电路，组装实例如图 3-3 所示。

（a）连孔万能板及电子元器件

（b）装接好的整流滤波电路

图 3-3　桥式整流滤波电路组装实例

二、元器件的选择与测试

根据电路原理图，从所给元器件中选择装配电路所需的元器件，按要求进行测试，并将测试结果填入表 3-1 中。

表 3-1　元器件清单

序　　号	名　　称	配 件 图 号	测 试 结 果
1	电阻	R_1	用万用表测得的实际阻值为______Ω
2	电解电容	C_2、C_3	长引脚为______极，耐压值为______V
3	瓷片电容	C_1	此电容的容量是_______μF
4	二极管	VD_1、VD_2、VD_3、VD_4	有色环标志的一端为_______极 用指针万用表（又称为机械万用表）检测时，应选用的挡位是_______；正向导通的测量中，红表笔所接的是_______极
5	单排针	JP1、JP2、JP3、JP4	—
6	拨动开关	S_1、S_2、S_3	—
7	连孔板	—	—
8	导线	—	—
9	电源线	—	—

三、电路制作与调试

（1）按电路原理图的结构在连孔万能板上绘制电路元器件的布局草图。

（2）按工艺要求对元器件的引脚进行成形加工。

（3）按布局图在万能板上依次插装元器件。

（4）按电路图的连接要求和焊接工艺要求对元器件进行连线焊接，直到所有元器件连接并焊完为止。

（5）要求。

① 不漏装、错装，不损坏元器件。

② 无虚焊、漏焊和桥接，焊点表面要光滑、干净。

③ 元器件排列整齐，布局合理，并符合工艺要求。

注意：开关处于同一状态时波动柄的方位要一致，便于选择对比；输入/输出的两极插针之间的距离要大一点，便于测试。

四、电路测试与分析

装接完毕，检查无误后，将电路接入 5～12V 交流电源进行通电试验，如有故障，立即切断电源，对电路进行检修。

按表 3-2 中的要求进行测试，并将测试结果填写在表中。

表 3-2 电路测试

开关选择	输出电压测量值	输出波形记录	示波器读数
只闭合 S_1			时间挡位： 幅度挡位： 峰—峰值： $V_{p\text{-}p}$=
只闭合 S_2			时间挡位： 幅度挡位： 峰—峰值： $V_{p\text{-}p}$=
只闭合 S_3			时间挡位： 幅度挡位： 峰—峰值： $V_{p\text{-}p}$=

五、安全文明操作（后续项目，安全文明操作要求，与此相同）

（1）严禁带电操作（不包括通电测试），保证人身及设备安全。

（2）工具摆放有序，保持桌面整洁。

（3）放置电烙铁等工具时要规范，防止烫伤或损坏物件。

（4）使用测量仪表，应选用合适的量程，防止损坏。

（5）操作结束后要清理现场。

Loading　技能实训 2　三端固定式集成稳压电路制作 <<<<<<<<

由于电网电压和负载的变动，经过整流滤波得到的近似直流电是不稳定的。为适用于精密设备和自动化控制等，有必要在整流、滤波后再加入稳压电路，以确保当电网电压发生波动或负载发生变化时，输出电压不受影响，这就是稳压电路的作用。

一、认识电路

1. 电路工作原理

图 3-4 所示为三端固定式集成稳压电路原理。

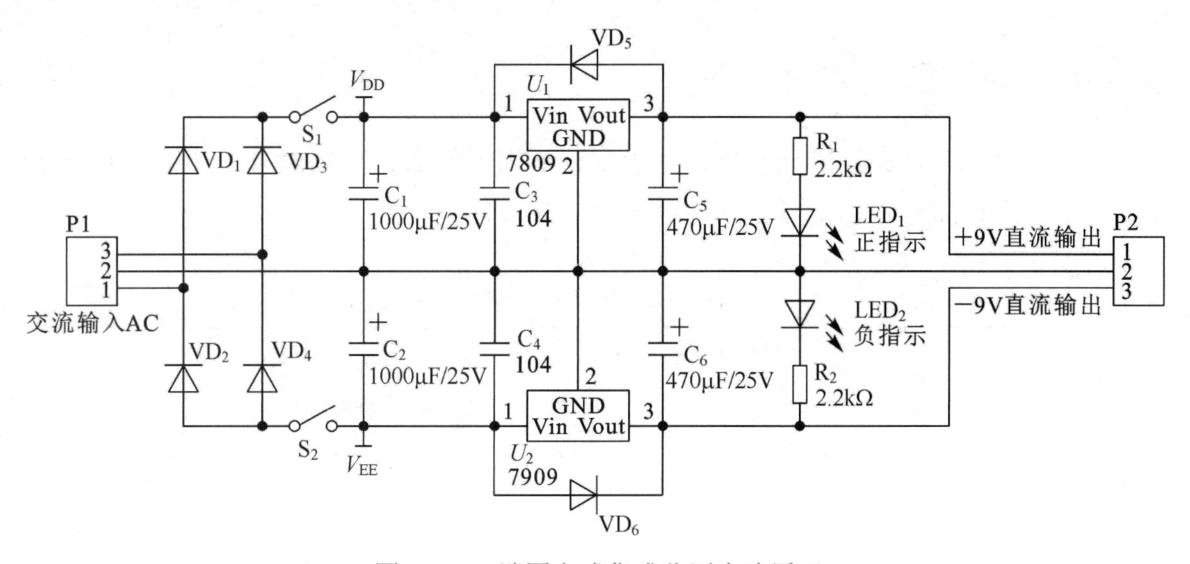

图 3-4　三端固定式集成稳压电路原理

1）电路介绍

图 3-4 所示电路是以三端固定式集成稳压器 7809 和 7909 为核心组成的，输出+9V 和−9V 两种直流电，通过开关 S_1 和 S_2 选择输出电压的极性。这种稳压电源结构简单、稳压性能较高（输出电压实际偏差≤±2%）。

2）工作原理

7809 和 7909 都是三端固定式集成稳压器，在它们的输入端加上大小为 11～36V 的不稳定直流电，在 7809 的输出端将输出比较稳定的“+9V”电压，在 7909 的输出端将输出比较稳定的“-9V”电压。采用三端固定式集成稳压器稳压，是一种常见的稳压方法，不同型号的三端集成稳压器，输出的稳定电压值不同，常见的输出电压值有 5V、6V、9V、12V、15V、18V、24V。

2. 组装实例

组装三端固定式集成稳压电路印制电路板和装接实例如图 3-5（a)、(b）所示。

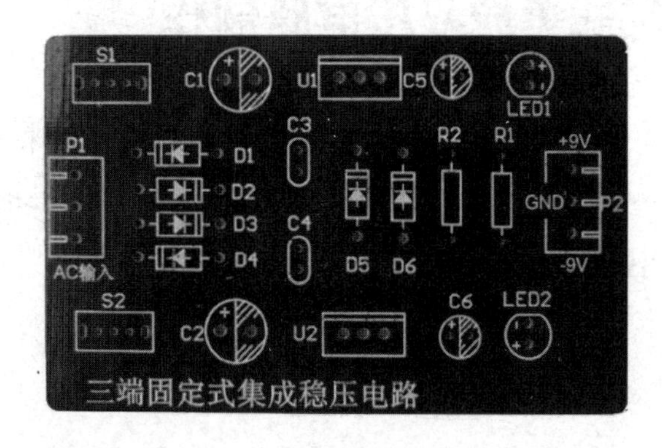

（a）印制电路板

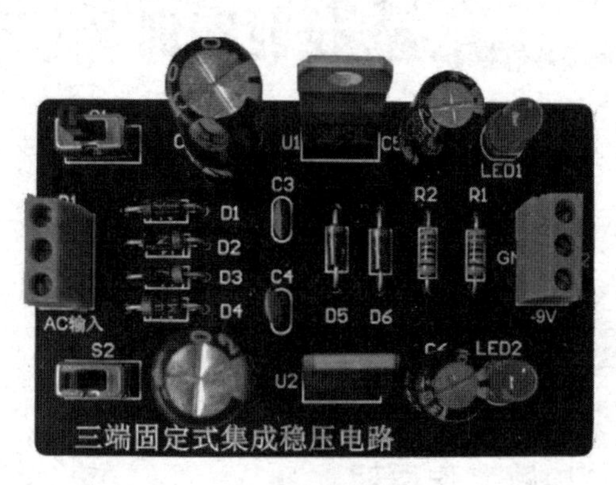

（b）装接实例

图 3-5 组装三端固定式集成稳压电路印制电路板和装接实例

二、元器件的选择与测试

根据电路原理图，从所给的元器件中选出电路所需的元器件，按表 3-3 中要求进行识读和测试，填写识读、测试结果。测试中使用的万用表建议用指针式万用表。

表 3-3 元器件清单

序 号	名 称	配件图号	测试结果
1	电阻器	R_1	测量值为_______kΩ，选用的万用表挡位是_______
2	电阻器	R_2	测量值为_______kΩ，选用的万用表挡位是_______
3	电容器	C_1、C_2、C_5、C_6	长引脚为_____极，耐压值为_______V
4	电容器	C_3、C_4	容量标称值是_______；检测质量时，应选用万用表的____挡位，测量结果为________
5	二极管	VD_1、VD_2、VD_3、VD_4、VD_5、VD_6	检测质量时，应选用的万用表挡位是_______；反向截止的测量中，黑表笔所接的是______极，所测得的阻值是_______
6	发光二极管	LED_1、LED_2	长脚为_______；检测质量时选用的万用表挡位_________，红表笔接二极管______时，发光二极管可发光
7	稳压集成块	U_1	型号是__________

续表

序 号	名 称	配 件 图 号	识读与测试结果
8	稳压集成块	U_2	型号是__________
9	输入/输出接线端	P1、P2	
10	选择开关	S_1、S_2	
11	连孔板		

三、电路制作与调试

1. 装配工艺

三端固定式集成稳压电路的装配工艺卡片如表 3-4 所示（以后各项目中装配工艺卡片下半部分与此表相同，略去）。

表 3-4 三端固定式集成稳压电路的装配工艺卡片

<table>
<tr><td colspan="4" rowspan="3">装配工艺卡片</td><td>工序名称</td><td colspan="2">产品名称</td></tr>
<tr><td rowspan="2">插件及焊接</td><td colspan="2">三端固定直流稳压电源</td></tr>
<tr><td colspan="2">产品型号</td></tr>
<tr><td>工序号</td><td colspan="3">装入件及辅材代号、名称、规格</td><td>数量</td><td colspan="2">插装工艺要求</td></tr>
<tr><td>1</td><td>R_1、R_2</td><td>金属膜电阻</td><td>RJ114-2.2kΩ±1%</td><td>2</td><td colspan="2">贴板卧式安装</td></tr>
<tr><td>2</td><td>C_1、C_2</td><td>电解电容</td><td>CC1-25V-1000μF±20%</td><td>2</td><td colspan="2">立式安装，引脚高度为 1～2mm</td></tr>
<tr><td>3</td><td>C_5、C_6</td><td>电解电容</td><td>CC1-25V-470μF±20%</td><td></td><td colspan="2">立式安装，引脚高度为 1～2mm</td></tr>
<tr><td>4</td><td>C_2、C_4</td><td>瓷片电容</td><td>CC1-100V-104P±20%</td><td>3</td><td colspan="2">立式安装，引脚高度为 3～5mm</td></tr>
<tr><td>5</td><td>VD_1～VD_6</td><td>二极管</td><td>1N4007</td><td>6</td><td colspan="2">贴板卧式安装</td></tr>
<tr><td>6</td><td>LED_1、LED_2</td><td>发光二极管</td><td>LED</td><td>2</td><td colspan="2">立式安装，引脚高度为 3～5mm</td></tr>
<tr><td>7</td><td>U_1</td><td>稳压集成块</td><td>L7809CV</td><td>1</td><td colspan="2">立式安装，引脚高度为 5～7mm</td></tr>
<tr><td>8</td><td>U_2</td><td>稳压集成块</td><td>L7909CV</td><td>1</td><td colspan="2">立式安装，引脚高度为 5～7mm</td></tr>
<tr><td>9</td><td>P1、P2</td><td>接线座</td><td>含螺母（3 孔）</td><td>2</td><td colspan="2">贴板安装</td></tr>
<tr><td>10</td><td>S_1、S_2</td><td>选择开关</td><td>单刀双掷</td><td>2</td><td colspan="2">贴板安装</td></tr>
<tr><td colspan="7">焊接工艺要求：符合通用手工焊接规范，焊点整洁、圆润、光滑、无虚焊、漏焊、冷焊、毛刺等现象。剪脚整齐，引脚末端留存 0.5～1mm</td></tr>
</table>

旧底图总号	更改标记	数量	更改单号	签名		签名	日期	第 页
					拟制			
					审核			共 页
底图总号								共 页
					标准化			第 册 第 页

说明：为减少篇幅，本教材其他项目的工艺卡片为简易工艺卡片。

2. 装配注意事项

（1）在搭接电路时一定要断开电源，在所有部分搭接完毕确认无误后方能开启电源。

（2）连接四个电解电容的正负极一定要接对；否则，电容将被反向击穿。

（3）电路中所有的接地端都要接地，时刻观察电路中的器件，当发现器件过热时，一定要及时关闭电源使之冷却。

（4）电路经初测进入正常工作状态后，才能进行各项指标的测试。

（5）装配调试过程中，要遵循各环节的工艺要求。

（6）要求。

① 不漏装、错装，不损坏元器件。

② 无虚焊、漏焊和桥接，焊点标准，大小均匀，表面要光滑、干净。

③ 焊接面干净无划痕。

④ 元器件的引脚成形和装插应符合工艺要求。

四、电路测试与分析

装接完毕，检查无误后，用万用表测量电路的电源两端，若无短路，则可通电测试，交流输入电压不得超过 18V。接入交流输入电压后，再依次闭合 S_1 和 S_2，每次闭合开关都要注意观察，如无异常现象，则可继续测试，测试结果填入表 3-5 中。

表 3-5　测试结果

交流输入电压	整流输出电压		稳压输出电压	
	V_{DD}	V_{EE}	V_+	V_-
AC 9V				
AC 12V				
AC 15V				
AC 18V				

从上表中的测试数据可以看出，整流得到的直流电压随着交流输入电压的变化而变化，但经过三端稳压块以后的输出电压基本不变，这就是三端稳压块的稳压作用。

Loading　技能实训 3　可调线性稳压电源制作 <<<<<<<<

在技能实训 2 中组装的稳压电源电路，输出电压为固定值，不能连续可调，使用范围受到限制。可调线性稳压电源就能输出既可调又稳定的直流电压，使用范围更为广泛。

一、认识电路

1. 电路工作原理

1）电路介绍

可调线性稳压电源是以三端可调式集成稳压器 LM317 为核心器件组成一种应用广泛的直流稳压电源，可调线性稳压电源电路原理如图 3-6 所示。这种稳压电源结构简单，稳压性能较高（输出电压实际偏差≤±2%），输出电压可以在一定范围内连续调节。调节电路中的可调电阻 R_{P1}，就可改变输出电压的大小。

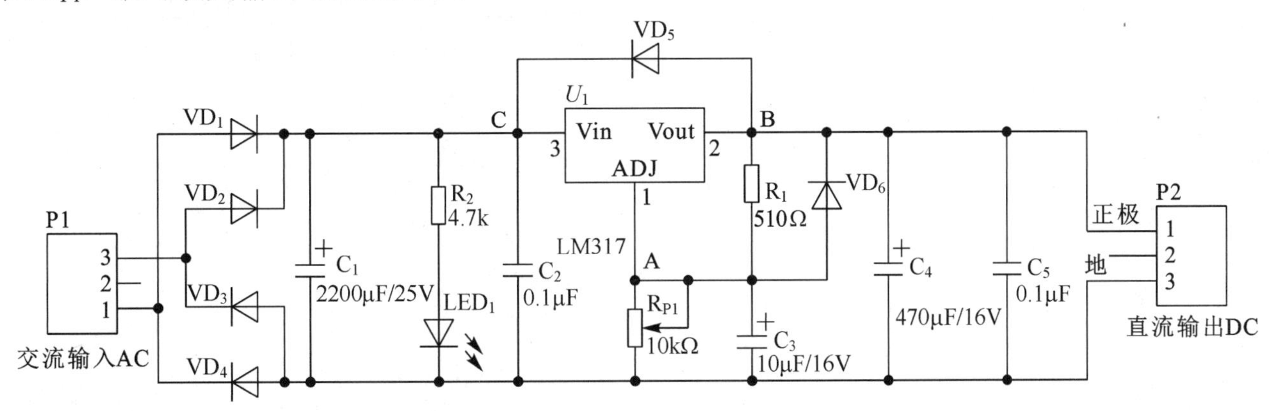

图 3-6 可调线性稳压电源电路原理

2）工作原理

电路中的核心器件是 LM317，它是集成稳压器中的一种，既有稳压的作用，又可调节输出电压的大小。LM317 的输出电压调节范围是 1.2～37V，负载电流最大为 1.5A。LM317 内置有过载保护、安全区保护等多种保护电路。电路中的输出电容 C_4、C_5 能改变瞬态响应。在调整端接一滤波电容 C_3，能得到比固定三端稳压器高得多的纹波抑制比。调整输出电压的器件是可调电阻 R_{P1}，调节它的阻值，就可改变输出电压的大小，而且这个选定的输出电压不随着输入电压的变化而变化。

2. 组装实例

组装可调线性稳压电源印制电路板和装接实例如图 3-7 所示。

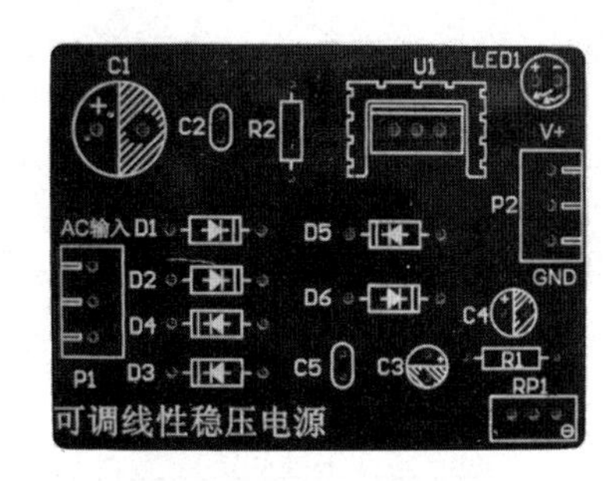

（a）印制电路板

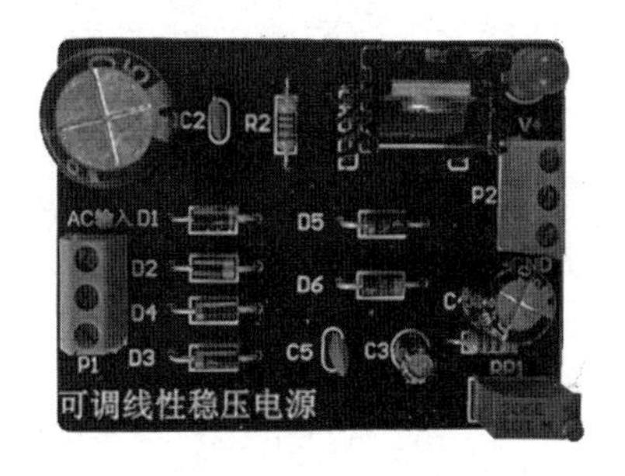

（b）装接实例

图 3-7 组装可调线性稳压电源印制电路板和装接实例

二、元器件的选择与测试

根据电路原理图，从所给元器件中选出电路所需的元器件，按表 3-6 中要求进行识读和测试，填写识读、测试结果。测试中使用的万用表建议用指针式万用表。

表 3-6　元器件清单

序　号	名　称	配件图号	测试结果
1	电阻器	R_1	测量值为______kΩ，选用的万用表挡位是______
2	电阻器	R_2	测量值为______kΩ，选用的万用表挡位是______
3	可调电阻	R_{P1}	画出电路符号、外形图并标明标称值
4	电容器	C_1	长引脚为_____极，耐压值为______V
5	电容器	C_3	长引脚为_____极，耐压值为______V
5	电容器	C_4	长引脚为_____极，耐压值为______V
6	电容器	C_2	容量标称值是________；检测质量时，应选用万用表的挡位，测量结果为______
7	电容器	C_5	容量标称值是________；检测质量时，应选用万用表的挡位，测量结果为______
8	二极管	VD_1、VD_2、VD_3、VD_4、VD_5、VD_6	检测质量时，应选用的万用表挡位是_______；反向截止的测量中，黑表笔所接的是_______极，所测得的阻值是_______
9	发光二极管	LED_1	长脚为_______极；检测质量时选用的万用表挡位_______，红表笔接二极管______极测量时，发光二极管可发光
7	稳压集成块	U_1	画出外形图并标明引脚名称
9	输入/输出接线端	P1、P2	
10	连孔板		

三、电路制作与调试

1. 装配工艺

线性可调稳压电源的装配工艺卡片如表 3-7 所示。

表 3-7　线性可调稳压电源的装配工艺卡片

<table>
<tr><td colspan="4" rowspan="4">装配工艺卡片</td><td colspan="2">工序名称</td><td>产品名称</td></tr>
<tr><td colspan="2" rowspan="3">插件及焊接</td><td>线性可调
稳压电源</td></tr>
<tr><td>产品型号</td></tr>
<tr><td></td></tr>
<tr><td>工序号</td><td colspan="3">装入件及辅材代号、名称、规格</td><td>数量</td><td colspan="2">插装工艺要求</td></tr>
<tr><td>1</td><td>R_1</td><td>金属膜电阻</td><td>RJ114-510Ω±1%</td><td>1</td><td colspan="2">贴板卧式安装</td></tr>
<tr><td>2</td><td>R_2</td><td>金属膜电阻</td><td>RJ114-4.7kΩ±1%</td><td>1</td><td colspan="2">贴板卧式安装</td></tr>
</table>

续表

<table>
<tr><td colspan="4" rowspan="4">装配工艺卡片</td><td colspan="2">工序名称</td><td>产品名称</td></tr>
<tr><td colspan="2" rowspan="3">插件及焊接</td><td>线性可调</td></tr>
<tr><td>稳压电源</td></tr>
<tr><td>产品型号</td></tr>
<tr><td>工序号</td><td colspan="3">装入件及辅材代号、名称、规格</td><td>数量</td><td colspan="2">插装工艺要求</td></tr>
<tr><td>3</td><td>C_1</td><td>电解电容</td><td>CC1-25V-2200μF±20%</td><td>1</td><td colspan="2">立式安装，引脚高度为 1～2mm</td></tr>
<tr><td>4</td><td>C_3</td><td>电解电容</td><td>CC1-16V-10μF±20%</td><td>1</td><td colspan="2">立式安装，引脚高度为 1～2mm</td></tr>
<tr><td>5</td><td>C_4</td><td>电解电容</td><td>CC1-16V-470μF±20%</td><td>1</td><td colspan="2">立式安装，引脚高度为 1～2mm</td></tr>
<tr><td>6</td><td>C_2、C_5</td><td>瓷片电容</td><td>CC1-100V-104pF±20%</td><td>2</td><td colspan="2">立式安装，引脚高度为 3～5mm</td></tr>
<tr><td>7</td><td>R_{P1}</td><td>可调电阻</td><td>3296</td><td>1</td><td colspan="2">立式安装，贴板</td></tr>
<tr><td>8</td><td>VD_1～VD_6</td><td>二极管</td><td>1N4007</td><td>6</td><td colspan="2">贴板卧式安装</td></tr>
<tr><td>9</td><td>LED_1</td><td>发光二极管</td><td>LED</td><td>1</td><td colspan="2">立式安装，引脚高度为 3～5mm</td></tr>
<tr><td>10</td><td>U_1</td><td>稳压集成块</td><td>LM317</td><td>1</td><td colspan="2">竖直安装，贴板</td></tr>
<tr><td>11</td><td>P1、P2</td><td>接线座</td><td></td><td>2</td><td colspan="2">贴板安装</td></tr>
<tr><td colspan="7">焊接工艺要求：符合通用手工焊接规范，焊点整洁、圆润、光滑、无虚焊、漏焊、冷焊等现象。剪脚整齐，引脚末端留存 0.5～1mm</td></tr>
</table>

2. 装配注意事项

（1）利用电路原理图熟悉印制电路板上各封装图对应的元器件。

（2）装配过程工艺要求在印制电路板上依次进行元器件的安装。按工艺要求对元器件的引脚进行成形加工。

（3）按焊接工艺要求对元器件进行焊接，直到所有元器件焊接完为止。

（4）安装 LM317 时，要先用螺钉固定好散热片，再装插焊接。

（5）要求。

① 不漏装、错装，不损坏元器件。

② 无虚焊、漏焊和桥接，焊点标准，大小均匀，表面要光滑、干净。

③ 焊接面干净无划痕。

④ 元器件的引脚成形和装插应符合工艺要求。

四、电路测试与分析

装接完毕，检查无误后，用万用表测量电路的电源两端，若无短路，则可通电测试，交流输入电压不得超过 18V。接入交流输入电压后，要注意观察，如无异常现象，则可继续测试。测试要求：按表 3-8 中的要求加上交流输入电压，然后将输出电压调节到表中所指定的电压，再完成相应的测量任务，测试结果填入表 3-8 中。

分析表中的数据，发现了什么现象？

表 3-8 测试结果

交流输入电压	整流输出点电位	U_1 输出端电位	U_1 调整端电位	计算
	V_C	V_B	V_A	V_B-V_A
AC 9V		8V		
AC 12V		10V		
AC 15V		9V		
AC 18V		12V		

第二部分 知识链接

知识点 1 二极管

半导体二极管又称晶体二极管。单向导电性是二极管的基本特性。当加上正向电压时二极管导通，阻值很小，接近短路；当加上反向电压时二极管截止，阻值很大，接近开路。二极管是电子设备中经常使用的一种半导体器件，常用于检波、整流、开关、隔离、保护、限幅、稳压、变容、发光和调制电路中。

二极管的种类和电路图形符号如图 3-8 所示。

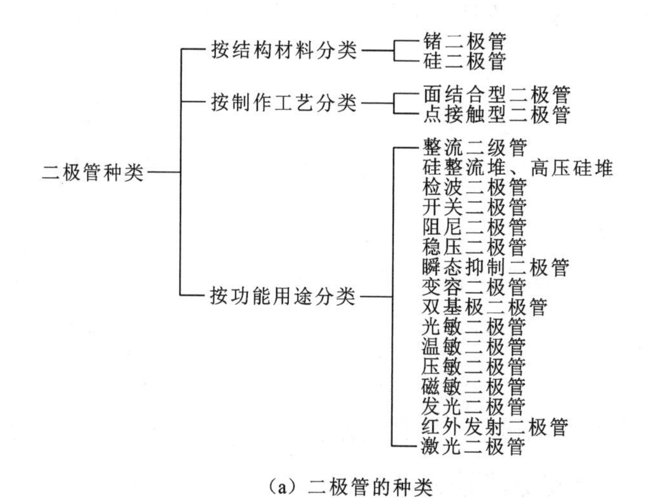

（a）二极管的种类

图 3-8 二极管的种类和电路图形符号

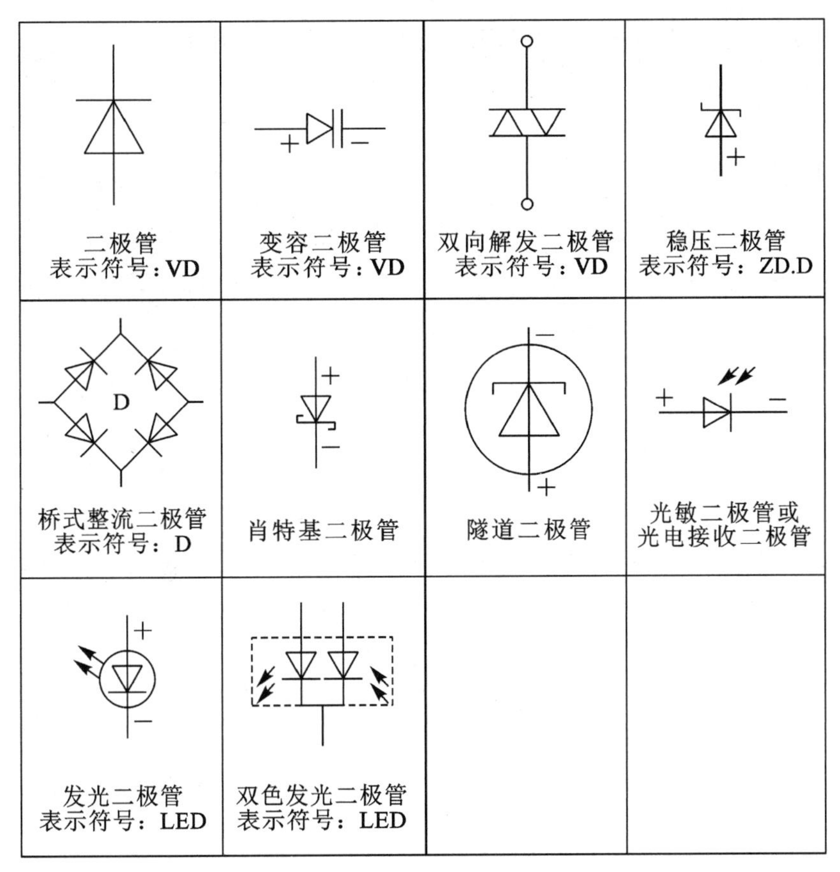

（b）电路图形符号

图 3-8 二极管的种类和电路图形符号（续）

一、特殊二极管简介

1. 发光二极管

发光二极管（LED）通常由砷化镓、磷化镓等材料制成。当有一定的电流通过时，这种二极管导通并将发出红外光或红、绿、黄、蓝、白等颜色的可见光。LED 通常用来做显示器件，除单个使用外，还常制造成七段数码显示器、矩阵显示器等。另外，发光二极管也可将电信号转换为光信号，然后由光缆传输到终端，再由光电二极管接收，将光信号转换成电信号，这就是光纤传输信号的基本原理。当前，研发成功的高亮 LED，电能转化率高，亮度高，寿命长，是节能的理想照明光源，将很快取代节能效率不高的照明灯具。LED 正常工作电流一般为几毫安到几十毫安，但不同颜色 LED 正常工作时的正向电压各不一样，红色 LED 约为 1.6V，绿色 LED 约为 2V 或 3V，黄色和橙色 LED 约为 2.2V，蓝色 LED 约为 3.2V，高亮 LED 约为 3.2V。LED 不能直接接在电源上，需要串联一只合适的分压限流电阻才能正常工作。

2. 光电二极管

光电二极管的结构与普通二极管相似，但在它的 PN 结处，通过管壳上的玻璃窗口能接收外部的光线。光电二极管在反向电压下工作，没有光照时，反向电流很小（反向电阻大）；有光照时，反向电流变大（反向电阻小），光照强度越大，反向电流也越大。

3. 变容二极管

变容二极管是利用 PN 结的电容效应的一种特殊二极管。它在反向电压下工作，改变反向电压，就可以改变其 PN 结的结电容（反向电压升高，结电容变小）。变容二极管常用于电视机、收音机等电器的调谐电路中。例如，在电视机中，通过控制电压的变化来改变结电容的大小，从而改变接收电路中的谐振频率，实现选台的目的。

二、整流二极管

1. 概述

整流二极管是一种将交流电转变为直流电的半导体器件。它通常包含一个PN 结，有阳极和阴极两个端子。整流二极管可用半导体锗或硅等材料制造。硅整流二极管的击穿电压高，反向漏电流小，高温性能良好。通常，高压大功率整流二极管都用高纯单晶硅制造（掺杂较多时容易反向击穿）。这种器件的结面积较大，能通过较大电流（可达上千安），但工作频率不高，一般在几十千赫兹以下。整流二极管主要用于各种低频半波整流电路，若要达到全波整流，则需连成整流桥使用。

2. 整流二极管的选用

选用整流二极管时，主要应考虑其最大整流电流、最大反向工作电流、截止频率及反向恢复时间等参数。其中最大整流电流是指整流二极管长时间的工作所允许通过的最大电流值。它是整流二极管的主要参数，是选项用整流二极管的主要依据。

普通串联稳压电源电路中使用的整流二极管，对截止频率的反向恢复时间要求不高，只要根据电路的要求选择最大整流电流和最大反向工作电流符合要求的整流二极管即可。例如，1N 系列、2CZ 系列、RLR 系列等。

开关稳压电源的整流电路及脉冲整流电路中使用的整流二极管，应选用工作频率较高、反向恢复时间较短的整流二极管（例如，RU 系列、EU 系列、V 系列、1SR 系列等）或选择快恢复二极管。还有一种肖特基整流二极管。

常用整流二极管型号：SA5.0A/CA-SA170A/CA、70HF80、1N4007/1N4001、MRA4003T3G、1SS355、B5G090L、1N5395、RL152、2A03 等。

3. 整流二极管的特性

整流二极管是利用 PN 结的单向导电特性，把交流电变成脉动直流电。整流二极管电流较大，多数采用面接触性料封装的二极管。整流二极管的结构示意图和实物图如图 3-9 所示。

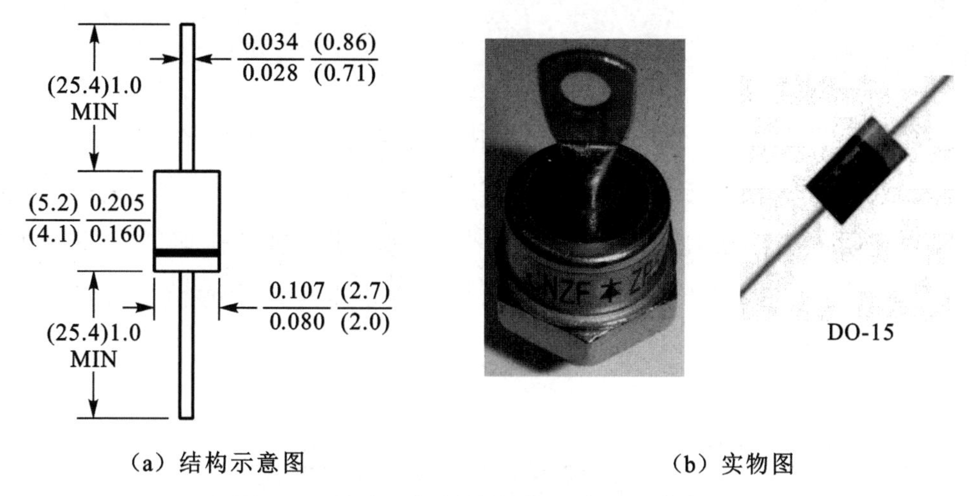

图 3-9　整流二极管的结构示意图和实物图

4. 整流管损坏的原因

（1）防雷、过电压保护措施不力。整流装置未设置防雷、过电压保护装置，或者即使设置了防雷、过电压保护装置，但因其工作不可靠，也会由于雷击或过电压而损坏整流管。

（2）运行条件恶劣。间接传动的发电机组，因转速之比的计算不正确或两皮带盘直径之比不符合转速之比的要求，使发电机长期处于高转速下运行，整流管也就长期处于较高的电压下工作，这会促使整流管加速老化，并被过早地击穿损坏。

（3）运行管理欠佳。值班运行人员工作不负责任，对外界负荷的变化（特别是在深夜零点至第二天上午 6 点）不了解，或是当外界发生了甩负荷故障，运行人员没有及时进行相应的操作处理，产生过电压而将整流管击穿损坏。

（4）设备安装或制造质量不过关。由于发电机组长期处于较大的振动之中运行，使整流管也处于这一振动的外力干扰之下；同时由于发电机组转速时高时低，使整流管承受的工作电压也随之忽高忽低地变化，这样便大大地加速了整流管的老化、损坏。

（5）整流管规格型号不符。更换新整流管时，错将工作参数不符合要求的管子换上或者接线错误，造成整流管击穿损坏。

（6）整流管安全裕量偏小。整流管的过电压、过电流安全裕量偏小，使整流管承受不起发电机励磁回路中发生的过电压或过电流暂态过程峰值的袭击而损坏。

5. 整流二极管的代换

整流二极管损坏后，可以用同型号的整流二极管或参数相似的其他型号整流二极管代换。

通常，高耐压值（反向电压）的整流二极管可以代换低耐压值的整流二极管，而低耐压值的整流二极管不能代换高耐压值的整流二极管。整流电流值高的二极管可以代换整流电流值低的二极管，而整流电流值低的二极管则不能代换整流电流值高的二极管。

6. 整流管的检查方法

首先将整流器中的整流二极管全部拆下，用万用表的 $R\times100$ 或 $R\times1k$ 挡，测量整流二极管的两根引出线（头、尾对调各测一次）。若两次测得的电阻值相差很大，例如电阻值大的高达几十万欧姆，而电阻值小的仅几百欧姆甚至更小，说明该二极管是好的（发生了软击穿的二极管除外）。若两次测得的电阻值几乎相等，而且电阻值很小，说明该二极管已被击穿损坏不能使用。

Loading 知识点2 整流与滤波

一、单相整流电路

将交流电转换为脉动直流电的过程称为整流，利用二极管的单向导电性可以实现整流。整流电路可分为单相整流电路和三相整流电路两大类，根据整流电路的形式还可分为半波、全波和桥式整流电路。下面介绍应用最广泛的单相桥式整流电路。

1. 全桥整流电路结构

单相桥式整流电路如图3-10所示。在电路中，四只整流二极管连接成电桥形式，称为桥式整流电路。单相桥式整流电路有多种形式的画法，其中，图3-10（c）所示为单相桥式整流电路的常见画法。

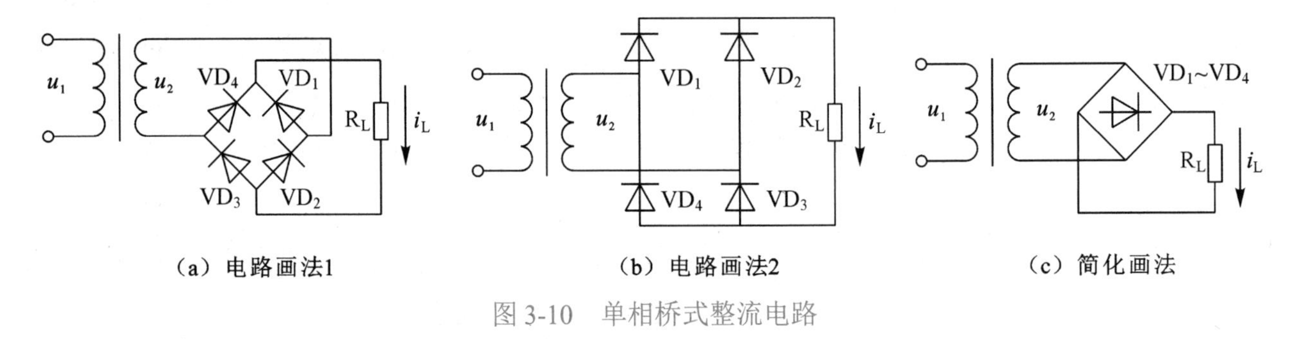

（a）电路画法1　（b）电路画法2　（c）简化画法

图3-10　单相桥式整流电路

2. 工作原理

交流电压 u_1 经过电源变压器转换为所需要的电压 u_2。在交流电压 u_2 的正半周（0～t_1）时，整流二极管 VD_1、VD_3 正偏导通，VD_2、VD_4 反偏截止，产生的电流 i_L 通过负载电阻 R_L，如图3-11（a）所示。在交流电压 u_2 的负半周（t_1～t_2）时，整流二极管 VD_2、VD_4 正偏导通，VD_1、VD_3 反偏截止，产生的电流 i_L 同样通过负载电阻 R_L，如图3-11（b）所示。通过 R_L 的电流 i_L 和 R_L 两端电压 u_L 的波形如图3-11（c）所示。当交流电压 u_2 进入下一个周期（t_2 以后）时，电

路的工作状态将重复上述过程。

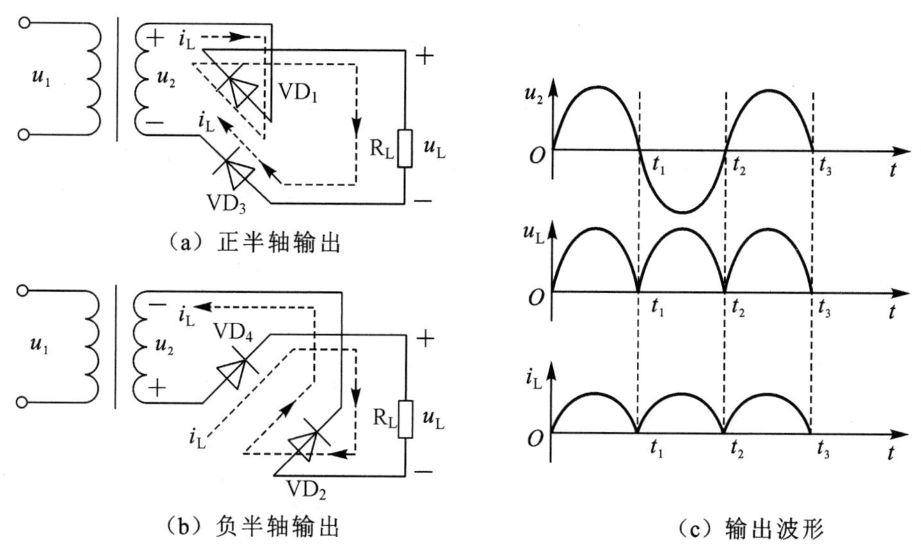

图 3-11　单相桥式整流电路工作原理

由此可见，在交流电压 u_2 的一个周期（正、负各半周）内，都有相同方向的电流流过 R_L。在四只整流二极管中，两只导通时另两只截止，随 u_2 的变化而交替导通，周期性的重复工作过程。在整个工作过程中，负载 R_L 中的电流和两端电压的大小随时间 t 的改变而周期性变化，但方向始终不变。这种大小波动、方向不变的电压和电流，称为脉动直流电。

在这种电路中，交流电的每个半波都得到利用，称为全波整流电路，它的输出是全波脉动直流电。

单相桥式整流电路的特点：整流效率高（电压利用率高），而且输出信号脉动小，因此应用最为广泛。

在实际中经常用到的是方便实用的全桥整流堆，它将四只整流二极管连接成桥式整流电路后再封装成一个整体，其示意图和内部电路如图 3-12 所示。

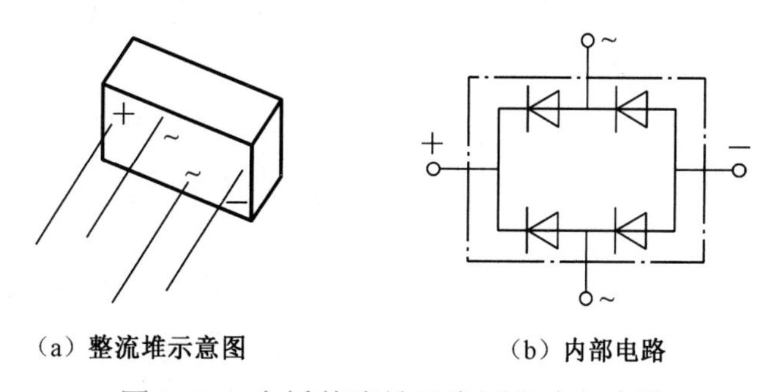

图 3-12　全桥整流堆示意图和内部电路

3. 其他整流电路简介

单向整流电路除上面介绍的全桥整流电路外，还有半波整流电路和全波整流电路。

1）单相半波整流电路

单相半波整流电路图和输出波形如图 3-13 所示。

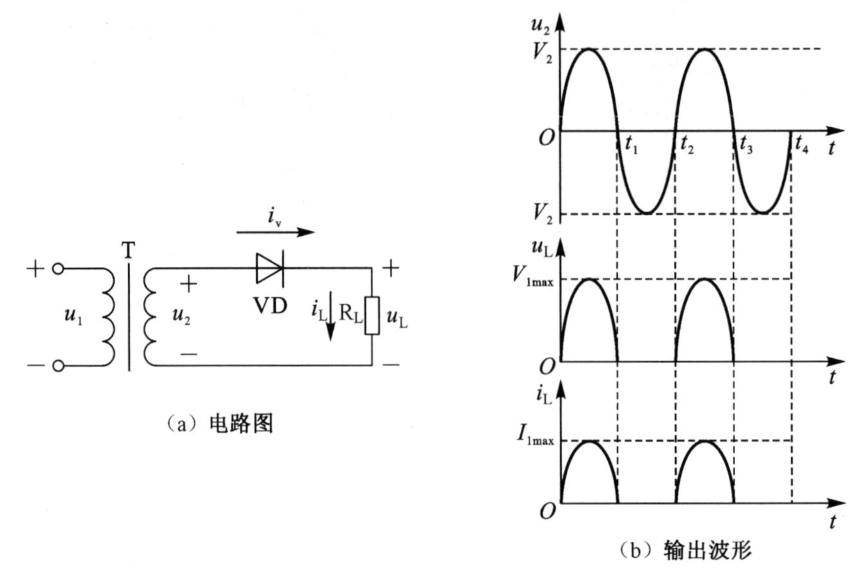

图 3-13　单相半波整流电路图和输出波形

在如图 3-13 所示的电路中，因为电路工作时仅利用了电源电压的 1/2，另一半被截止，称为半波整流电路，它输出的是半波脉动直流电。显然，这种整流电路的优点是结构简单，缺点是电源利用率低和输出电压脉动大。

2）单相全波整流电路

单相全波整流电路和输出波形如图 3-14 所示。

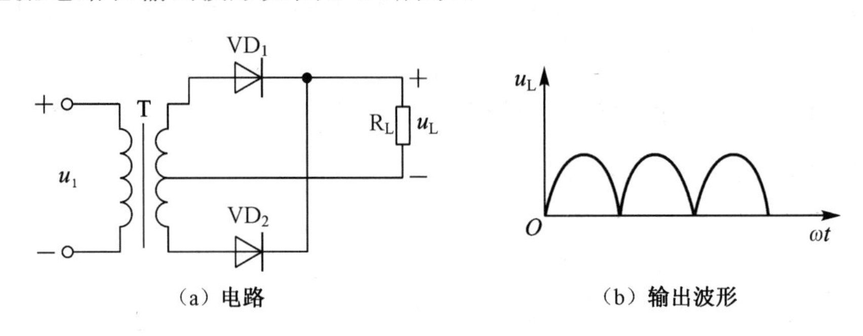

图 3-14　单相全波整流电路和输出波形

单相全波整流电路需要利用具有中心抽头的双输出变压器输出两组对称的交流电，这两组交流电使两只二极管交替导通，从而达到整流的目的。这种整流电路的整流效果和全桥整流电路的整流效果完全相同。

相关教学资源

二、滤波电路

整流电路将交流电转换成为直流电，但转换后输出的是脉动直流电，其大小是波动的，不是理想的直流电。因此，要获得理想的直流电，应尽可能地滤

除脉动直流电中的纹波成分，使输出电压的波形尽量接近平滑的直线，这就是滤波，如图 3-15 所示。具有滤波作用的电路称为滤波电路或滤波器。常见的滤波电路有电容滤波电路、电感滤波电路和复式滤波电路等。

1. 电容滤波电路

电容滤波电路如图 3-16 所示。在整流器输出端并接电容 C，因为电容有“通交阻直”的特点，整流输出的脉动直流电流中的纹波成分 i_c 通过电容 C 到地而被滤除，直流成分 I_L 被电容阻隔，只能流经负载电阻 R_L，在 R_L 两端形成电压 V_L。因此，经过电容C的滤波后输出电压 V_L 变为较平滑的直流电压。

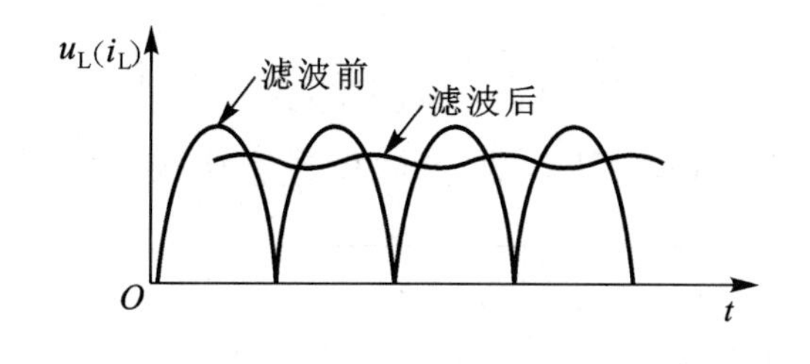

图 3-15　滤波前后的波形

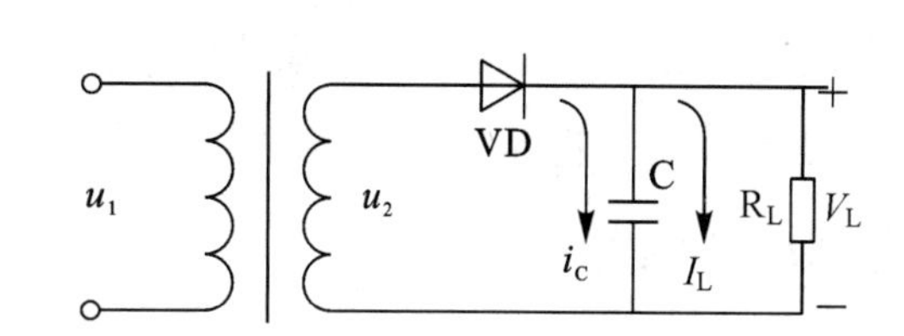

图 3-16　电容滤波电路

电容滤波电路的特点：纹波成分大大减少，输出的直流电比较平滑，电路简单，但只适合小功率且负载变化较小的场合，是较常用的滤波电路。

对于输入的交流电压，对应于不同的整流电路，滤波后的输出电压有所不同。对应关系如表 3-9 所示。

表 3-9　电容滤波整流电路的输出电压

整流电路类型	被整流的交流电压（有效值）	整流电路的输出电压		二极管的电压与电流	
		负载开路时的电压	带负载时的电压（估算值）	最大反向电压	通过的电流
半波整流电路	V_i	$\sqrt{2}V_i$	V_i	$2\sqrt{2}V_i$	I_L
桥式整流电路	V_i	$\sqrt{2}V_i$	$1.2V_i$	$\sqrt{2}V_i$	$\frac{1}{2}I_L$

在电容滤波整流电路中，滤波电容的选择要从电容耐压和容量两个方面考虑。

（1）耐压：在电路中电容耐压值要大于负载开路时整流电路的输出电压。

（2）容量：滤波电容器 C 的容量选择与电路中的负载电流有关，当负载电流加大后，要相应地增大电容量。表 3-10 列出了全波整流电路在 V_L＝12～36V 时，所选用的滤波电容容量参考值，供选用时参考。

表 3-10　滤波电容器容量表

输出电流 I_L/A	2	1	0.5～1	0.1～0.5	0.05～0.14	0.05 以下
电容器容量 C/μF	4000	2000	1000	500	200～500	200

2. 电感滤波电路

电感滤波电路如图 3-17 所示。在整流器输出端串接电感 L，利用电感“通直隔交”的特点，使经过整流输出的脉动直流电中的纹波成分受到电感 L 的阻碍而削弱，而脉动直流电中的直流成分 I_L 则顺利通过电感 L 输出到负载电阻 R_L 上；因此，负载电阻的电压 V_L 和电流 I_L 的波形变得较平滑，接近理想直流电的要求。

相比电容滤波电路，电感滤波电路的特点是纹波成分大大减少，输出的直流电比较平滑，滤波效果比较好，但损耗大，成本高。因此，适用于大功率、大电流而且负载变化较大的场合。

3. 复式滤波电路

复式滤波电路是由电容、电感和电阻组合而成的滤波电路，其滤波效果比单一的电容或电感的滤波效果好，因此应用更为广泛。常见复式滤波器有以下几种。

1）π 型 RC 滤波电路

如图 3-18 所示，电路中在滤波电容 C_1 之后再加上 R 和 C_2 滤波，使纹波成分进一步减少，输出的直流电更加平滑；但电阻 R 上的直流压降使输出电压 V_L 降低，损耗加大。

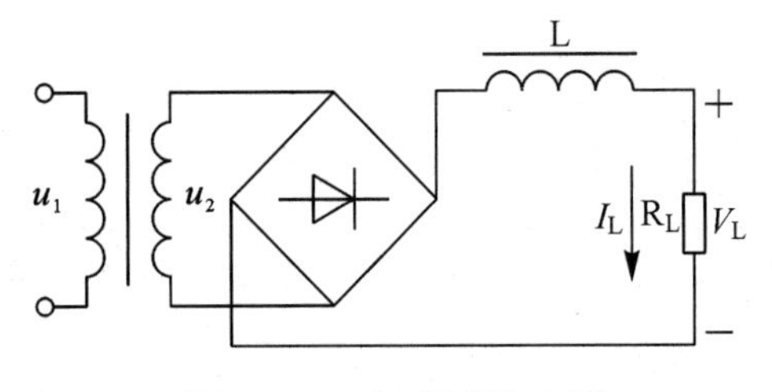

图 3-17　电感滤波电路

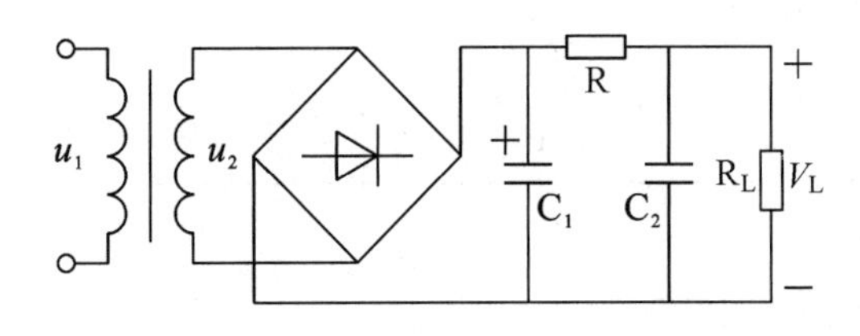

图 3-18　π 型 RC 滤波电路

2）LC 型滤波电路

为减少在电阻 R 上的直流压降损失而不致使输出电压 V_L 降低，用电感 L 代替 R，形成 LC 型滤波电路，如图 3-19 所示。电路中利用电感 L 和电容 C 的双重滤波，滤波效果比 π 型 RC 滤波电路要好。

3）π 型 LC 滤波电路

如图 3-20 所示，在 LC 型滤波电路的基础上增加一个滤波电容，滤波效果比前几种滤波电路都要好。因此，适用于滤波要求较高场合的电子设备，但滤波元件体积较大，成本较高。

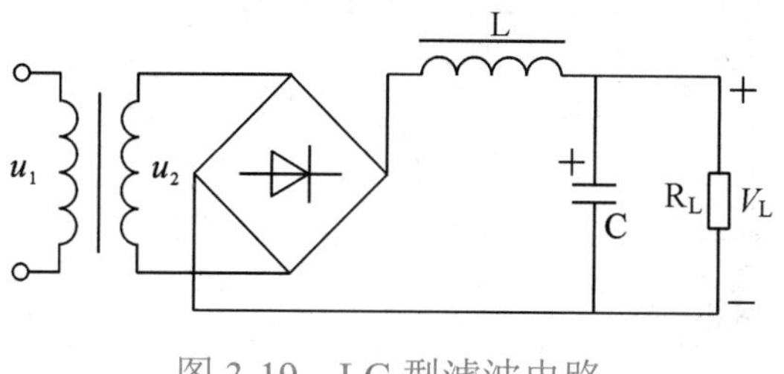

图 3-19　LC 型滤波电路

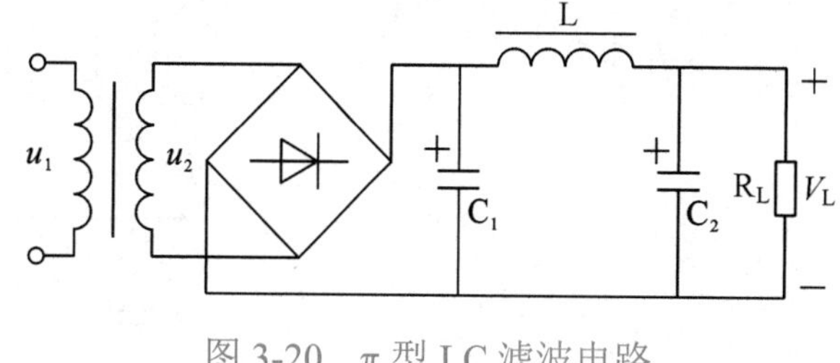

图 3-20　π 型 LC 滤波电路

知识点 3　三端集成稳压器

一、稳压电路概述

由于电网电压和负载的变动，交流电经过整流滤波后的输出直流电仍然不够稳定。为适用于精密设备和自动化控制等，有必要在整流滤波之后加入稳压电路，以确保当电网电压发生波动或负载发生变化时，输出电压不受影响，这就是稳压。完成稳压的电路称为稳压电路或稳压器。

用集成电路的形式制造的稳压电路称为集成稳压器，它给稳压电源的制作带来了方便。集成稳压器有多种，其中有一类因为只有三只引脚，故称三端集成稳压器，简称三端稳压块，这类稳压器应用最广。根据输出电压是否可调，三端稳压块又分为固定式和可调式。根据输出电压的正、负极性，三端稳压块又有正电压输出稳压块和负电压输出稳压块之分。

1. 三端固定式稳压块

三端固定式稳压块有三个引出端，即电源的输入端、接负载的输出端和公共接地端，其外形和电路符号如图 3-21 所示。三端固定式稳压块有 78××和 79××两大系列，78××输出正电压，79××输出负电压。型号中的“××”表示输出电压的高低，例如，05 表示输出电压为固定的 5V，12 表示输出固定的 12V 等。

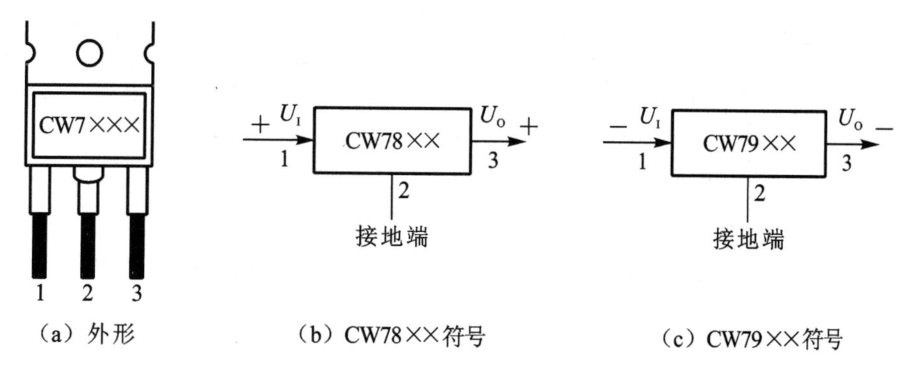

（a）外形　（b）CW78××符号　（c）CW79××符号

图 3-21　三端固定式稳压块外形和电路符号

三端固定式稳压块在电路中的基本接法如图 3-22 所示。

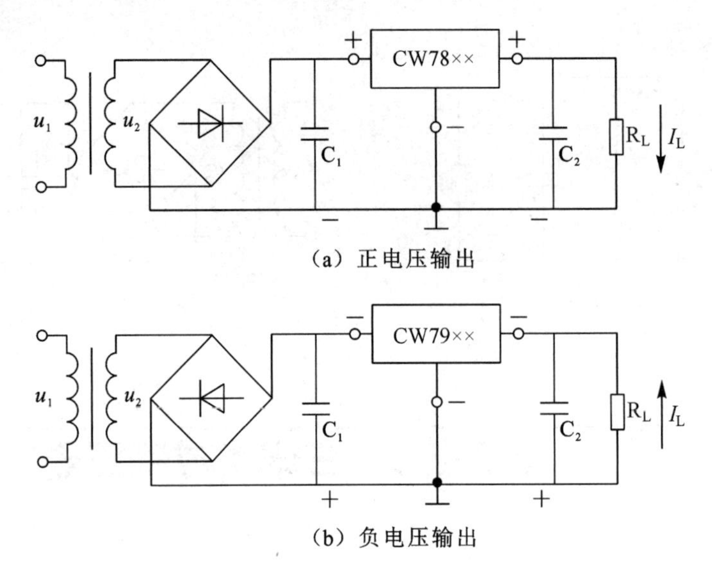

图 3-22　三端固定式稳压块在电路中的基本接法

国产三端稳压块的型号由五个部分组成，其含义如下：

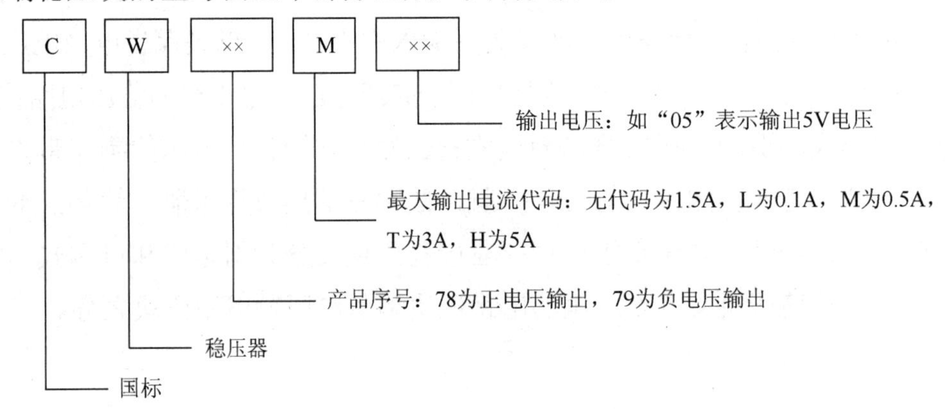

2. 可调式三端稳压块

可调式三端稳压块不仅输出电压可以调节，而且稳压性能要优于固定式，被称为第二代三端集成稳压器。可调式三端集成稳压器也有正电压输出和负电压输出两个系列：CW117×/CW217×/CW317×系列为正压输出，CW137×/CW237×/CW337×系列为负压输出，其外形和引脚排列如图 3-23 所示。

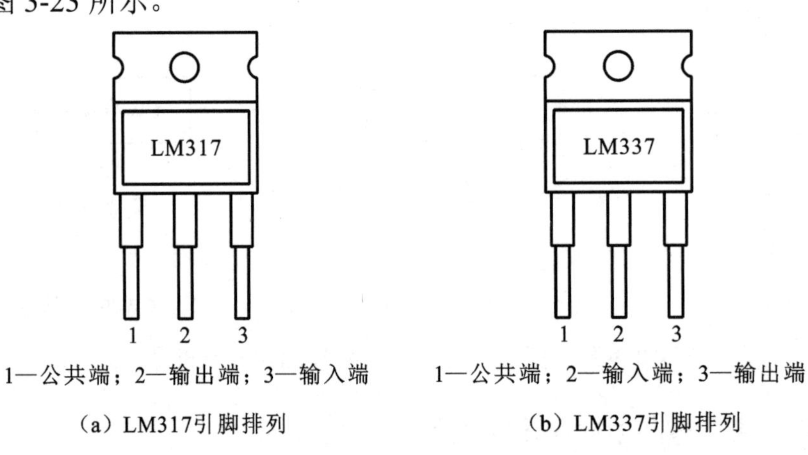

图 3-23　可调式三端稳压块外形和引脚排列

可调式三端集成稳压器型号也由五部分组成，其含义如下：

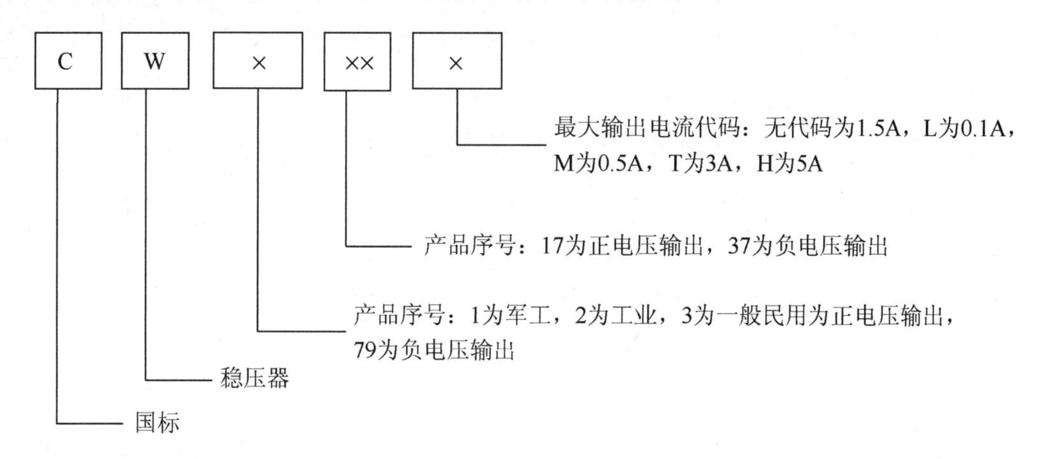

可调式三端稳压块在电路中的基本接法如图 3-24 所示。

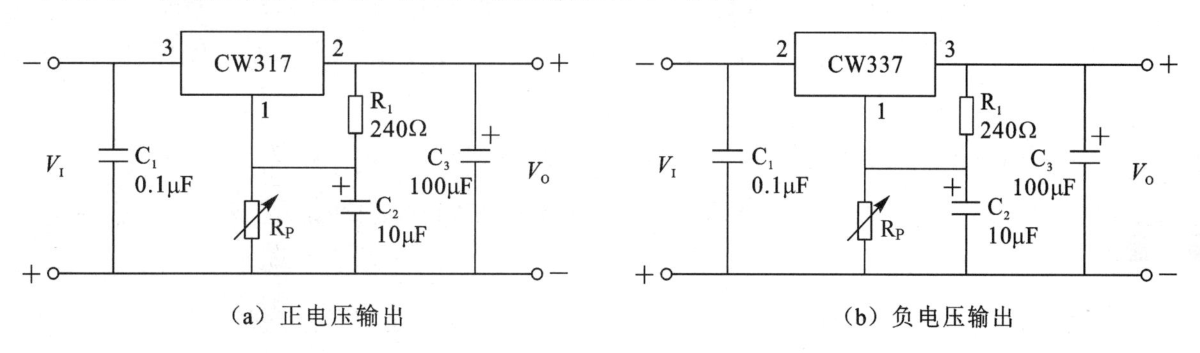

图 3-24　可调式三端稳压块在电路中的基本接法

在图 3-24 中，电位器 R_P 和电阻 R_1 组成取样电阻分压器，接稳压电源的调整端（公共端）1 引脚，调节 R_P 可改变输出电压 V_o 的大小，可在 1.25～37V 范围内连续可调；1 引脚和 2 引脚之间电位差保持 1.25V 不变，为基准电压，为保证稳压器的输出性能，R_1 应小于 240Ω。输出电压的大小与 R_P 和电阻 R_1 的关系为 $V_o \approx 1.25\left(1+\frac{R_P}{R_1}\right)$。

输入端的并联电容 C_1 用于旁路整流电路输出高频干扰信号；电容 C_2 可以消除 R_P 上的波纹电压，使取样电压稳定；电容 C_3 起消振作用。

3. 使用三端稳压块注意事项

（1）在接入电路之前，一定要分清引脚及其作用，避免接错时损坏稳压块。三端可调式稳压块的接地端不能悬空；否则，容易损坏稳压块。

（2）输出电压大于 6V 时，应在稳压块的输入和输出端接上保护二极管，可防止输入电压突然降低时，输出电容迅速放电引起稳压块的损坏。在图 3-6 中，VD_5、VD_6 的作用就在于此。

（3）为确保输出电压的稳定性，三端稳压块的输入电压应比输出电压至少高 2V，一般使用时，输入/输出电压差应保持在 3V 以上。同时要注意，三端稳压块的最大输入电压不超出规定范围（固定式的输入电压低于 35V，可调式的输入电压低于 40V）。

（4）使用时，要焊接牢固可靠。对要求加散热装置的，必须加装符合要求尺寸的散热装置。例如，CW317 在不加散热片时，仅能承受 1W 左右的功耗，当加装散热片（面积为 200mm×200mm）时可承受 20W 的功耗。

（5）为了扩大输出电流，三端集成稳压器允许并联使用。

Loading 理论测验 <<<<<<<<

一、填空题

1．普通二极管正向导通后，硅管管压降约为________V，锗管管压降约为________V。

2．桥式整流电容滤波电路和半波整流电容滤波电路相比，由于电容充放电过程_________（a．延长；b．缩短），因此，输出电压更________（a．平滑；b．多毛刺），输出的直流电压幅度也更___________（a．高；b．低）。

3．二极管加上正向电压时，二极管的______极电位比____极电位高。

4．在单相桥式整流电路中，如果负载电流为 10A，流过每只整流二极管的电流是_______________。

5．滤波的目的是尽可能地滤除脉动直流电的________，保留脉动直流电的________。

6．电容滤波利用电容的________特点进行滤波。

7．电感滤波利用电感的________特点进行滤波。

8．常用的滤波电路有________、________、复式滤波电路等几种类型。

9．电容滤波适用于________场合，电感滤波适用于________场合。

10．CW78××系列集成稳压器为________压输出。

二、选择题

1．二极管正向导通时，呈现（　　）。

A．较小电阻　　B．较大电阻　　C．不稳定电阻

2．二极管的正极电位为-2.0V，负极电位为-1.0V，则二极管处于（　　）。

A．正偏　　B．反偏　　C．不稳定

3．在整流滤波电路中，起整流作用的元件是（　　）。

A．电阻　　B．电容　　C．二极管

4．交流电通过整流电路后，得到的电压是（　　）。

A．交流电压

B．脉动直流电压

C．比较理想的直流电压

5．桥式整流电路在输入交流电的每半个周期内有（　　）只二极管导通。

A．1　　B．2　　C．4

6．桥式整流电容滤波电路中，如果交流输入为100V，则负载两端的电压为（　　）。

A．90V　　B．100V　　C．120V

7．滤波电路中，滤波电容和负载的连接关系是（　　），滤波电感和负载的连接关系是（　　）。

A．串联　　B．并联　　C．混联

8．在直流稳压电源中，采取稳压措施是为了（　　）。

A．将交流电转换为直流电

B．保证输出电压不受电网电压和负载变化的影响

C．稳定电源电压

9．CW337集成稳压器输出的电压是（　　）。

A．负电压　　B．正电压　　C．交流电压

三、综合题

1．如图3-25所示的电路中，哪些指示灯可能发亮？

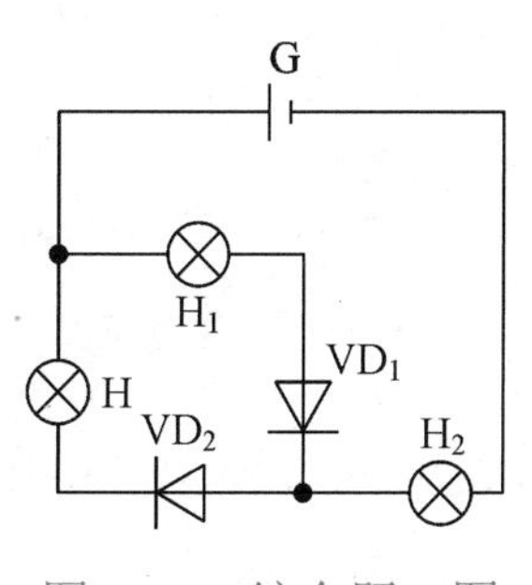

图3-25　综合题1图

2．已知图3-26（a）中的二极管为锗管，图3-26（b）和图3-26（c）中的二极管为硅管，试计算图3-26中各电路中*A*、*B*两点间的电压。

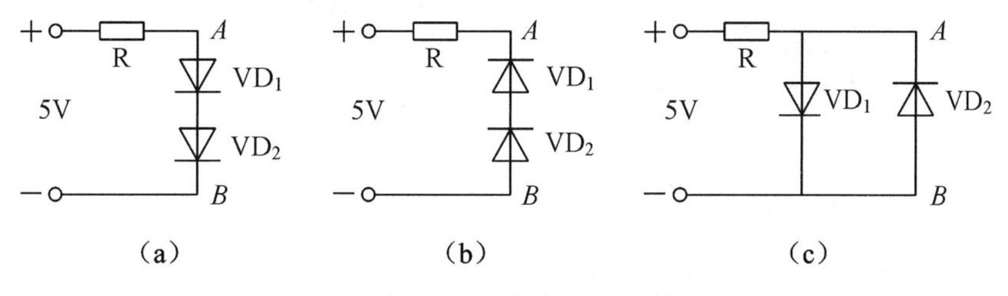

图3-26　综合题2图

3．完成如图3-27所示的整流电路。

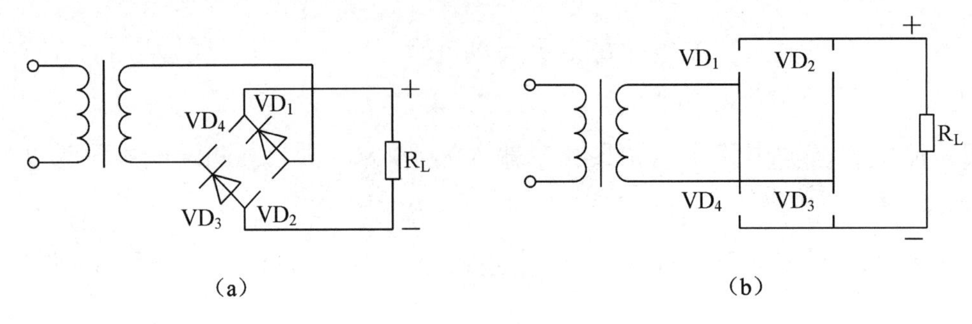

图 3-27 综合题 3 图

4．将图 3-28 中的元件连接成单相桥式整流电路。

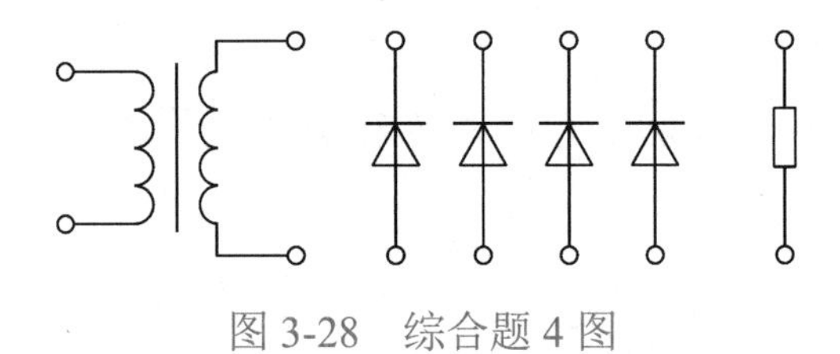

图 3-28 综合题 4 图

5．在如图 3-29 所示的电路中，若 VD_2 烧毁（开路），电路的负载端电压有什么变化？

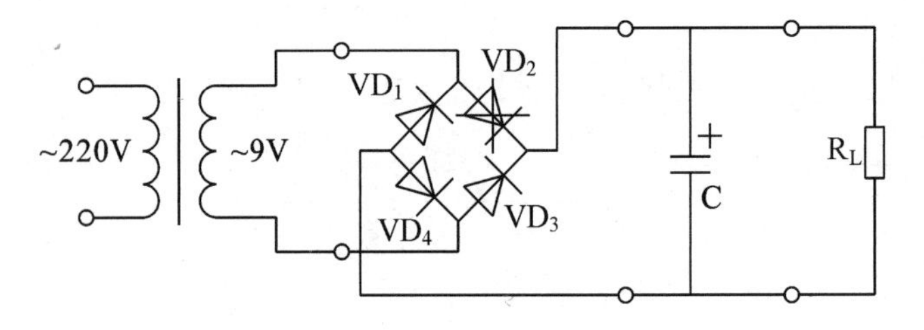

图 3-29 综合题 5 图

6．有一电阻性负载，采用单相桥式整流电容滤波供电，如果要求输出电压为 12V，电流为 1A，试选择整流二极管并确定滤波电容的耐压。

项目四 放大电路的认知及应用

有许多场合需要把微弱信号进行放大，如手机接收的无线电信号非常微弱，根本无法使负载工作，需要放大才能驱动耳机或喇叭工作；听觉不灵敏者或老年性耳聋者需要把微弱的声音信号变为电信号进行放大，再用耳机或扬声器进行放音等，三极管是电子电路中最基本的放大元件。

本项目介绍三极管放大电路的基础知识，包括晶体三极管放大电路的三种组态、功率放大电路、多级放大器等。

● 技能目标

1. 能识读和绘制基本共射放大电路。
2. 能够搭接基本共射放大电路、会调整静态工作点。
3. 搭接分压式偏置放大器并进行调试。
4. 能识读 OTL、OCL 功率放大器的电路图。
5. 能够制作、调试简单的功率放大器。

● 知识目标

1. 掌握三极管共射放大电路的构成，静态分析和动态分析。
2. 掌握分压偏置式共射式放大器的工作原理和分析方法。
3. 了解温度对放大器静态工作点的影响。
4. 了解共集、共基放大电路的构成和特点，多级放大器工作原理，参数及连接方式。
5. 了解场效晶体管工作特点及其与晶体管的差别。
6. 了解低频功率放大电路的基本要求和分类。

第一部分　技能实训

技能实训 1　基本共射极放大电路制作

能把微弱的电信号放大成较强的电信号的电路，称为放大电路，简称放大器。基本共射极放大电路是最基本的放大电路，具有电路结构简单、调试方便等特点，但是电路的放大能力有限，稳定性差。

一、认识电路

1. 电路结构

单管放大电路原理如图 4-1 所示。

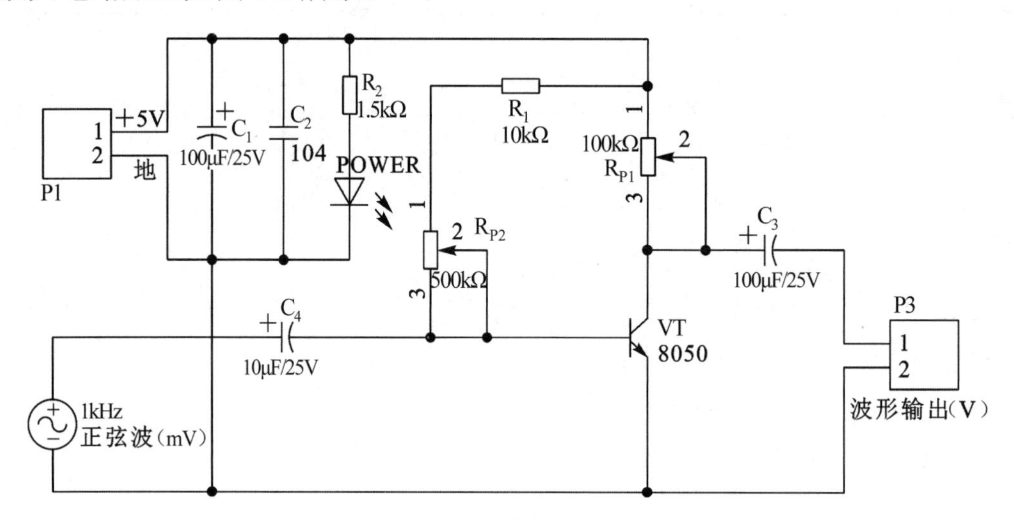

图 4-1　单管放大电路原理

图 4-1 电路中各元件的作用如下。

（1）三极管 VT——起放大作用。工作在放大状态，起电流放大作用，因此是放大电路的核心元件。

（2）电源+5V——直流电源，其作用一是通过 R_1、R_{P2} 和 R_{P1} 为三极管提供工作电压，保证三极管工作在放大状态；二是为电路的放大信号提供能源。

（3）基极电阻 R_1、R_{P2}——给放大管的基极 b 提供一个适合的基极电流 I_B（又称为基极偏置电流），并向发射结提供所需要的正向电压 U_{BE}，以保证发射结正偏。该电阻又称偏流电阻或偏置电阻。

（4）集电极电阻 R_{P1}——又称集电极负载电阻，给放大管集电结提供所需要的反向电压 U_{CE}，

与发射结的正向电压 U_{BE} 共同作用，使放大管工作在放大状态；另外，还使三极管的电流放大作用转换为电压放大作用。

（5）耦合电容 C_4 和 C_3：分别为输入耦合电容和输出耦合电容；在电路中起隔直流通交流的作用，因此，又称隔直耦合电容。

2. 其工作原理

在输入端输入正弦波信号 u_i 时，在 u_i 的作用下，基射回路中产生一个与 u_i 变化规律相同、相位相同的信号电流 i_B，i_b 与 i_{BQ} 叠加使基极电流为 $i_B=i_{BQ}+i_b$，从而使集电极电流 $i_C=I_{CQ}+i_c$。当 i_c 通过 R_c，使三级管的集—射电压为：

$$u_{CE}=U_{CC}-i_C R_c=U_{CC}-(I_{CQ}+i_c)R_c$$

由于电容 C_2 的隔直耦合作用，放大电路输出信号 u_o 只是 u_{CE} 中的交流部分，即 $u_o=-R_c i_c$。可见，集电极负载电阻 R_c 将三极管的电流放大，即 $i_c=\beta i_b$ 转换成了放大电路的电压放大（R_c 阻值适当，$u_0 \gg u_i$）；u_o 与 u_i 相位相反，所以共发射极放大电路具有反相作用。

3. 实物图

单孔印制电路板和基本共射极放大电路装接实例如图 4-2 所示。

（a）印制电路板

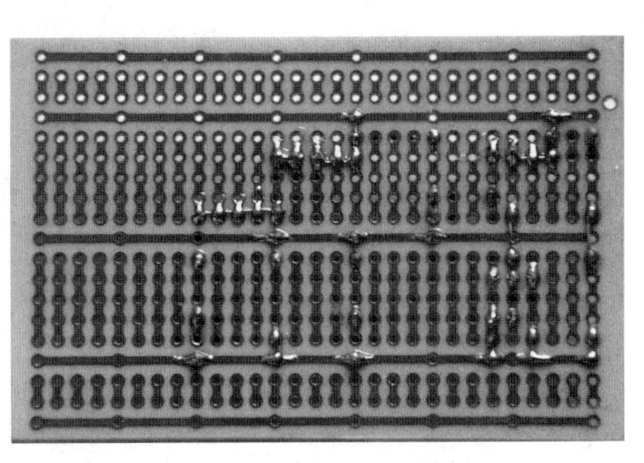

（b）装接实例

图 4-2　单孔印制电路板和基本共射极放大电路装接实例

二、元器件的选择与测试

（1）根据电路原理图，选择装配电路所需的元器件。按要求进行测试，并将测试结果填入表 4-1 中。

（2）用万用表对电阻器进行测量，将测得实际阻值填入表 4-1“测试结果”栏。

（3）用万用表对电位器进行测量，将测得实际最大值填入表 4-1“测试结果”栏。

（4）用万用表测试、检查电容器（根据长短引脚填写正负极），读出耐压值、容量，将读识结果填入表 4-1“测试结果”栏。

（5）测试二极管：根据有发光二极管的极性标志特性填写正、负极，用数字式万用表测量正向导通电压。

（6）三极管的测试：引脚朝下，面对有文字的一面，从左到右依次为1、2、3号引脚，在“测试结果”栏中填写各极名称，并写出三极管的类型。

表4-1 元器件清单

序 号	名 称	配件图号	测试结果
1	电阻器	R_1	用万用表测得的实际阻值为________Ω，其读数值为________Ω
2	电阻器	R_2	用万用表测得的实际阻值为________Ω，其读数值为________Ω
3	电位器	R_{P1}	用万用表测得的实际最大阻值为________Ω，其标称值为________Ω
4	电位器	R_{P2}	用万用表测得的实际最大阻值为________Ω，其标称值为________Ω
5	电解电容	C_1	其容量为________，耐压值为________
6	瓷片电容	C_2	其读数为________，容量为________
7	电解电容	C_3	其容量为________，耐压值为________
8	电解电容	C_4	其容量为________，耐压值为________
9	发光二极管	POWER	脚长的为________极，正向导通时，红表笔接的是______极（数字式万用表）
10	三极管	VT	型号为________，1—________，2—________，3—________，此三极管是________（NPN型，PNP型）
11	接线端子2P	P1、P3	—
12	单排针2P	—	—
13	连孔板	—	—

三、电路制作与调试

（1）按电路原理图的结构在单孔印制电路板上绘制电路元器件的布局草图。

（2）按工艺要求对元器件的引脚进行成形加工。

（3）按布局图在印制电路板上依次进行元器件的排列、插装。

（4）按焊接工艺要求对元器件进行焊接，直到所有元器件连接并焊完为止。

（5）焊接电源输入线（或端子）和信号输入/输出端子。

（6）要求。

① 不漏装、错装，不损坏元器件。

② 无虚焊、漏焊和桥接，焊点表面要光滑、干净。

③ 元器件排列整齐，布局合理，并符合工艺要求。

具体可参考图4-2的基本共射极放大电路装接实例。其中，色环电阻器、采用水平安装，应贴紧印制电路板；三极管的安装距离电路板高度为3～5mm；电解电容采用立式安装，电容器底部尽量贴紧印制电路板。注意极性，也要注意与三极管连线不要太长，防止信号衰减太多，

影响放大效果。

四、电路测试与分析

装接完毕，检查无误后，用万用表测量电路的电源两端电阻，若无短路，则可接 5V 电源。加入电源后，如无异常现象，则可开始调试。

（1）先不接直流电源，将 R_{P1} 调到 3kΩ。

（2）接入直流电源（u_i、R_L 不接入）。

（3）调整静态工作点，调节 R_{P2}，使 $U_{Rp1}=3V$。

（4）u_i 输入有效值为 10mV，频率为 1kHz 的正弦交流信号，用示波器观察输出信号是否失真。如果失真，则可略调 R_{P2}。

（5）观察电路参数变化对交流放大电路的影响：按表 4-2 的要求改变参数，用示波器观察放大电路的输出电压 u_o 波形和幅值，用数字式万用表直流挡测量静态参数 U_{R1}、U_{CE}、U_{Rp1}，用交流毫伏表测量输出电压有效值 U_o，并将观察波形及测试值记录在表 4-2 中。

表 4-2 电路参数对交流放大电路的影响

给定条件			测试数据			输出波形	计算数据		
R_{P2}/Ω	R_{P1}/Ω	R_L/Ω	U_{R1}/V	U_{CE}/V	U_o/V	u_o	I_B/μA	I_C/mA	A_v
U_{Rp1}=3V	3k	开路							
U_{Rp1}=3V	3k	3k							
U_{Rp1}=5.1V	5.1k	开路							

注：（1）U_{R1} 为电阻 R_1 两端电压，U_{Rp1} 为电阻 R_{P1} 两端电压。

（2）U_o 为交流输出电压有效值。

（6）在 R_{P1} 为 3kΩ，R_L 开路的状态下，增加输入信号有效值至 50mV，调节 R_{P2}。当 R_{P2} 增大、减小时，观察并记录失真波形，并分析是饱和失真还是截止失真。

（7）在 R_{P1} 为 3kΩ，R_L 开路的状态下，增加输入信号有效值至 50mV，改变 R_{P2}，用示波器观察波形，使波形不失真。调节 R_{P1}，使 R_{P1} 增大或减小，继续观察波形，分析 R_{P1} 在电路中的作用。

Loading 技能实训 2 分压式偏置放大电路制作 <<<<<<<

分压式偏置放大电路是在基本共射极放大电路的基础上改进而成的，它通过基极电阻串联分压和在发射极加接电阻引入电流负反馈等措施，稳定了电路的静态工作点，提高了电路的稳定性，增加了电路的实用性。

一、认识电路

1. 电路稳定工作原理

图 4-3 所示为分压式偏置放大电路原理图。基极电阻 R_{P1}、R_2 与 R_5 分别为基极上、下偏流电阻。电源通过 R_{P1}、R_2、R_5 分压后得到基极电压 V_{BQ}，保证三极管发射结正偏；电阻 R_4 或 R_7、R_6 是发射极偏置电阻。一是提供发射极电压，保证发射结正偏；二是引入负反馈，稳定三极管的工作状态，改变反馈量的大小，会改变放大倍数；电容 C_3 的作用是提供交流信号的通道，减小信号的损耗，使放大器的交流信号放大能力不因发射极电阻的存在而降低；R_3 为限流电阻，保护信号源。

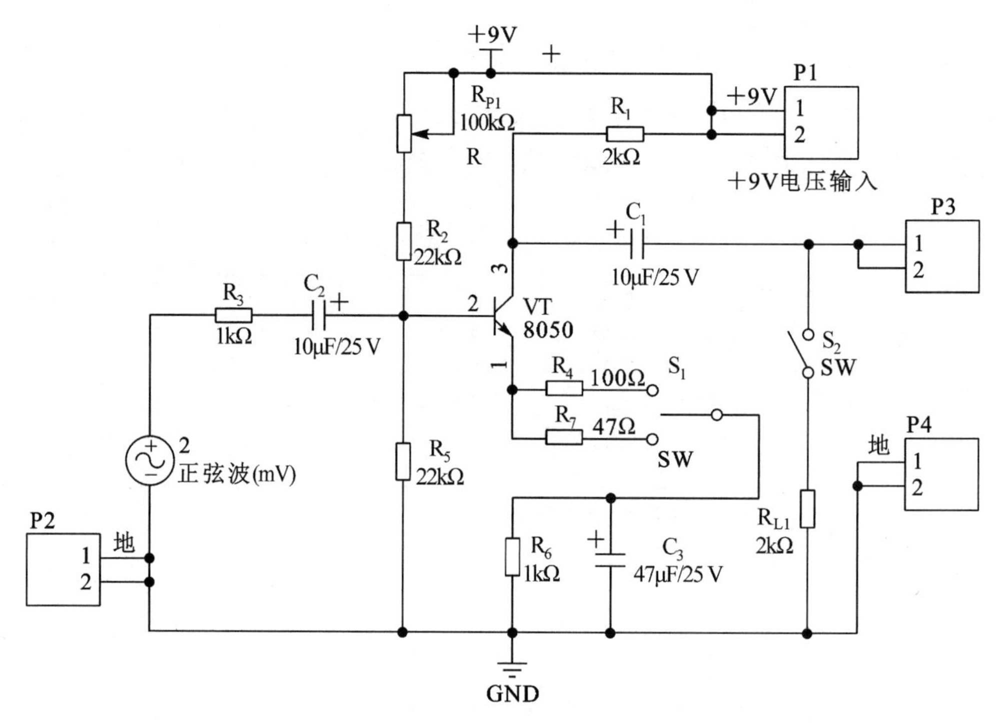

图 4-3　分压式偏置放大电路电路原理图

由于三极管的基极电流很小，相对于基极下偏置电阻的电流，可以忽略不计。因此，三极管基极电压可以看成三极管基极偏置电阻分压形成的，减小了三极管的参数对基极电压的影响。另外，当温度升高时，I_{CQ} 将增大，I_{EQ} 流经发射极电阻产生的电压 V_{EQ} 随之增加，因 V_{BQ} 是一个稳定值，所以，$V_{BEQ}=V_{BQ}-V_{EQ}$ 将减小。根据三极管输入特性，基极电流 I_{BQ} 减小，I_{CQ} 也必然减小，从而抑制 I_{CQ} 的增大，使三极管工作点恢复到原有的状态，保证了三极管工作状态的稳定。

2. 实物图

分压式偏置放大电路印制电路板和装接实例如图 4-4 所示。

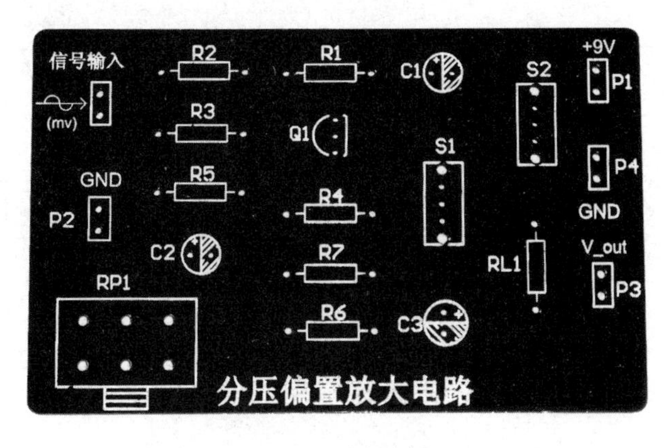

（a）印制电路板

（b）装接实例

图 4-4 分压式偏置放大电路印制电路板和装接实例

二、元器件的选择与测试

根据电路原理图，从所给元器件袋中选择装配电路所需的元器件。按要求进行测试，并将测试结果填入表 4-3 中。

（1）用万用表对电阻器进行测量，将测得实际阻值填入“测试结果”栏。

（2）用万用表对电位器进行测量，将测的实际阻值的最大值填入“测试结果”栏。

（3）用万用表测试，检测电容器（根据长短引脚填写正、负极），读出电容容量、耐压值，根据要求，填写到“测试结果”栏中。

（4）三极管的测试：引脚朝下，面对有文字的一面，从左到右依次为 1、2、3 号引脚，在表中填写各引脚名称，并写出三极管的类型。

（5）拨动开关的测试：利用万用表检测拨动开关的质量，根据检测结果，画出其对应的原理图符号。

表 4-3 元器件清单

序 号	名 称	配件图号	测试结果
1	电阻器	R_1	用万用表测得的实际阻值为______Ω，其读数为______Ω
2	电阻器	R_2	用万用表测得的实际阻值为______Ω，其读数为______Ω
3	电阻器	R_3	用万用表测得的实际阻值为______Ω，其读数为______Ω
4	电阻器	R_4	用万用表测得的实际阻值为______Ω，其读数为______Ω
5	电阻器	R_5	用万用表测得的实际阻值为______Ω，其读数为______Ω
6	电阻器	R_6	用万用表测得的实际阻值为______Ω，其读数为______Ω
7	电阻器	R_7	用万用表测得的实际阻值为______Ω，其读数为______Ω
8	电阻器	R_{L1}	用万用表测得的实际阻值为______Ω，其读数为______Ω
10	三极管	VT	型号为__________，1—__________，2—__________，3—__________，此三极管是________型（NPN，PNP）
11	电解电容	C_1	其容量为________，耐压值为________

续表

序　　号	名　　称	配件图号	测试结果
12	电解电容	C_2	其容量为________，耐压值为________
13	电解电容	C_3	其容量为________，耐压值为________
14	拨动开关	S_1、S_2	画出其原理图符号
15	双联电位器	R_{P1}	用万用表测得的实际最大阻值为________Ω
16	单排插针 10P	P1、P2 P3、P4	—

三、电路制作与调试

1. 装配工艺

分压式偏置放大电路的装配工艺卡片如表 4-4 所示。

表 4-4　分压式偏置放大电路的装配工艺卡片

装配工艺卡片				工序名称	产品名称
				插件及焊接	分压式偏置放大电路
					产品型号
工序号	装入件及辅材代号、名称、规格			数量	插装工艺要求
1	R_1、R_{L1}	碳膜电阻	RT114-2kΩ±1%	2	卧式安装，水平贴板
2	R_2、R_5	碳膜电阻	RT114-22kΩ±1%	2	卧式安装，水平贴板
3	R_3、R_6	碳膜电阻	RT114-1kΩ±1%	2	卧式安装，水平贴板
4	R_4	碳膜电阻	RT114-100kΩ±1%	1	卧式安装，水平贴板
5	R_7	碳膜电阻	RT114-47kΩ±1%	1	卧式安装，水平贴板
6	VT	三极管	8050	1	立式安装，引脚高度为 3～5mm
7	C_1、C_2	电解电容	10μF/25V	2	立式安装，水平贴板
8	C_3	电解电容	47μF/25V	1	立式安装，水平贴板
9	R_{P1}	双联电位器	100kΩ	1	卧式安装，水平贴板
10	S_1、S_2	拨动开关		2	卧式安装，水平贴板
11	P1、P2、P3、P4 输入信号	单排针		5	水平贴板
焊接工艺要求：符合通用手工焊接规范，焊点整洁、圆润、光滑、无虚焊、漏焊、冷焊毛刺等现象。剪脚整齐，引脚末端留存 0.5～1mm					

2. 装配注意事项

（1）按电路原理图熟悉印制电路板上电路元器件的布局。

（2）按工艺要求对元器件的引脚进行成形加工。

（3）在印制电路板上依次进行元器件的排列、插装。

（4）按焊接工艺要求对元器件进行焊接，直到所有元器件焊完为止。

（5）焊接电源输入线（或端子）和信号输入、输出端子。

（6）要求。

① 不漏装、错装，不损坏元器件。

② 无虚焊、漏焊和桥接，焊点表面要光滑、干净。

③ 元器件排列整齐，布局合理，并符合工艺要求。

注意：具体可参考图 4-4 分压式偏置放大电路装配，其中，色环电阻器采用水平安装，应贴紧印制电路板，电阻色环方向标志方向应一致；电解电容采用立式安装，注意极性，电容器底部尽量贴紧印制电路板，与三极管连线不要太长，防止信号衰减太多，影响放大效果；三极管应该立式安装，引脚高度为 3～5mm，极性安装正确。

四、电路测试与分析

1. 静态工作点的确定、动态参数的测量

按如图 4-3 所示的连线，接线后用万用表测量电路的电源两端，若无短路，则可接入 9V 电源。加入电源后，如无异常现象，则可开始调试。

1）动态参数的测量

断开 S_2、接上 R_4 后，再接入工作电源（u_i、R_L 不接入）。

调节 R_{P1} 和输入信号 u_s 的幅度，并用示波器观察 u_o 波形的变化。若 R_{P1} 调到某一位置使 $U_{CE}\approx 6V$ 时，再调节 u_s 的大小，若加大信号幅度能使 u_o 正负两半波同时出现失真，而减小信号幅度又能使正负两半波的失真同时消失，说明此时的静态工作点已基本处于放大器交流负载线的中点，放大器的动态范围已趋向最大。保持 R_{P1} 的值不变（此时，R_{P1} 达到最大动态范围值），按表 4-5 中所给定的 R_L 及发射极电阻 R_e 的不同数值，用示波器同时观察 u_i 和 u_o 的波形（两波形的相位线要重合），并比较相位。调节 u_S 的大小，在 u_o 波形不失真的条件下，用毫伏表分别测量 u_S、u_i 及 u_o，将上述测量及计算填入表 4-5 中，即可得到动态参数。

表 4-5　动态参数测量表

给定参数		实测		实测计算	理论估算
R_L	R_e	u_i/mV	u_o/mV	A_u	$\dot{A}_u$
∞	R_4（100Ω）				
	R_7（47Ω）				
2.4kΩ	R_4（100Ω）				
	R_7（47Ω）				

2）静态工作点的测量

用示波器观察输出波形，调节 R_{P1}，使输出波形保持最大且不失真状态，用数字式万用表的直流电压挡（DC）或电阻挡，按表 4-6 的要求进行测量，即可得到静态工作点。

表 4-6　静态工作点测量表

实测/V				实测/kΩ			用测量值计算		
U_{RL}	U_{RS}	U_{CE}	U_{R1}	R_1	R_2	R_5	I_B/μA	I_C/mA	β

2. 研究静态工作点对放大器失真的影响

（1）按如图 4-3 所示的连线，将开关 S_2 断开（不接负载），电位器 R_{P1} 调至接近最小，在放大器输入端加入 1kHz 正弦波信号，并由零开始逐渐增大，用示波器观察放大器输出电压 u_o 的波形，直至 u_o 的某个半波产生较明显地失真为止。记下此时的波形，并测量三极管集—射极两端的直流电压 U_{CE}，记入表 4-7 中。

（2）将电位器 R_{P1} 调至接近最大，再测出此时的输出波形及 U_{CE}，同样，将数据及波形记入表 4-7 中。

表 4-7　输出波形及 U_{CE}

失　真		
R_{P1}	较 小 时	较 大 时
U_{CE}（直流）		
u_o 波形		
失真类型		

五、测试分析

（1）写出实验中感受最深的体会，并讨论 R_{P1} 及 R_{L1} 对电压放大倍数的影响。

（2）根据表 4-5 和表 4-6 所测数据，计算出放大器的 A_u、R_o 及 R_i，并与理论计算结果进行比较，分析产生误差的原因。

（3）根据表 4-7 实验结果，分析失真的类型及失真的原因。

Loading　技能实训 3　OTL 功率放大电路制作

能使低频信号功率放大的放大器，称为低频功率放大器，简称功率放大器。功率放大电路通常位于多级放大电路的末级，以推动负载工作。OTL 功率放大电路是功率放大器的一类。单

电源供电，制作成本低，调试方便，从而得到广泛应用。

一、认识电路

1. 电路工作原理

如图 4-5 所示是 OTL 功率放大电路原理。其主要元件的作用：VT_3 为激励三极管，可以作为前置级，完成对输入信号的电压放大，因此，以 VT_3 为中心构成共射极放大电路；VT_1、VT_2 为功率放大器的对管，二者构成互补对称功率放大；R_{P1} 为中点电压调整电位器，调节该电位器使 A 点电压等于电源电压的 1/2；C_3 为输出耦合电容，其作用一是将输出信号加到负载；二是作为 VT_2 工作的直流电源。

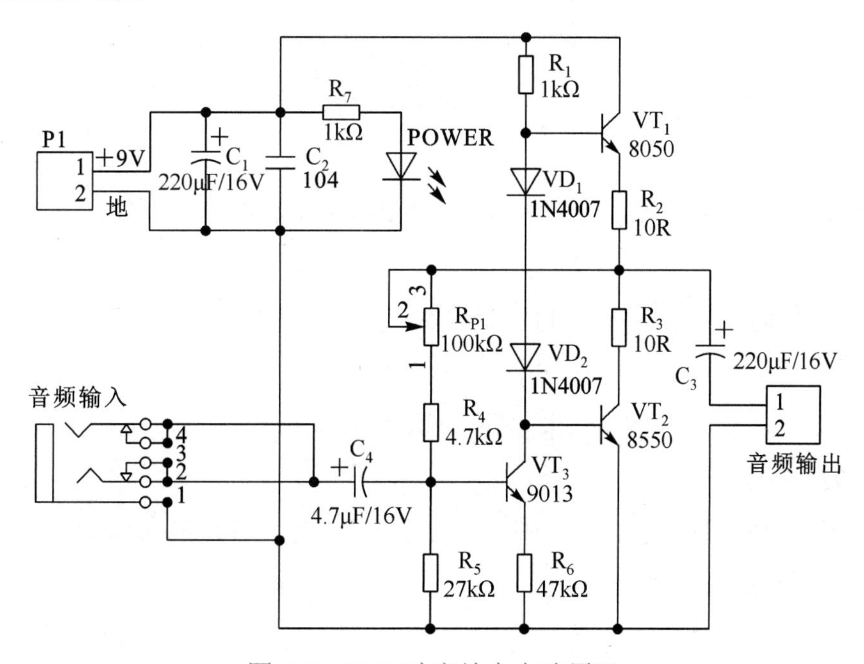

图 4-5 OTL 功率放大电路原理

当输入信号通过 VT_3 放大后加到 VT_1、VT_2 的输入端时，在输入信号的正半周，输入端上正下负，两管基极电压升高。VT_1 管因正偏而导通，VT_2 管因反偏而截止，VT_1 管的集电极电流由电源流至负载，在负载上得到放大的正半周信号电流，同时，对电容 C_3 充电；在输入信号的负半周，输入端上负下正，两管基极电压下降，VT_2 管因正偏而导通，VT_1 管因反偏而截止，电容 C_3 通过 VT_2 的发射极和集电极、负载形成放电回路，从而形成 VT_2 集电极电流，在负载上得到放大的负半周信号电流。在一个周期内，VT_1、VT_2 交替工作互为补充，从而完成信号的功率放大。

2. 实物图

OTL 功率放大电路印制电路板和装接实例如图 4-6 所示。

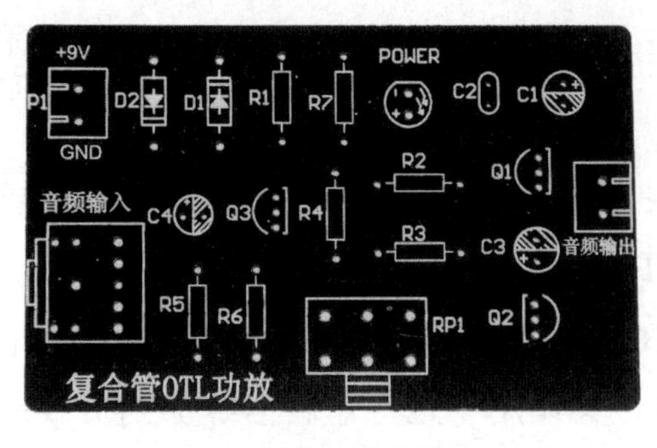

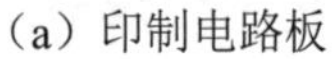
（a）印制电路板

（b）装接实例

图 4-6　OTL 功率放大电路印制电路板和装接实例

二、元器件的选择与测试

根据电路原理图，从所给元器件袋中选择装配电路所需要的元器件。按要求进行测试，并将测试结果填入表 4-8 中。

1．用万用表对电阻器进行测量，将测得实际阻值填入“测试结果”栏。

2．用万用表对电位器的最大电阻进行测量，将测得实际阻值填入“测试结果”栏。

3．用万用表测试、检查电容器（根据长短引脚填写正、负极），读出耐压值、容量，将结果填入“测试结果”栏。

4．测试二极管：根据有标志的一端填写正、负极，用万用表测量其导通阻值，并注明所用挡位，结果填入“测试结果”栏。

5．三极管的测试：引脚朝下，面对有文字的一面，从左到右依次为 1、2、3 号引脚，填写引脚名称，并写出三极管的类型。

表 4-8　元器件清单

名　称	标　号	测试结果及型号规格
双联电位器	R_{P1}	用万用表测得的实际最大阻值为________Ω，其标称值为________Ω
电阻器	R_1	用万用表测得的实际阻值为________Ω，其标称值为________Ω
电阻器	R_2	用万用表测得的实际阻值为________Ω，其标称值为________Ω
电阻器	R_3	用万用表测得的实际阻值为________Ω，其标称值为________Ω
电阻器	R_4	用万用表测得的实际阻值为________Ω，其标称值为________Ω
电阻器	R_5	用万用表测得的实际阻值为________Ω，其标称值为________Ω
电阻器	R_6	用万用表测得的实际阻值为________Ω，其标称值为________Ω
电阻器	R_7	用万用表测得的实际阻值为________Ω，其标称值为________Ω
电解电容	C_1	长引脚为________极，耐压值为 ________V
电解电容	C_3	长引脚为________极，耐压值为 ________V

续表

名　称	标　号	测试结果及型号规格
电解电容	C_4	长引脚为________极，耐压值为 ________V
瓷片电容	C_2	此电容是__________，其标注是__________，其容量是__________
二极管	VD_1	有圆环标志的为________极，正向导通时，红表笔接的是________极，所用挡位是________
二极管	VD_2	有圆环标志的为________极，正向导通时，红表笔接的是________极，所用挡位是________
发光二极管	LED_0	观察金属片大小，其大片对应为________极
三极管	Q_1	1—________，2—________，3—________（NPN，PNP）
三极管	Q_2	1—________，2—________，3—________（NPN，PNP）
三极管	Q_3	1—________，2—________，3—________（NPN，PNP）
音频插头	音频输入	测三引脚之间阻值为________Ω
接线端子 2P	P1、P2	—

三、电路制作与调试

1. 装配工艺

OTL 功率放大电路的装配工艺卡片如表 4-9 所示。

表 4-9　OTL 功率放大电路的装配工艺卡片

装配工艺卡片				工序名称	产品名称
				插件及焊接	OTL 功率放大电路
					产品型号
工序号	装入件及辅材代号、名称、规格			数　量	插装工艺要求
1	R_1、R_7	碳膜电阻	RT114-1kΩ±1%	2	卧式安装，水平贴板
2	R_2、R_3	碳膜电阻	RT114-10Ω±1%	2	卧式安装，水平贴板
3	R_4	碳膜电阻	RT114-4.7kΩ±1%	1	卧式安装，水平贴板
4	R_5	碳膜电阻	RT114-27kΩ±1%	1	卧式安装，水平贴板
5	R_6	碳膜电阻	RT114-47Ω±1%	1	卧式安装，水平贴板
6	R_{P1}	双联电位器	B100kΩ	1	卧式安装，水平贴板
7	C_1、C_3	电解电容	220μF/16V	2	立式安装，水平贴板
8	C_2	瓷片电容	104	1	立式安装，距离电路板 3～5mm
9	C_4	电解电容	4.7μF/16V	1	立式安装，水平贴板
10	VD_1、VD_2	二极管	1N4007	2	立式安装，水平贴板
11	POWER	发光二极管	LED0	1	立式安装，水平贴板
12	Q_1	三极管	8050	1	立式安装，距离电路板 3～5mm
13	Q_2	三极管	8050	1	立式安装，距离电路板 3～5mm

续表

装配工艺卡片				工序名称	产品名称
				插件及焊接	OTL 功率放大电路
					产品型号
工序号	装入件及辅材代号、名称、规格			数量	插装工艺要求
14	Q_3	三极管	8050	1	立式安装，距离电路板 3～5mm
15	P1、P2	接线端子 2P	—	2	水平贴板
16	音频输入	音频插头	—	4	水平贴板
焊接工艺要求：符合通用手工焊接规范，焊点整洁、圆润、光滑、无虚焊、漏焊、冷焊、毛刺等现象。剪脚整齐，引脚末端留存 0.5～1mm					

2. 装配注意事项

（1）按电路原理图熟悉印制电路板上电路元器件的布局。

（2）按工艺要求对元器件的引脚进行成形加工。

（3）在印制电路板上依次进行元器件的排列、插装。

（4）按焊接工艺要求对元器件进行焊接，直到所有元器件焊完为止。

（5）焊接电源输入线（或端子）和信号输入/输出端子。

（6）要求。

① 不漏装、错装，不损坏元器件。

② 无虚焊、漏焊和桥接，焊点表面要光滑、干净。

③ 元器件排列整齐，布局合理，并符合工艺要求。

④ 连接线使用要适当。

四、电路测试与分析

装接完毕，检查无误后，用万用表测量电路的电源两端，若无短路，则可接入 9V 电源。加入电源后，如无异常现象，则可开始调试。

1. 静态测试

调节电位器 R_{P1}，用万用表测量 A 点电位，使 $U_A=U_{cc}/2$。

（1）测量 Q_3 集电极的电位为__________V。

（2）测量 Q_1 基极的电位为______________V。

2. 输入端加入正弦信号测试

从音频输入端加上一个峰—峰值为 130mV（示波器上测出的值），频率为 1kHz 的正弦信号，此时应听到扬声器发出响声。用示波器测量输出端 u_o 的峰—峰值电压为________V，可求出 u_o

相对于 u_i 的电压放大倍数为________；电压增益为________（dB）。

第二部分　知识链接

Loading　知识点 1　三极管基本放大电路

一、放大器概述

能把微弱的电信号放大，转换成较强的电信号的电路，称为放大电路，简称放大器。放大器的方框图如图 4-7 所示。输入端接待放大的信号源，输出端接负载，作为一个放大电路应该同时满足下面两个条件。

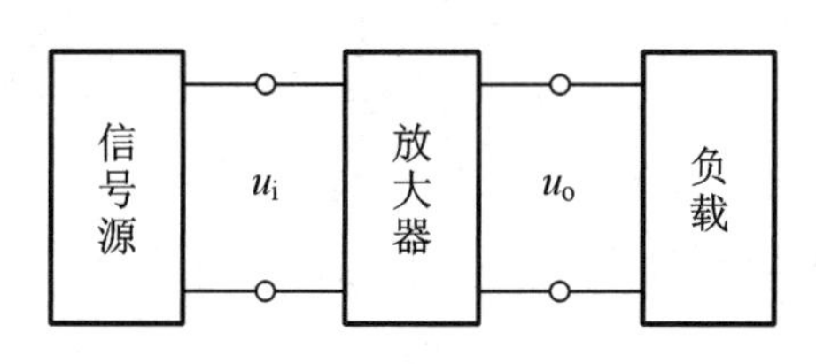

图 4-7　放大器的方框图

（1）输出信号的功率大于输入信号的功率。

（2）力求输出到负载上的信号波形与输入信号的波形相同。

一个放大器必须含有一个或多个有源器件，如三极管、场效应管等。同时，还包括电阻、电容、电感、变压器等无源元件。

1. 放大器的基本要求

（1）有足够的放大倍数。

放大倍数是衡量放大器放大能力的参数，放大倍数有电压放大倍数（A_u）、电流放大倍数（A_i）和功率放大倍数（A_p）三种。

（2）具有一定宽度的通频带。

放大器放大的信号往往不是单一频率的，而是在一定频率范围内变化的。因此，要求放大器具有一定宽度的通频带。

（3）非线性失真小。

因为放大电路中晶体三极管是非线性器件，在放大信号的过程中，放大后的信号与原信号相比，波形将产生畸变，这种现象称为非线性失真。

（4）工作稳定。

放大器的各参数基本稳定，不随工作时间和环境条件（如温度）的变化而变化；同时放大器在没有外加信号时，它本身也不能产生其他信号，即不能发生自激振荡。

2. 放大器的分类

（1）按三极管的连接方式，放大器分为共发射极放大器、共基极放大器和共集电极放大器等。

（2）按放大信号的工作频率，放大器分为直流放大器、低频（音频）放大器和高频放大器等。

（3）按放大信号的形式，放大器分为交流放大器和直流放大器等。

（4）按放大器的级数，放大器分为单级放大器和多级放大器等。

（5）按放大信号的性质，放大器分为电流放大器、电压放大器和功率放大器等。

（6）按被放大信号的强度，放大器分为小信号放大器和大信号放大器等。

（7）按元器件的集成化程度，放大器分为分立元件放大器和集成电路放大器等。

3. 放大器的放大倍数

放大器的基本性能是具有放大信号的能力。通常，用放大倍数 A 来表示放大器的放大能力。可分为下列三种。

（1）电压放大倍数 A_u 是放大器输出电压瞬时值 u_o 与输入电压瞬时值 u_i 的比值，即：

$$A_u = \frac{u_o}{u_i}$$

（2）电流放大倍数 A_i 是放大器输出电流瞬时值 i_o 与输入电流瞬时值 i_i 的比值，即：

$$A_i = \frac{i_o}{i_i}$$

（3）功率放大倍数 A_p 是放大器输出功率 p_o 与输入功率 p_i 的比值，即：

$$A_p = \frac{p_o}{p_i}$$

它们之间的关系是

$$A_p = \frac{p_o}{p_i} = \frac{i_o u_o}{i_i u_i} = A_i \cdot A_u$$

4. 放大器的增益

放大倍数用对数表示称为增益 G，功率放大倍数常用对数来表示，称为功率增益 G_p，单位为分贝（dB）。

相关教学资源

二、基本共射极放大电路

1. 电路的组成及各元件的作用

NPN 型三极管组成的基本共发射极放大电路如图 4-8 所示。外加微弱信

号 u_i 从基极 b 和发射极 e 输入，经放大后信号 u_o 由集电极 c 和发射极 e 输出；因此，发射极 e 为输入和输出回路的公共端，故称为共发射极放大电路。

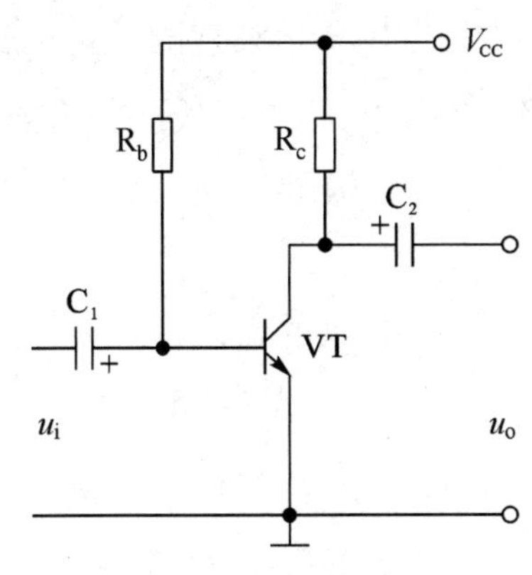

图 4-8　NPN 型三极管组成的基本共发射极放大电路

电路中各元件的作用如下。

① 三极管 VT——起放大作用。工作在放大状态，起电流放大作用，因此，是放大电路的核心元件。

② 电源 V_{cc}——直流电源，其作用一是通过 R_b 和 R_c 为三极管提供工作电压，保证三极管工作在放大状态；二是为电路放大信号提供能源。

③ 基极电阻 R_b——为放大管的基极 b 提供一个适合的基极电流 I_B（又称基极偏置电流），并向发射结提供所需的正向电压 U_{BE}，以保证发射结正偏。该电阻又称为偏流电阻或偏置电阻。

④ 集电极电阻 R_c——使电源 V_{cc} 给放大管集电结提供所需的反向电压 U_{CE}，与发射结的正向电压 U_{BE} 共同作用，使放大管工作在放大状态；另外，使三极管的电流放大作用转换为电路和电压放大作用。该电阻又称集电极负载电阻。

⑤ 耦合电容 C_1 和 C_2——分别为输入耦合电容和输出耦合电容；在电路中起隔直流通交流的作用，因此又称隔直电容。

2. 放大电路中的直流通路和交流通路

放大电路中既含有直流成分又含有交流成分，直流成分是直流电源通过偏置而产生的，为正常放大提供必要的条件；交流成分就是输入的要放大的变化信号，交流信号是叠加在直流成分上进行放大的。

1）放大电路的直流通路

（1）静态。

静态是指放大电路未加入输入信号，即 u_i=0 时电路的工作状态。此时，电路中的电压、电流都是直流信号，I_B、I_C、U_{CE} 的值称为放大电路的静态工作点，记作 Q（I_{BQ}、I_{CQ}、U_{CEQ}）。

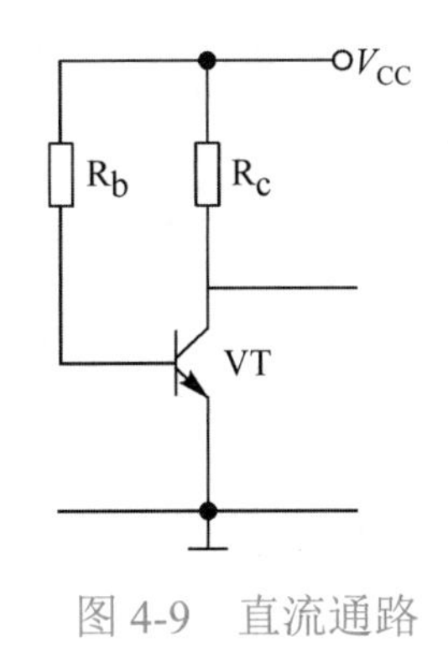

图 4-9　直流通路

（2）直流通路。

直流通路是放大电路中直流成分通过的路径。在直流通路中电容相当于开路，负载和信号源被电容隔断，所以，电路中只需将耦合电容 C_1 和 C_2 看作断路而去掉，剩下的部分就是直流通路，如图 4-9 所示。

（3）静态工作点的计算。

由图可知：

$$I_{BQ}=\frac{V_{CC}-U_{BEQ}}{R_b}\approx\frac{V_{CC}}{R_b}$$

式中，三极管的 U_{BEQ} 很小，通常选用硅管的管压降 U_{BEQ} 约为 0.7V，锗管的管压降 U_{BEQ} 约为 0.3V。由于 $V_{CC}>>U_{BEQ}$，所以，$V_{CC}-U_{BEQ}\approx V_{CC}$。

由三极管的电流放大作用，即：

$$I_{CQ}=\beta I_{BQ}$$

再由图可知：

$$U_{CEQ}=V_{CC}-R_c I_{CQ}$$

（4）静态工作点与波形失真关系。

静态工作点 Q 选择不当，会使放大器工作时产生信号的波形失真。若 Q 点在交流负载线上的位置过高，信号的正半周可能进入饱和区，造成输出电压波形负半周被部分消除，产生波形失真。反之，若静态工作点在交流负载线上位置过低，则信号负半周可能进入截止区，造成输出电压的上半周被部分消除，产生截止失真。由于它们都是晶体管的工作状态离开线性放大区进入非线性的饱和区和截止区所造成的，因此，称为非线性失真。显然，为了获得幅度大而不失真的交流输出信号，放大器的静态工作点应选在交流负载线中点处。

（5）消除非线性失真的方法。

① 当静态工作点偏高，I_{BQ} 偏大，出现饱和失真。要消除饱和失真，可将偏置电阻 R_b 增大，即可使 I_{BQ} 下降，静态工作点下移。

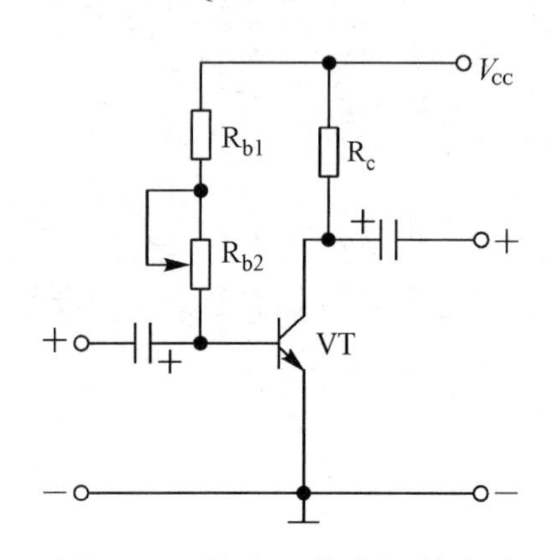

图 4-10　静态工作点调整电路

② 当静态工作点偏低，I_{BQ} 偏小，出现截止失真。要消除截止失真，可将偏置电阻 R_b 减小，即可使 I_{BQ} 上升，静态工作点上移。

③ 为调节静态工作点，常将偏置电阻设置成可调电阻，为防止可调偏置电阻调为零电阻时，静态工作点电流过大引起三极管损坏，又常将可调偏置电阻与一固定电阻相串联，如图 4-10 所示。

2）放大电路的交流通路

（1）动态是指放大电路的输入端加交流信号时电路的工作状态，动态是电路同时存在交流量和直流量。

（2）交流通路。

交流通路是放大电路中交流信号通过的路径。交流通路用来分析放大电路的动态工作情况，计算放大电路的放大倍数、输入和输出电阻。

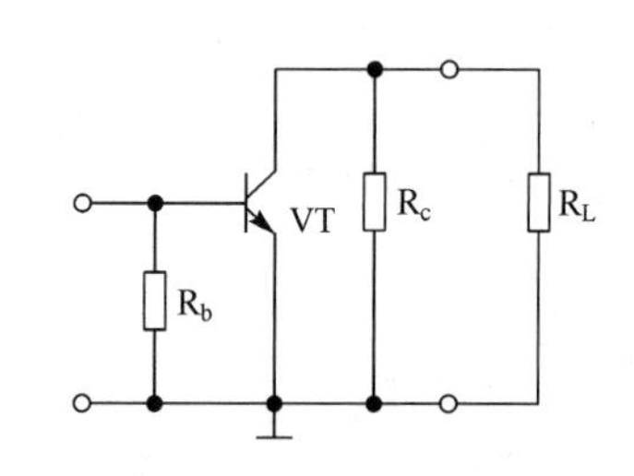

图 4-11　共射极放大电路的交流通路

交流通路的画法：对于频率较高的交流信号，电容相当于短路；且直流电源 V_{cc} 的内阻一般都很小，因此对于交流信号来说也可视为短路，图 4-11 所示为共射极放大电路的交流通路。

3）放大电路的电压放大倍数、输入电阻与输出电阻

（1）放大电路的输入电阻 r_i。

r_i 是从放大电路的输入端往里看的等效电阻。如果把内阻为 R_s 的信号源 u_s 加到放大电路的输入端，放大电路就相当于信号源的一个负载，这个负载就是放大电路的输入电阻 r_i。r_i 越大，输入电流 r_i 越小，放大电路对信号源的影响越小。因此，从信号源的角度看，希望放大电路的输入电阻越大越好。

$$r_i = \frac{U_i}{I_i} = R_b // r_{be}$$

式中，r_{be} 为三极管 b、e 间的等效电阻，r_{be} 可用公式 $r_{be} = 300\Omega + (1+\beta)26\text{mV}/I_{EQ}$ 进行估算，一般为 1kΩ 左右，而 R_b 通常为几十千欧姆。因为 R_b□ r_{be}，所以放大器的输入电阻可近似为：

$$r_i \approx r_{be}$$

（2）放大电路的输出电阻 r_o。

r_o 是从放大电路的输出端往里看的等效电阻。共发射极放大电路输出电阻 r_o 就是电阻 R_c。r_o 相当于放大器的电源内阻，r_o 越小，放大器的带负载能力越强。

（3）放大电路的电压放大倍数。

放大电路的电压放大倍数的定义为：

$$A_u = \frac{u_o}{u_i}$$

式中，u_o 和 u_i 分别为输出信号电压和输入信号电压。通过分析，可得：

$$A_u = -\frac{\beta i_b R_L'}{i_b r_{be}} = -\frac{\beta R_L'}{r_{be}}$$

式中，$R_L' = R_c // R_L$，负号表示输出电压与输入电压相位相反。

一般放大器在不带负载（空载）时的电压放大倍数 A_u 最大，带上负载后 A_u 就下降；而且负载电阻 R_L 越小，A_u 下降越多。

3．放大电路的工作原理

如图 4-12 所示，当输入端加输入信号时（u_i 为正弦波信号），在 u_i 的作用下，基—射回路中产生一个与 u_i 变化规律相同、相位相同的信号电流 i_b、i_b 与 I_{BQ} 叠加使基极电流为 $i_B=I_{BQ}+i_b$，从而使集电极电流 $i_C=I_{CQ}-i_c$。当 i_C 通过 R_c 时使三极管的集—射电压为：

$$u_{CE} = U_{CEQ} - R_c i_c$$

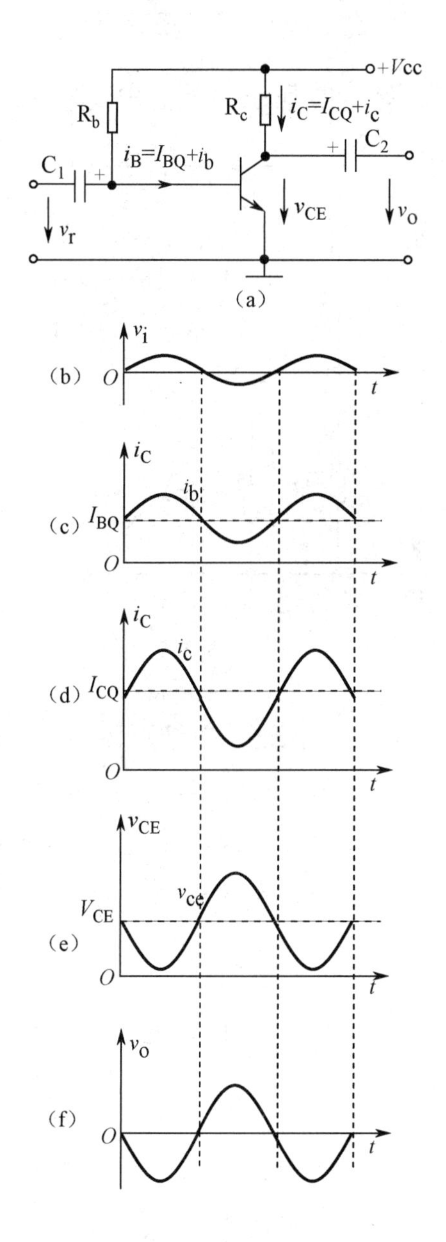

图 4-12　放大电路中电压、电流的波形

由于电容 C_2 的隔直耦合作用，放大电路输出信号 u_o 只是 u_{CE} 中的交流部分，即 $u_o=-R_c i_c$。可见，集电极负载电阻 R_c 将三极管的电流放大 $i_c=\beta i_b$ 转换成了放大电路的电压放大（R_c 阻值适当，$u_0 \gg u_i$）；u_o 与 u_i 相位相反，所以共发射极放大电路具有反相作用。

三、具有稳定静态工作点的放大电路

在基本放大电路中，由电源和基极偏置电阻 R_b 提供了基极电流 I_{BQ}，若 R_b 固定，则 I_{BQ} 也就固定了，所以该电路又称固定偏置（或固定偏流）电路。但是由于非线性器件易受环境因素影响，从而导致静态工作点不稳定，最终影响放大器的工作质量。因此，在某些要求较高的场合，通常采用能自动稳定工作点的分压式偏置电路。

1. 分压式偏置电路的结构

图 4-13 所示为分压式偏置电路，电路中各元件的作用如下。

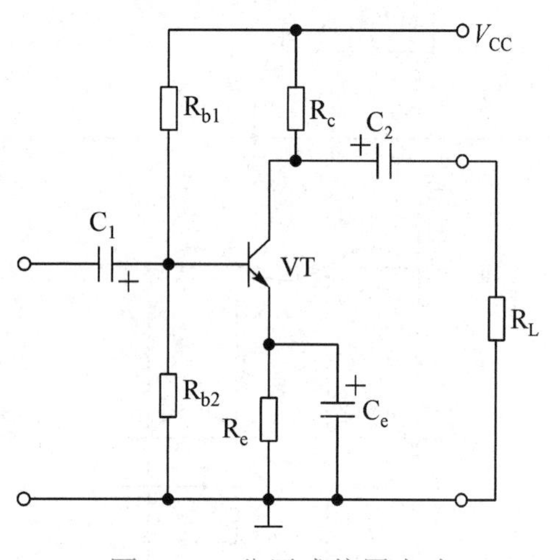

图 4-13 分压式偏置电路

（1）三极管 VT——起放大作用，工作在放大状态，是电路的核心元件。

（2）电源 V_{CC}——直流供电电源。其作用一是通过 R_{b1}、R_{b2} 和 R_c 为三极管提供直流工作电压，保证三极管工作在放大状态；二是为电路提供能源的。

（3）基极电阻 R_{b1}、R_{b2}——分别为基极上、下偏流电阻。电源通过 R_{b1}、R_{b2} 分压后得到基极电压 V_{BQ}，保证三极管发射结正偏。

（4）集电极电阻 R_c——集电极负载电阻。电源通过 R_c 提供集电极供电电压，保证集电结反偏。

（5）发射极电阻 R_e——发射极偏置电阻。一是提供发射极电压，保证发射结正偏；二是引入负反馈，稳定三极管的工作状态。

（6）发射极电容 C_e——发射极交流旁路电容。

（7）耦合电容 C_1 和 C_2——分别为输入耦合电容和输出耦合电容。

2. 分压式偏置电路的稳定工作点原理分析

（1）基极电压稳定。

从图 4-13 中可见，$I_{Rb1}=I_{Rb1}+I_{BQ}$，因为 I_{Rb2}□ I_{BQ}，所以，有 $I_{Rb1} \approx I_{Rb1}$，这时基极电压 V_{BQ} 为：

$$V_{BQ} \approx V_{CC} \times \frac{R_{b2}}{R_{b1}+R_{b2}}$$

由上式可见，V_{BQ} 的大小与三极管的参数无关，只由 V_{CC}、R_{b1} 和 R_{b2} 的分压决定。

（2）引入负反馈稳定静态工作点。

温度变化时，三极管的 I_{CBQ}、β、V_{BEQ} 等参数将发生变化，导致静态工作点偏移。当温度升

高时，I_{CQ} 将增大，则 I_{EQ} 流经 R_e 产生的电压 V_{EQ} 随之增加，因 V_{BQ} 是一个稳定值，因此，$V_{BEQ}=V_{BQ}-V_{EQ}$ 将减小。根据三极管输入特性，基极电流 I_{BQ} 减小，I_{CQ} 也必然减小，从而抑制 I_{CQ} 的增大，使工作点力求恢复到原有的状态。

上述稳定工作点的过程可表示为

$$T（温度）\uparrow（或\beta\uparrow）\to I_{CQ}\uparrow\to I_{EQ}\uparrow\to V_{EQ}\uparrow\to V_{BEQ}\downarrow\to I_{BQ}\downarrow\to I_{CQ}\downarrow$$

在分压式偏置电路中，与 R_e 并联的旁路电容 C_e 的作用是提供交流信号的通道，减小信号的损耗，使放大器的交流信号及放大能力不致使 R_e 降低。C_e 的取值一般为 50～100μF。

四、共集电极、共基极放大电路

前面重点讨论了共射极放大电路，下面介绍共集电极放大电路和共基极放大电路。

1. 共集电极放大电路

图 4-14 所示为共集电极放大电路及其交、直流通路。

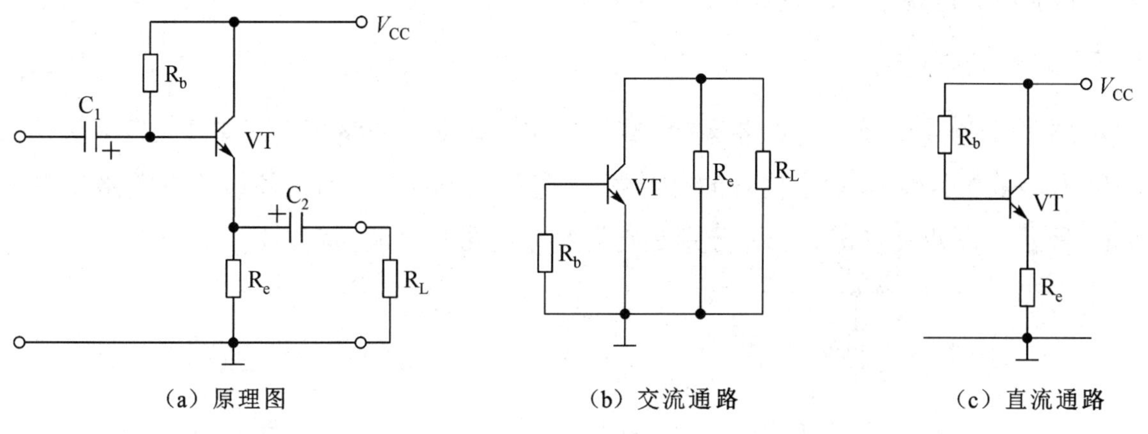

图 4-14　共集电极放大电路及其交、直流通路

从图 4-14 可见，就其交流通路而言，输入信号电压 v_i 加在基极，输出信号电压 v_o 从发射极输出，集电极为输入/输出信号的公共端。因此称为共集电极电路。因为被放大的信号从发射极输出，所以共集电极放大电路又称射极输出器。

其电路的特点如下所示。

（1）输出电压与输入电压同相略小于输入电压。

由于输出电流自发射极输出，由它在输出负载产生的输出电压 u_o 与输入电压 u_i 的瞬时极性相同，即 u_o 与 u_i 同相位变化。

输入回路，有：

$$u_i = u_{be} + u_o$$

式中，$u_{be} = i_b r_{be}$，其值很小，故可近似认为：

$$u_o \approx u_i$$

由于输出信号电压近似等于输入信号电压，即电压放大倍数近似等于 1，好似输出电压等值地跟随输入电压而变化，故又将该电路称为射极跟随器。虽然该电路没有电压增益，但对电流而言，i_e仍为基极电流（1+β）倍，它有较强的电流放大能力。

（2）输入电阻 r_i 大。

射极输出器的负载电阻，即：

$$R'_L = R_e // R_L$$

现将其折算为输入端，其射极输出器的输入电阻，即：

$$r_i = r_{be} + (1+\beta)R'_L$$

与共射极电路比较（共射极电路中，$r_i \approx r_{be}$），射极输出器的输入电阻增加了（1+β）R'_L，故射极输出器的输入电阻是很高的。

（3）输出电阻 r_o 小。

其输出电阻 $r_o = R_e$，一般只有几欧姆到几十欧姆。

由于射极输出器有上述三个特点，它被广泛应用在电路的输入级、多级放大器的输出级或用于两级共射放大电路之间的隔离级。

2. 共基极放大电路

图 4-15 所示为共基极放大电路及交、直流通路。就交流通路而言，信号从发射极输入，从集电极输出，基极为输入/输出信号的公共端，故将这种电路称为共基极放大电路，原理如图 4-15（a）所示，图 4-15（b）、（c）分别是它的交流通路和直流通路。

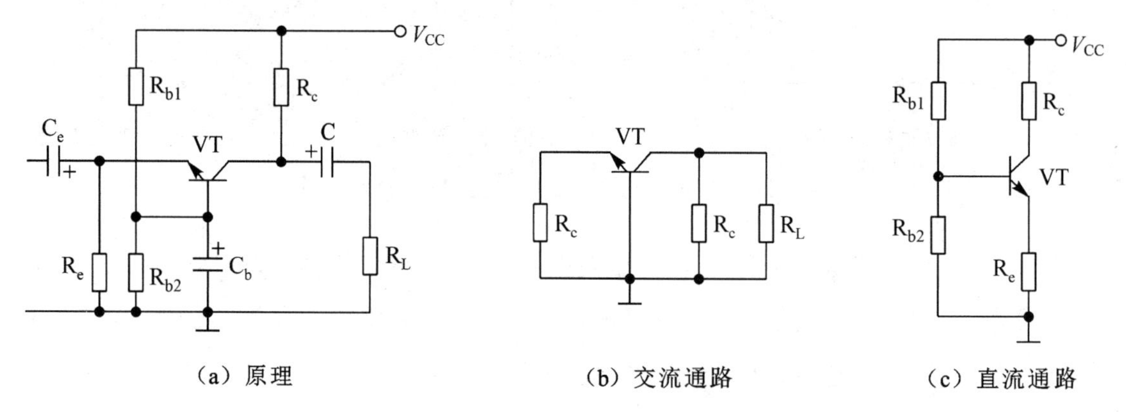

图 4-15　共基极放大电路及交、直流通路

图 4-15 中，R_{b1}、R_{b2}、C_b 为电路的基极偏置电阻；R_c 是集电极负载电阻；R_e 构成信号输入回路电阻，同时，也作为射极偏置电阻。

由于 $i_c \approx i_e$，因而该电路的电流增益近似为 1，通过分析可知，该电路的输入电阻很小，为几欧姆到几十欧姆，输出电阻很大，电压增益接近共射极放大电路。

三类放大电路的性能比较如表 4-10 所示。

表 4-10　三类放大电路的性能比较

电路类型	功　能			
	电流放大倍数	电压放大倍数	输 入 电 阻	输 出 电 阻
共射极放大电路	β	$-\frac{\beta \cdot R'_{L}}{r_{be}}$	r_{be}	R_{c}
共基极放大电路	≈ 1	$\frac{\beta \cdot R'_{L}}{r_{be}}$	几欧姆到几十欧姆	电阻很大
共集电极放大电路	$1+\beta$	约等于 1	$r_{be}+(1+\beta)R'_{L}$	几欧姆到几十欧姆

Loading

知识点 2　场效应管放大电路

<<<<<<<<

一、场效应管简介

场效应管是一种电压控制型的半导体器件，它具有输入电阻高（可达 10^{9}～$10^{15}\Omega$，而晶体三极管的输入电阻为 10^{2}～$10^{4}\Omega$），噪声低，受温度、辐射等外界条件的影响较小，耗电省，便于集成等优点，因此得到广泛应用，现已成为普通晶体管的强大竞争者。

场效应管按结构的不同可分为结型和绝缘栅型；按工作性能可分耗尽型和增强型；按所用基片（衬底）材料不同，又可分 P 沟道和 N 沟道两种导电沟道。因此，有结型 P 沟道和 N 沟道、绝缘栅耗尽型 P 沟道和 N 沟道、增强型 P 沟道和 N 沟道六种类型的场效应管。它们都是以半导体的某一种多数载流子（电子或空穴）来实现导电的，所以又称单极型晶体管。

根据结构和工作原理不同，场效应管可分为结型（JFET）和绝缘栅型（MOSFET）两大类型。它有三个引脚，分别称为漏极 D、源极 S 和栅极 G。常见的几种场效应管的实物图、特点及电路图形符号如表 4-11 所示。

表 4-11　常见的几种场效应管的实物图、特点及电路图形符号

常见场效应管实物图	特　点	电路图形符号
结型场效应管	场效应管是电压控制器件，具有电压放大作用，在共源极电路中，漏极电流 I_D 受栅源电压 U_{GS} 的控制。下图所示为场效应管放大电路 G D S R E_D E_G	D G S

续表

常见场效应管实物图	特　点	电路图形符号
绝缘栅型场效应管	绝缘栅型场效应管是一种栅极与漏源极完全绝缘的场效应管，其输入电阻在 $10^{12}\Omega$以上。也分为 N 沟道和 P 沟道两大类，每一类又分为增强型和耗尽型两种	D G S

二、场效应管放大电路举例

场效应管构成放大器与三极管一样，要建立合适的静态工作点。所不同的是，场效应管是电压控制器件，它需要有一个合适的栅极直流电压，称为栅偏压，以确保场效应管工作在线性放大区。与晶体三极管放大电路组态类似，场效应管放大电路有共源、共栅、共漏三种接法，现以 N 沟道结型场效应管构成的共源放大器为例来说明。

自偏压式共源放大器电路如图 4-16 所示。各元件的作用如下。

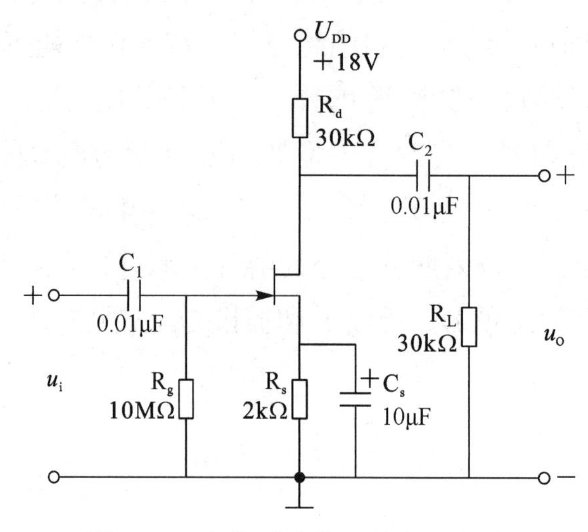

图 4-16　自偏压式共源放大器电路

（1）U_{DD} 为漏极电源。它是电路工作时的能源。要注意 U_{DD} 的极性应与场效应管的要求相吻合。

（2）R_d 为漏极电阻。它将漏极电流的变化转换成电压的变化（比输入电压 u_i 的变化要大得多），以实现电压放大。

（3）R_s 为源极自偏压电阻。漏流（也就是源极电流）通过它产生的电压就作为栅偏压，即 $U_{gs}=-I_dR_s$。这种方式称为自给偏压。

（4）C_s 是旁路电容。它与 R_s 并联，给漏流中的交流成分在 R_s 旁边另外开辟一条通路，确保 R_s 上只有直流电流通过，即 R_s 上只有直流电压。

（5）R_g 是栅极电阻。它使栅极与源极构成了一个闭合回路，使 R_s 上的电压能加到栅极上成为栅偏压。同时，R_g 还给电容 C_1 提供一个放电通路。

（6）C_1 和 C_2 分别是输入耦合电容和输出耦合电容。其作用与三极管放大器中的输入/输出耦合电容一样。

（7）R_L 是负载电阻。

该电路的输入信号加在栅极和源极之间，而信号又从漏极和源极之间输出，源极是公共端，所以称为共源放大器。

知识点 3　多级放大电路

一、概述

在实际应用中，需要放大的信号往往是很微弱的。要把微弱的信号放大到足以推动负载工作，仅靠单级的放大电路是不够的，那么，就需要采用多级放大器，图 4-17 所示为多级放大电路方框图。通过多级放大电路使信号逐级地放大到足够大，以推动负载工作。

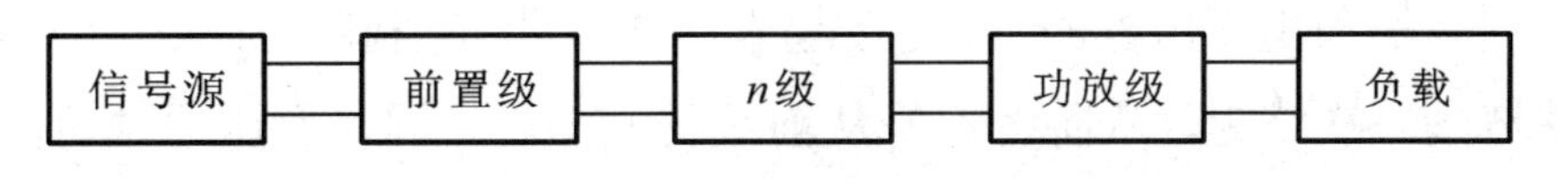

图 4-17　多级放大电路方框图

多级放大电路由若干个单级放大器组成；第一级是以放大电压为主，称为前置放大级；最后一级则以输出足够大的信号功率推动负载工作为目的，称为功率放大器。

在多级放大电路中，各级之间的信号传递或级与级之间的连接方式称为耦合。常见的耦合方式有阻容耦合、变压器耦合和直接耦合三种。阻容耦合多用于低频电压放大器；变压器耦合多用于高频调谐放大器；直接耦合多用于直流放大器。

二、电路耦合方式

1. 阻容耦合

阻容耦合是指通过电阻和电容将前级和后级连接起来的耦合方式。阻容耦合如图4-18所示。

该电路为两级阻容耦合放大器。输入信号 u_i 通过耦合电容 C_1 进入第一级放大电路，然后在 VT_1 的集电极输出，再经耦合电容 C_2 将信号送入第二级 VT_2 的输入端进行放大，再次放大后的信号最后通过耦合电容 C_3 送到负载 R_L。因此，各级之间的信号传递是通过耦合电容完成。

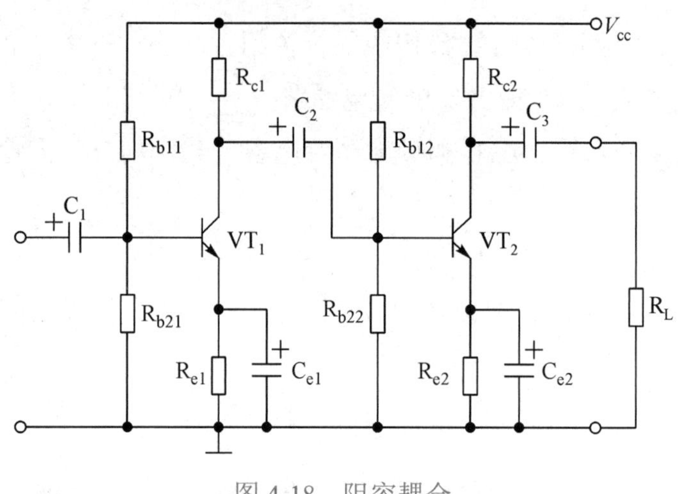

图 4-18　阻容耦合

由于耦合电容的隔直作用，使前、后级的静态工作点互不干扰，彼此独立。因此，给分析计算和调整电路都带来方便，也使前级的信号能顺利地传输到后一级，同时，也由于电容的隔直作用，使阻容耦合不适合放大频率较低和含有直流成分的信号。

2. 变压器耦合

变压器耦合是指通过变压器将前级和后级连接起来的耦合方式，变压器耦合如图 4-19 所示。

电路的前、后级是利用变压器的 T_1 连接起来。变压器 T_1 利用电磁感应将交流信号从变压器的一次绕组感应到二次绕组，从而将信号从前级传到后级，同时变压器也有隔直作用，使前、后级的静态工作点互不干扰，彼此独立；另外，变压器耦合还可以实现电路之间的阻抗变换。适当地选择变压器的一、二次绕组的匝数比（变化），使二次绕组折合到一次绕组的负载等效电阻与前级电路的输出电阻相等（或近似），就可达到阻抗匹配，从而使负载获得最大的输出功率。

3. 直接耦合

直接耦合是指各级之间的信号采用直接传递的耦合方式，直接耦合如图 4-20 所示。

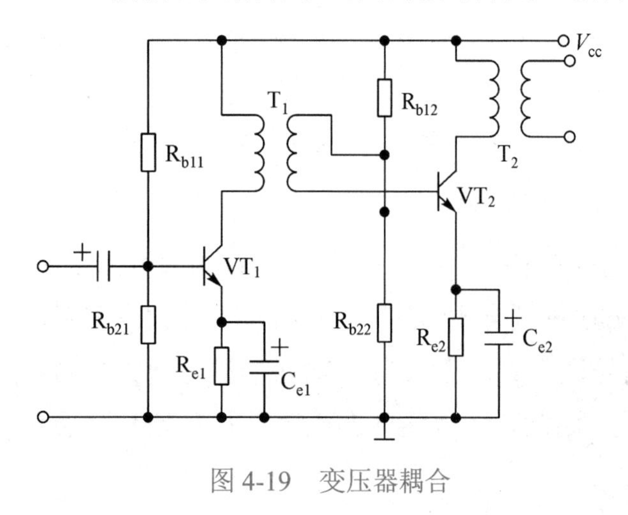

图 4-19　变压器耦合

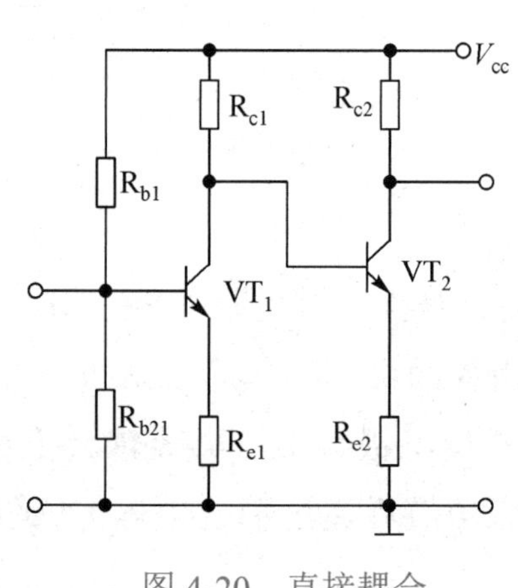

图 4-20　直接耦合

直接耦合电路前级的输出端和后级的输入端直接相连，即 VT_1 的集电极输出直接与 VT_2 的基极连接；使交流信号畅通无阻地传递。但该电路的静态工作点彼此互相影响，互相制约。因而，这种电路更广泛地用于直流放大器和集成电路中。

4. 多级放大器电路参数

（1）电压放大倍数 A_n。

设第一级放大电路的放大倍数为 A_1，第二级放大电路的放大倍数为 A_2，以此类推，第 n 级放大电路的放大倍数为 A_n，则此类多级放大电路的放大倍数为 A_n，即：

$$A_n=A_1 \cdot A_2 \cdot \cdots \cdot A_n$$

应该注意的是，这里每一级的电压放大倍数并不是孤立的，而是考虑后级输入电阻对前级的影响后所得的放大倍数。

（2）输入电阻 r_i。

多级放大器电路的输入电阻等于第一级放大电路的输入电阻。

（3）输出电阻 r_o。

多级放大器电路的输出电阻等于最后一级放大电路的输出电阻。

Loading　知识点 4　功率放大电路

一、功率放大器的特点与种类

在电子系统中，模拟信号被放大后，往往要去推动一个实际的负载，如使扬声器发声、继电器动作、仪表指针偏转等，都需要很大功率，能输出较大功率的放大器称为功率放大器。

从能量转换的角度来看，功率放大器与电压放大器没有本质的区别，只是研究问题的侧重点不同。电压放大器一般用于小信号放大，一般输入及输出的电压和电流都较小，主要指标是电压增益、频率特性、输入和输出电阻等。功率放大器主要向负载提供足够大的信号功率，一般输入及输出的电压和电流都较大，通常研究电路的输出功率、能量转换效率、信号失真及功耗器件的散热等问题。

一个性能良好的功率放大器满足下列几点基本要求：失真要小、有足够大的输出功率、效率要高、散热性能好。

根据三极管的静态工作点来划分，功放电路有以下三种。

1. 甲类功放

甲类工作状态是指功率放大器的静态工作点设置在特性曲线的放大区，负载线中点的状态，三极管在输入信号整个周期内始终处于放大状态。

特点：甲类工作状态失真小，静态电流大，管耗大，效率低。

2. 乙类功放

乙类工作状态是将工作点设置在 $I_{BQ}=0$ 的输出曲线上，静态时，功放管的 $I_{CQ}\approx 0$，三极管在输入信号周期内仅导通半个周期。

特点：乙类工作状态失真大，静态电流小，管耗小，效率高。

3. 甲乙类功放

甲乙类工作状态是将功率放大器的静态工作点设置在接近截止区而仍在放大区，使 I_{CQ} 稍大于零，此时，功放管处于微导通状态。

特点：甲乙类工作状态失真较大，介于甲类和乙类之间，静态电流小，管耗小，效率较高。

二、功率放大器电路分析

1. OTL 功率放大器电路分析

OTL 功率放大器即无输出变压器（Output Transformer Less，OTL）功放电路，其基本结构如图 4-21 所示。该功放电路属于乙类功率放大电路。

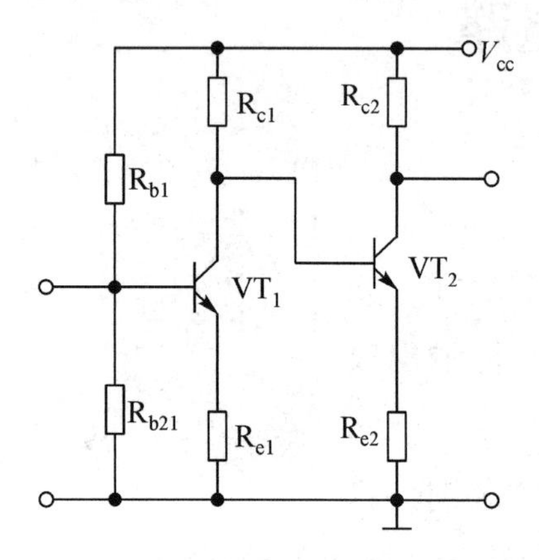

图 4-21 OTL 功率放大器电路

（1）工作原理。

① 静态特征：两管发射极电位为 $V_{CC}/2$，通过调整电路元件参数达到。

② 动态特征：输入信号正半周时，VT_1 管导通，VT_2 管截止，输入信号经 VT_1 管放大，同时，电源 V_{CC} 通过 VT_1 管向电容充电。

输入信号负半周时，VT_1 管截止，VT_2 管导通，输入信号经 VT_2 管放大，电容 C 上存储器的电压 $V_{CC}/2$ 向 VT_2 管供电。

（2）工作条件。

单电源供电；电容既有输出耦合作用又承担半个周期的电源作用，因此，其容量较大，一般为几百微法至几千微法；VT_1 管与 VT_2 管参数需对称。

OTL 功率放大器的不足是低频特征性差。

（3）最大输出功率。

忽略三极管饱和压降，在极限状态下，OTL 功率放大器输出最大功率为：

$$P_{omax}=\frac{1}{8}\times\frac{V_{CC}^2}{R_L}$$

2. OCL 功率放大器电路

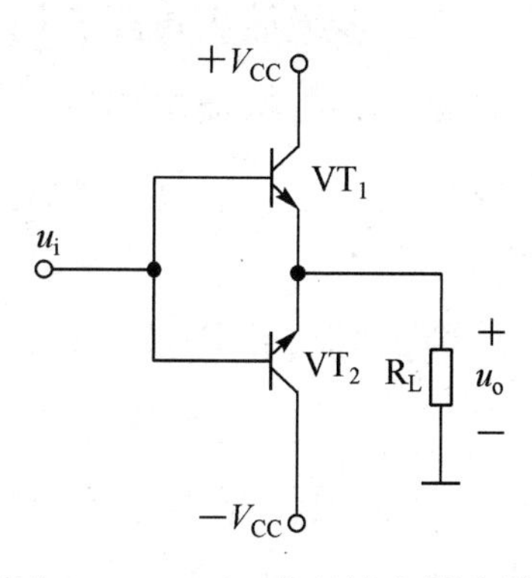

图 4-22 OCL 功率放大器电路

OCL 功率放大器电路即无输出电容（Output Capacitor Less，OCL）功放电路，其基本结构如图 4-22 所示。该功放电路属于乙类功率放大电路。

该功放采用双电源供电，静态时，两管发射极电位为 0，其工作过程与 OTL 功率放大器类似。

该功放最大输出功率为：

$$P_{\text{omax}}=\frac{1}{2}\times\frac{V_{\text{CC}}^2}{R_{\text{L}}}$$

OCL 功率放大器采用直接耦合，频率特性好，其不足是需要双电源供电。

Loading 理 论 测 验 <<<<<<<<

一、判断题

1．单管共射放大器具有反相作用。（ ）

2．放大器设置静态工作点不恰当时，会产生非线性失真。（ ）

3．改变三极管基极电阻会改变三极管的静态工作点。（ ）

4．基本共射极放大电路由于结构简单，因此得到广泛应用。（ ）

5．共集电极放大电路的电压放大倍数等于 1，因此该电路不具备放大能力。（ ）

6．共基极放大电路的电流放大倍数等于 1，因此该电路不具备放大能力。（ ）

7．共发射极放大电路，因为基极有固定偏置电阻，所以电路才不稳定。（ ）

8．共射极放大电路又称反相器，是由于其输入/输出信号相位相差 180° 而得名。（ ）

9．多级放大电路是由二级或二级以上的放大电路按一定的方式组合而成。（ ）

10．多级放大电路只具有很大的放大能力。（ ）

二、填空题

1．放大电路按三极管的连接方式分类，有________、________和________。

2．共基极放大电路的输入端由三极管的________和________组成。

3．共发射放大电路的输出端由三极管的________和________组成。

4．在共发射极放大电路中，集电极电阻除了提供集电极电压外，还具有________作用。

5．放大电路的交流通路应把________和________短路。

6．利用________通路可以近似估算放大电路的静态工作点；利用________通路可以估算放大器的动态参数。

7．多级放大电路常用的级间耦合方式有__________、______________和________________。

8．共射极放大电路其一般输入电阻为______________，具有一定接收信号的能力；输出电阻为______________，具有一定接负载的能力，其输入/输出信号倒相，因此具有_______________能力。

9．共集电极放大电路一般其输入电阻____________，具有较好的接收能力，其输出电阻__________，因此具有较好的接负载能力，其电压放大倍数等于1，因此又称__________。

10．放大器中三极管的静态工作点 Q 主要指____________、__________和__________。如果设置不合理，易造成信号出现__________失真。

三、选择题

1．单管放大电路设置静态工作点是为了使三极管在（　　）。

A．饱和区　　B．截止区
C．放大区　　D．三个区任意过度

2．在共射极放大电路中，其输入信号与输出信号的波形相位差为（　　）。

A．0°　　B．90°
C．45°　　D．180°

3．放大电路中饱和失真和截止失真称为（　　）。

A．线性失真　　B．非线性失真
C．交越失真　　D．频率失真

4．改变共射极放大电路的放大倍数的大小方法有（　　）。

A．负载电阻增大　　B．负载电阻减小
C．集电极电阻变小　　D．都不变

5．无信号输入时，放大电路的状态为（　　）。

A．静态　　B．动态
C．稳态　　D．静态或动态

6．共射极放大器输出电流，输出电压与输入电压的相位关系是（　　）。

A．输出电流、输出电压与输入电压同相
B．输出电流、输出电压与输入电压反相
C．输出电流与输入电压同相，输出电压与输入电压反相
D．输出电流与输入电压反相，输出电压与输入电压同相

7．解决共射极放大器截止失真的方法是（　　）。

A．增大 R_b　　B．增大 R_c
C．减小 R_b　　D．减小 R_c

8．解决共射极放大电路饱和失真的方法是（　　）。

A．增大 R_b　　　　B．增大 R_c

C．减小 R_b　　　　D．减小 R_c

9．共集电极放大电路，其输入信号与输出信号的波形相位差为（　　）。

A．0°　　　　B．45°

C．90°　　　　D．180°

10．共基极放大电路具有（　　）。

A．电流放大能力　　　　B．电压放大能力

C．频率放大能力　　　　D．相位放大能力

四、问答题

1．对放大电路有何基本要求？

2．简述基本共射极放大电路中各元件的作用。

3．什么是放大电路的静态和动态？

4．为什么要设置静态工作点？静态工作点对放大器的工作有何影响？

5．在 NPN 管构成的共射极放大电路中，如果测得 $U_{CE} \leqslant U_{BE}$，该管处于什么工作状态？如何才能使三极管恢复到放大状态？

6．什么是放大电路的非线性失真？有哪几种？如何消除？

7．多级放大电路有哪几种耦合方式，各有什么特点？如何计算多级放大电路的电压放大倍数？与阻容耦合放大电路相比，直接耦合放大电路有哪些特殊的问题？

8．如何组成射极输出器？射极输出器有何特点？射极输出器主要应用在哪些场合，起何作用？

五、计算题

1．测得放大电路中 4 只晶体管的直流电位如图 4-23 所示，在图中标出三个电极，并分别说明它们是硅管还是锗管。

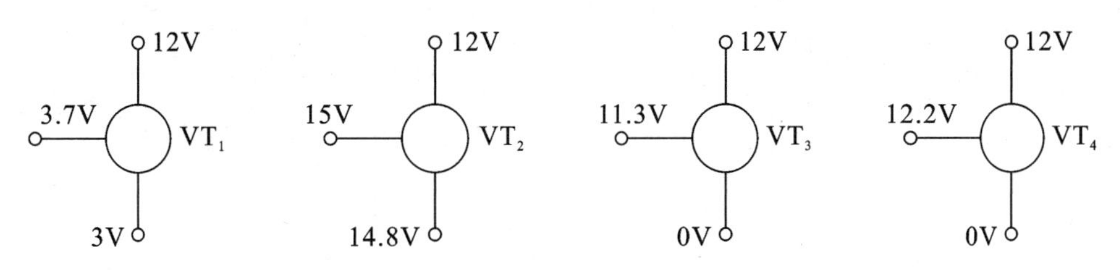

图 4-23　计算题 1 图

2．某三极管的 1 引脚流入电流为 3mA，2 引脚流出电流为 2.95mA，3 引脚流出电流为 0.05mA，判断各引脚名称，并指出该管的类型。

3．如图 4-24 所示的电路，U_{BEQ}=0.7V，r_{be}=1kΩ。

求：（1）画出直流通路，并计算静态工作点 I_{BQ}、I_{CQ}、U_{CEQ}。

（2）画出交流通路，并计算电压放大倍数 A_u、r_i、r_o。

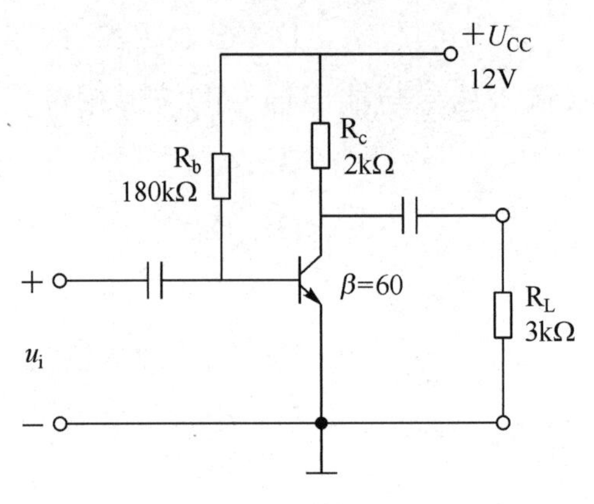

图 4-24　计算题 3 图

4．电路如图 4-25 所示，各参数均已标在图中，且 r_{be}=800Ω，U_{BEQ}=0.7V。

求：（1）画出直流通路，并计算静态工作点 I_{BQ}、I_{CQ}、U_{CEQ}。

（2）画出交流通路，并计算电压放大倍数 A_u、r_i、r_o。

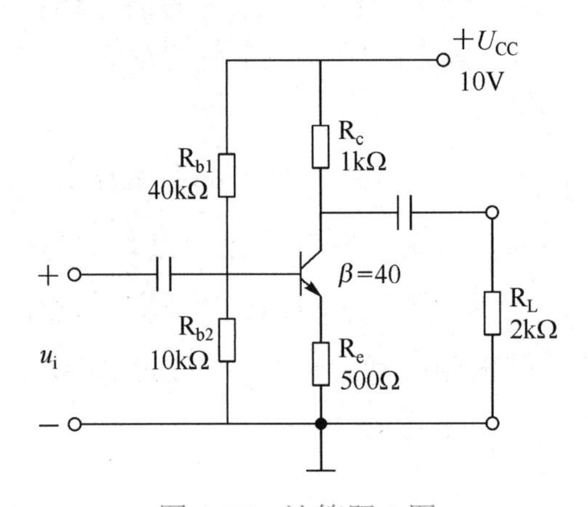

图 4-25　计算题 4 图

项目五 集成放大器的认知及应用

项目四中讲过的放大电路是由分立元件构成的，使用时需要调试静态工作点，放大倍数有限，稳定性不高，受温度影响大，体积也大。随着半导体制造工艺的提高，出现了以半导体单晶硅为芯片。把晶体管、场效应管、二极管、电阻和电容等元件及它们之间的连线制作在一起组成完整的电路，使之具有特定的功能，这就是集成电路。

本项目介绍集成运算放大器和集成功率放大电路方面的知识，主要讲述反馈的概念和类型、集成运算放大器的主要参数、分析方法、典型应用电路、功率放大器的应用等。

技能目标

1. 能够根据型号识别集成运算放大器的类型及特性。
2. 能识读集成运放构成的常用电路，会估算输出电压值。
3. 能按工艺要求装接典型集成运放组成的应用电路。
4. 会安装与调试集成功放电路。
5. 能够正确判断反馈的类型。

知识目标

1. 理解反馈的概念，了解电路中的反馈类型。
2. 了解集成运放的电路结构及抑制零点漂移的方法，理解差模与共模、共模抑制比的概念。
3. 掌握集成运放的符号及器件的引脚功能。
4. 了解集成运放的主要参数、工作特点、使用常识。
5. 掌握集成运放的典型应用。
6. 了解典型功放集成电路的引脚功能。

第一部分　技能实训

Loading 技能实训 1　三角波、方波发生器制作

波形发生器是信号源的一种，能够给被测电路提供所需要的波形。

一、认识电路

1. 电路工作原理

图 5-1 所示为由迟滞比较器和集成运放组成所构成的方波和三角波发生器。

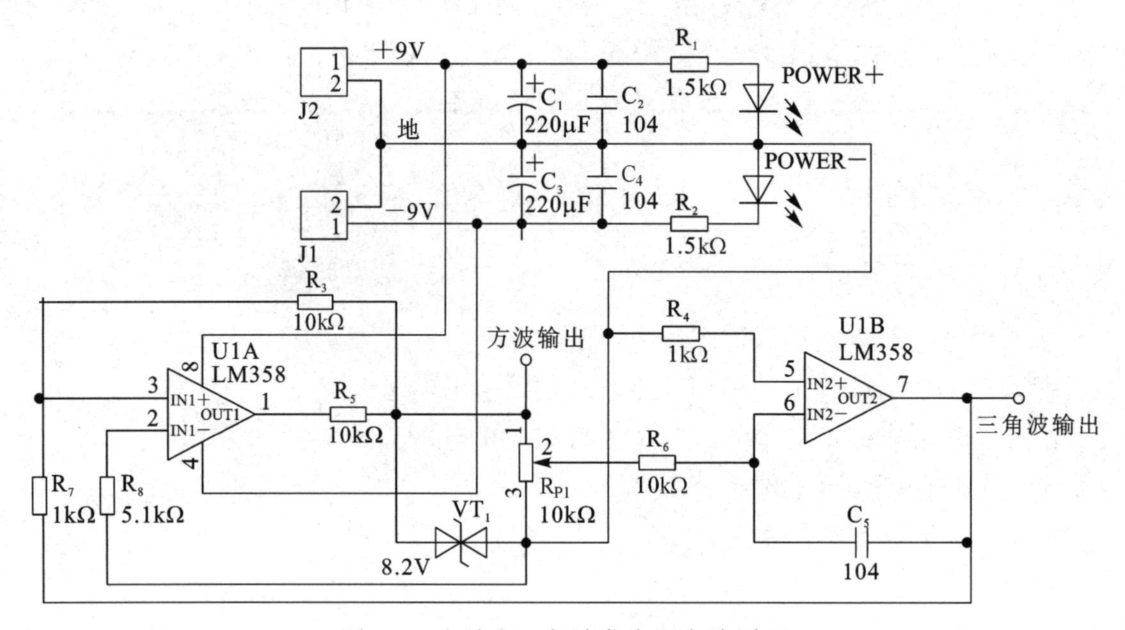

图 5-1　方波和三角波发生器电路原理

LM358 内部包括有两个独立的、高增益、内部频率补偿的双运算放大器，适合电源电压范围很宽的单电源使用，也适用于双电源工作模式。它的使用范围包括传感放大器、直流增益模组、音频放大器、工业控制、DC 增益部件和其他所有可用单电源供电的使用运算放大器的场合。LM358 的封装形式有塑封 8 引线双列直插式和贴片式、圆形金属壳封装两种。

圆形金属壳封装和 DIP 塑封引脚图如图 5-2 所示，LM358 引脚功能如表 5-1 所示。

由集成运算放大器构成的方波和三角波发生器，一般包括比较器和 RC 积分器两大部分。

U1A 构成迟滞比较器，同相端电位 V_p 由 V_{O1} 和 V_{O2} 决定。

当 $V_p>0$ 时，U1A 输出为正，即 $V_{O1}=+V_z$；当 $V_p<0$ 时，U1A 输出为负，即 $V_{O1}=-V_z$。

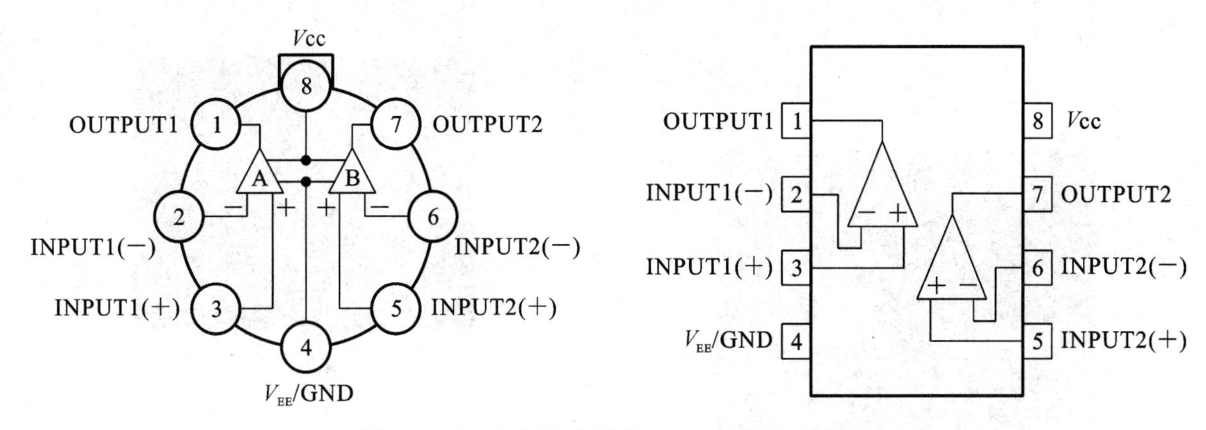

图 5-2　圆形金属壳封装和 DIP 塑封引脚图

表 5-1　LM358 引脚功能表

引脚序号	标　注	功能释义	引脚序号	标　注	功能释义
1	OUTPUT 1	输出 1	5	INPUT 2 (+)	同相输入 2
2	INPUT 1(−)	反相输入 1	6	INPUT 2 (−)	反相输入 2
3	INPUT 1(+)	同相输入 1	7	OUTPUT 2	输出 2
4	V_{EE}/GND	负电源/地	8	V_{cc}	正电源

U1B 构成反相积分器，V_{O1} 为负时，V_{O2} 向正向变化；V_{O1} 为正时，V_{O2} 向负向变化。假设电源接通时，$V_{O1}=-V_z$，线性增加。当 V_{O2} 上升到使 V_p 略高于 0V 时，U1A 的输出翻转到 $V_{O1}=+V_z$。当 V_{O2} 下降到使 V_p 略低于 0V 时，U1A 的输出翻转到 $V_{O1}=-V_z$。这样不断地重复，就可得到方波（J4）V_{O1} 和三角波（J5）V_{O2}。其输出波形如图 5-3 所示。输出方波的幅值由稳压管 VD_1 决定，被限制在 $\pm V_z$ 之间。调节电位器 R_{P1} 可改变三角波的幅值。

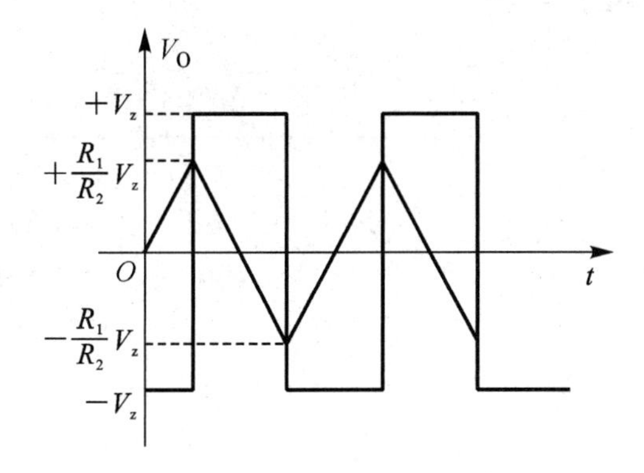

图 5-3　输出波形

2．实物图

三角波方波发生器印制电路板和装接实例如图 5-4 所示。

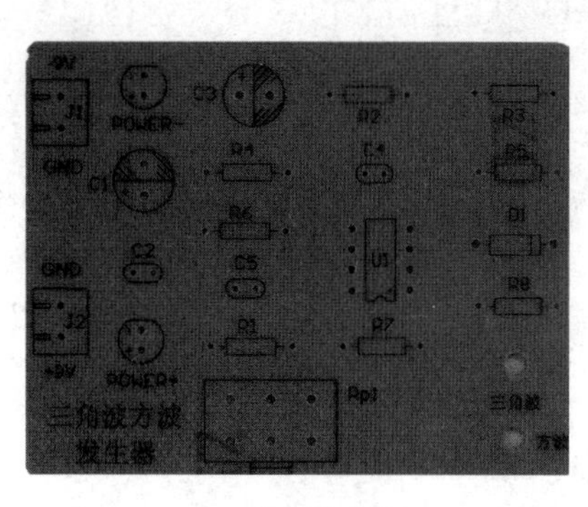

（a）印制电路板

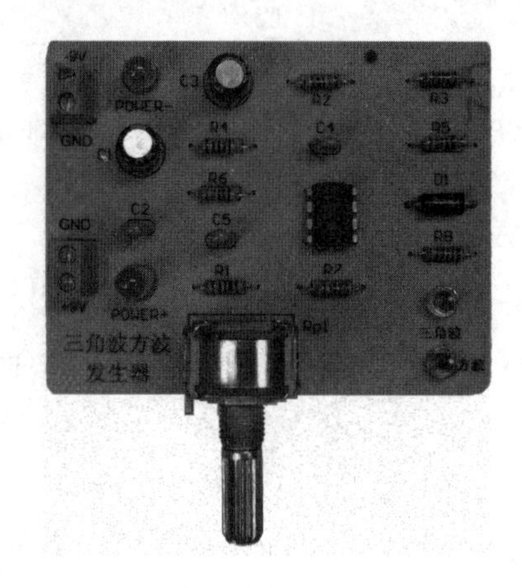

（b）装接实例

图 5-4　三角波方波发生器印制电路板和装接实例

二、元器件的选择与测试

根据电路原理图，从所给元器件袋中选择装配电路所需要的元器件。按要求进行测试，并将测试结果填入表 5-2 中。

（1）用万用表对电阻器进行测量，将测得实际阻值填入“测试结果”栏。

（2）用万用表测试、检查电容器（根据长短引脚填写正、负极），读出耐压值、容量，将结果填入“测试结果”栏。

（3）测试二极管：根据有标志的一端填写正、负极，用万用表测量其导通截止，并注明所用挡位，结果填入“测试结果”栏。

（4）三极管的测试：引脚朝下，面对有文字的一面，从左到右依次为 1、2、3 号引脚，写出各引脚名称，并写出三极管的类型。

表 5-2　元器件清单

序　号	名　称	配件图号	测试结果
1	电阻器	R_1	用万用表测得的实际阻值为________Ω
2	电阻器	R_2	用万用表测得的实际阻值为________Ω
3	电阻器	R_3	用万用表测得的实际阻值为________Ω
4	电阻器	R_4	用万用表测得的实际阻值为________Ω
5	电阻器	R_5	用万用表测得的实际阻值为________Ω
6	电阻器	R_6	用万用表测得的实际阻值为________Ω
7	电阻器	R_7	用万用表测得的实际阻值为________Ω
8	电阻器	R_8	用万用表测得的实际阻值为________Ω
9	可调电位器	R_{P1}	用万用表测得的实际最大阻值为________Ω
10	电容器	C_1、C_3	长引脚为________极，耐压值为________V
11	电容器	C_2、C_4、C_5	此电容的容量是________

续表

序　号	名　称	配件图号	测试结果
12	发光二极管	POWETR+、POWER−	长脚为________极，挡位为________，红表笔接________极，发光二极管发光
13	双向稳压管	VD_1	型号参数________
14	LM358	U_1	—
15	DIP-8 座子		—
16	连孔板		—

三、电路制作与调试

1．装配工艺

三角波方波发生器的装配工艺卡片如表 5-3 所示。

表 5-3　三角波方波发生器的装配工艺卡片

装配工艺卡片				工序名称	产品名称
				插件及焊接	三角波方波发生器
					产品型号
工序号	装入件及辅材代号、名称、规格			数量	插装工艺要求
1	R_1	碳膜电阻	RT114-1.5kΩ±1%	1	卧式安装，水平贴板
2	R_2	碳膜电阻	RT114-1.5kΩ±1%	1	卧式安装，水平贴板
3	R_3	碳膜电阻	RT114-10kΩ±1%	1	卧式安装，水平贴板
4	R_4	碳膜电阻	RT114-1kΩ±1%	1	卧式安装，水平贴板
5	R_5	碳膜电阻	RT114-10kΩ±1%	1	卧式安装，水平贴板
6	R_6	碳膜电阻	RT114-10kΩ±1%	1	卧式安装，水平贴板
7	R_7	碳膜电阻	RT114-1kΩ±1%	1	卧式安装，水平贴板
8	R_8	碳膜电阻	RT114-5.1kΩ±1%	1	卧式安装，水平贴板
9	C_1、C_3	电解电容	CC1-16V-220μF±20%	2	立式安装，水平贴板
10	C_2、C_4、C_5	瓷片电容	CC1-100V-104pF±20%	3	立式安装，引脚高度为 3～5mm
11	POWETR+、POWER−	发光二极管	LED 5#	2	立式安装，水平贴板
12	VD_1	双向稳压管	P6KE8.2CA	1	卧式安装，水平贴板
13	U_1	集成 IC	LM358	1	水平贴板
14	R_{P1}	电位器	RES-VR　10kΩ	1	水平贴板
15		接线座	含螺母	2	水平贴板
16		接线端子	3.96mm	2	水平贴板
焊接工艺要求：符合通用手工焊接规范，焊点整洁、圆润、光滑、无虚焊、漏焊、冷焊等现象。剪脚整齐，引脚末端留存 0.5～1mm					

2．装配注意事项

（1）按电路原理图熟悉印制电路板上电路元器件的布局。

（2）按工艺要求对元器件的引脚进行成形加工。

（3）在印制电路板上依次进行元器件的排列、插装。

（4）按焊接工艺要求对元器件进行焊接，直到所有元器件连接并焊完为止。

（5）焊接电源输入线（或端子）和信号输入/输出端子。

（6）要求。

① 不漏装、错装，不损坏元器件。

② 无虚焊，漏焊和桥接，焊点表面要光滑、干净。

③ 元器件排列整齐，布局合理，并符合工艺要求。

四、电路测试与分析

（1）装接完毕，检查无误后，用万用表测量电路的电源两端，若无短路，方可接入±9V 电源。加入电源后，如无异常现象，可开始调试。

（2）用示波器测量 J4 的波形，调节 R_{P1}，频率变化范围为________。

（3）用示波器测量 J5 的波形，调节 R_{P1}，频率变化范围为________。

Loading

技能实训 2　精密整流电路制作

二极管具有单向导电性，是最常用的整流元件。由它可以构成许多整流电路，如半波整流、全波整流、桥式整流等，但二极管的非线性将产生相当大的误差，整流的灵敏度和精度都不是很高，电压损耗相当大。这里介绍一种用集成运放和二极管构成的整流电路，可以克服二极管整流电路的缺点，其精度和效率大大提高。

一、认识电路

1．电路工作原理

图 5-5 是用运放 LM324 组成的高线性全波精密整流电路原理图。LM324 是四运放集成电路，采用 14 引脚双列直插塑料（陶瓷）封装。引脚排列如图 5-6 所示。它的内部包含四组形式完全相同的运算放大器，除电源共用外，四组运放相互独立。具有电源电压范围宽、静态功耗小、可单电源使用、价格低廉等优点，因此，被广泛应用在各种电路中。

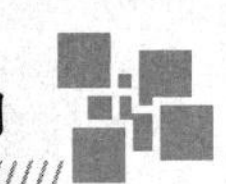

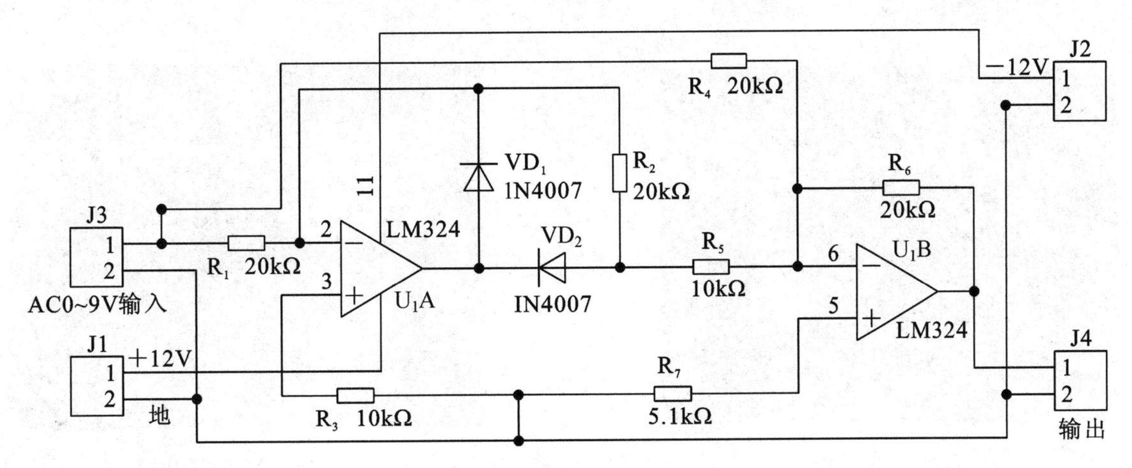

图 5-5　精密整流电路原理

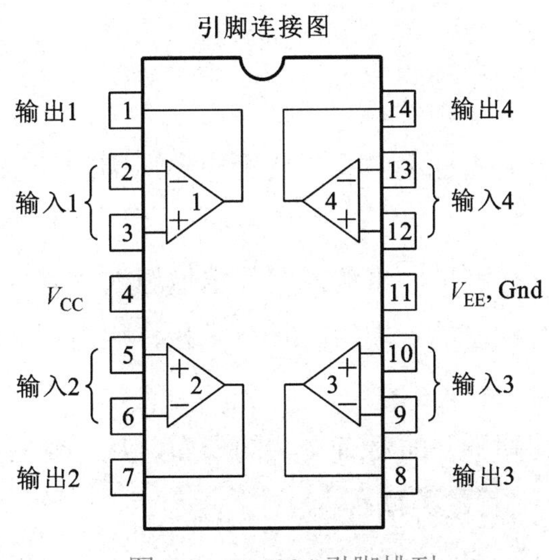

图 5-6　LM324 引脚排列

当信号正半周时，这时 U_1B 的输入信号有两个。

（1）U_1A 的输出电压=$-U_i$。

（2）由输入端直接传到 R_4 的电压=$+U_i$。

这时，U_1B 是一个加法器，利用叠加原理将这两个输入电压叠加，其输出电压为 $U_o=U_i$。

当信号负半周时，这时 U_1A 的输出为 0，U_1B 作为反相器，其输出电压为 $U_o=-U_i$。

在使用该电路时必须注意两点：（1）平衡电阻 R_3 和 R_7 的取值应满足：$R_3=R_1 \parallel R_2$；$R_7=R_4 \parallel R_5 \parallel R_6$；（2）输入电压 $U_i \leqslant \frac{\pm 12\text{V}}{\sqrt[2]{2}}$，以防输出电压失真，影响测试结果。

2. 实物图

精密整流电路印制电路板和装接实例如图 5-7 所示。

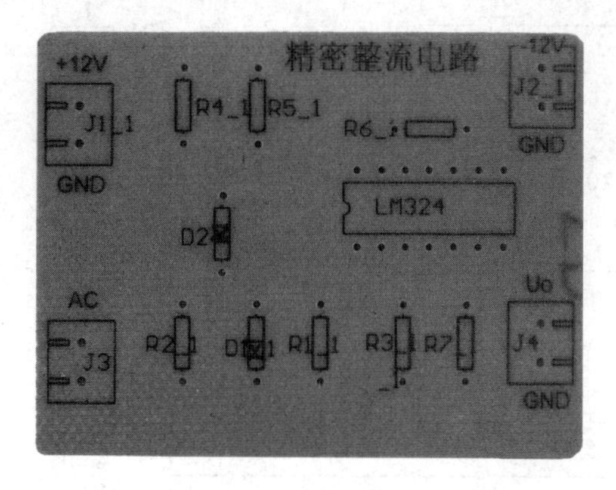

（a）印制电路板

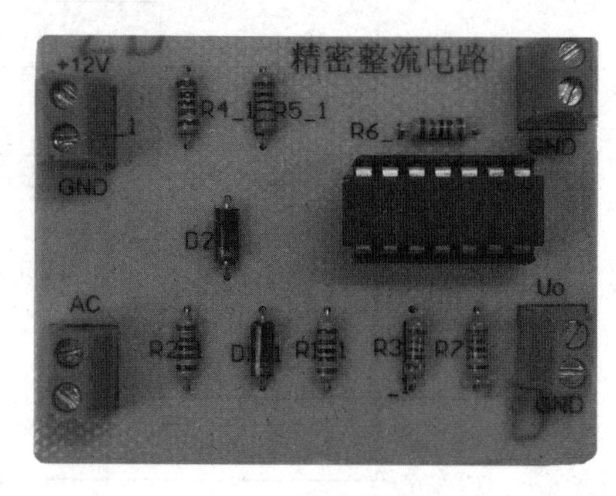

（b）装接实例

图 5-7　精密整流电路印制电路板和装接实例

二、元器件的选择与测试

根据电路原理图，从所给元器件袋中选择装配电路所需的元器件。按要求进行测试，并将测试结果填入表 5-4 中。

（1）用万用表对电阻器进行测量，将测得实际阻值填入“测试结果”栏。

（2）测试二极管：根据有标志的一端填写正、负极，用万用表测量其导通截止，并注明所用挡位，结果填入“测试结果”栏。

（3）三极管的测试：引脚朝下，面对有文字的一面，从左到右依次为 1、2、3 号引脚，在表中填写 b、e、c，并写出三极管的类型。

表 5-4　元器件清单

序　号	名　称	配件图号	测试结果
1	电阻	R_1、R_2、R_4、R_6	用万用表测得的实际阻值为________Ω
2	电阻	R_3、R_5	用万用表测得的实际阻值为________Ω
3	电阻	R_7	用万用表测得的实际阻值为________Ω
4	二极管	VD_1、VD_2	型号为________，有白色圈标记的为________极，正向导通时，红表笔接的是________极
5	LM324	U_1	—
6	接线端子（3.96mm）	J1-J4	—
7	芯片座	U_1	DIP14

三、电路制作与调试

1．装配工艺

精密整流电路的装配工艺卡片如表 5-5 所示。

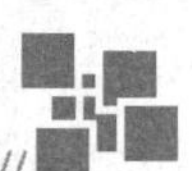

表 5-5 精密整流电路的装配工艺卡片

<table>
<tr><td colspan="4" rowspan="3">装配工艺卡片</td><td>工序名称</td><td>产品名称</td></tr>
<tr><td rowspan="2">插件及焊接</td><td>精密整流电路</td></tr>
<tr><td>产品型号</td></tr>
<tr><td>工序号</td><td colspan="3">装入件及辅材代号、名称、规格</td><td>数量</td><td>插装工艺要求</td></tr>
<tr><td>1</td><td>R_1</td><td>碳膜电阻</td><td>RT114-20kΩ±1%</td><td>1</td><td>卧式安装，水平贴板</td></tr>
<tr><td>2</td><td>R_2</td><td>碳膜电阻</td><td>RT114-20kΩ±1%</td><td>1</td><td>卧式安装，水平贴板</td></tr>
<tr><td>3</td><td>R_3</td><td>碳膜电阻</td><td>RT114-10kΩ±1%</td><td>1</td><td>卧式安装，水平贴板</td></tr>
<tr><td>4</td><td>R_4</td><td>碳膜电阻</td><td>RT114-20kΩ±1%</td><td>1</td><td>卧式安装，水平贴板</td></tr>
<tr><td>5</td><td>R_5</td><td>碳膜电阻</td><td>RT114-10kΩ±1%</td><td>1</td><td>卧式安装，水平贴板</td></tr>
<tr><td>6</td><td>R_6</td><td>碳膜电阻</td><td>RT114-20kΩ±1%</td><td>1</td><td>卧式安装，水平贴板</td></tr>
<tr><td>7</td><td>R_7</td><td>碳膜电阻</td><td>RT114-5.1kΩ±1%</td><td>1</td><td>卧式安装，水平贴板</td></tr>
<tr><td>8</td><td>R_8</td><td>碳膜电阻</td><td>RT114-5.1kΩ±1%</td><td>1</td><td>卧式安装，水平贴板</td></tr>
<tr><td>9</td><td>VD_1</td><td>二极管</td><td>1N4007</td><td>1</td><td>卧式安装，水平贴板</td></tr>
<tr><td>10</td><td>VD_2</td><td>二极管</td><td>1N4007</td><td>1</td><td>卧式安装，水平贴板</td></tr>
<tr><td>11</td><td></td><td>IC 插座</td><td>DIP14</td><td>1</td><td>水平贴板</td></tr>
<tr><td>12</td><td>U_1</td><td>集成 IC</td><td>LM358</td><td>1</td><td>双列直插</td></tr>
<tr><td>13</td><td></td><td>接线座</td><td>含螺母</td><td>4</td><td>水平贴板</td></tr>
<tr><td colspan="6">焊接工艺要求：符合通用手工焊接规范，焊点整洁、圆润、光滑、无虚焊、漏焊、冷焊等现象。剪脚整齐，引脚末端留存 0.5～1mm</td></tr>
</table>

2．装配注意事项

（1）按电路原理图熟悉印制电路板上电路元器件的布局。

（2）按工艺要求对元器件的引脚进行成形加工。

（3）在印制电路板上依次进行元器件的排列、插装。

（4）按焊接工艺要求对元器件进行焊接，直到所有元器件焊完为止。

（5）焊接电源输入线（或端子）和信号输入/输出端子。

（6）要求。

① 不漏装、错装，不损坏元器件。

② 无虚焊，漏焊和桥接，焊点表面要光滑、干净。

③ 元器件排列整齐，布局合理，并符合工艺要求。

注意： 必须将集成电路插座 DIP14 焊接在电路板上，再将集成块 U_1 插在插座上。

具体可参考实物装接图，其中，色环电阻器、采用水平安装，应贴紧印制电路板。整流二极管为便于散热，应与印制电路板保持 3～5mm 的距离。

四、电路测试与分析

（1）装接完毕，检查无误后，将稳压电源的输出电压调整为±12V。对电路单元进行通电试验，如有故障应进行排除。

（2）在输入端 u_i 处，加上一个峰—峰值为150mV（示波器上测出的值），频率为1kHz的正弦信号，用示波器测量输出 u_o 的峰—峰值电压为________V。用示波器观察输入波形为_______；输出波形为_______。

Loading 技能实训3 LM386功率放大器制作

LM386是美国国家半导体公司生产的一款音频功率放大器，是一种低电压通用型音频集成功率放大器。具有自身功耗低、电压增益可调整、电压范围大、外接元件少和总谐波失真小等优点，广泛应用于收音机、电视机、对讲机和信号发生器等电子设备中。

一、认识电路

1. 电路工作原理

图5-8所示为LM386功率放大器电路原理。

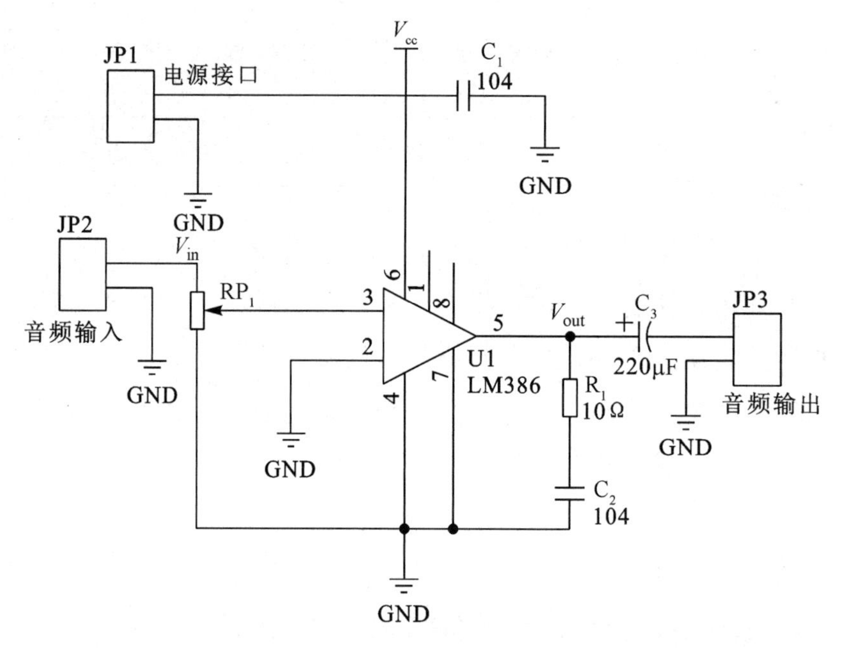

图5-8 LM386功率放大器电路原理

（1）LM386外形与引脚排列如图5-9所示。

（2）引脚介绍：LM386有两个信号输入端，2引脚为反相输入端，3引脚为同相输入端。

（3）电路工作原理。

用LM386组成的OTL功率放大电路，输入信号从同相输入端3引脚输入，输出信号从5引脚经220μF的耦合电容 C_3 输出。

6 引脚所接电容 C_1 为退耦滤波电容。输出端 5 引脚所接电阻 R_1 和电容 C_2 组成阻抗校正网络，抵消负载中的感抗分量，防止电路自激，有时也可省去不用。

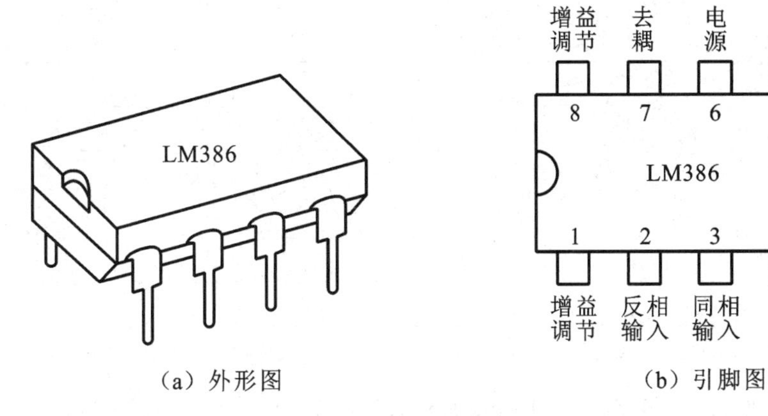

（a）外形图　　（b）引脚图

图 5-9　LM386 外形与引脚排列

2．实物图

LM386 功率放大器印制电路板和装接实例如图 5-10 所示。

（a）印制电路板

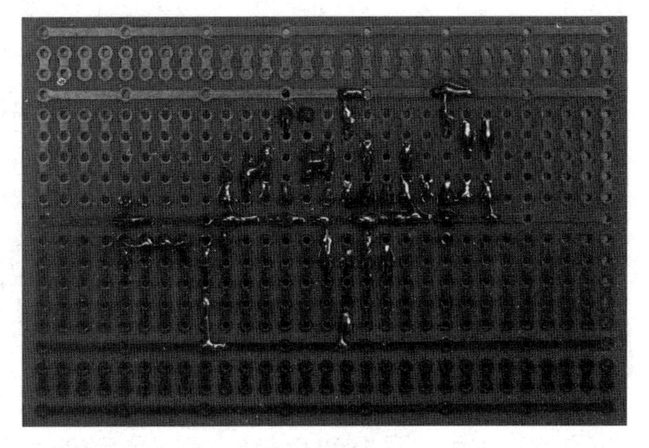

（b）装接实例

图 5-10　LM386 功率放大器印制电路和装接实例图

二、元器件的选择与测试

根据电路原理图，从所给元器件袋中选择装配电路所需的元器件。按要求进行测试，并将测试结果填入表 5-6 中。

表 5-6　元器件清单

序　号	名　称	配件图号	测试结果
1	电位器	R_{P1}	用万用表测得的实际最大阻值为________Ω
2	瓷片电容	C_1	此电容的容量是________
3	电解电容	C_3	此电容的容量是________
4	电解电容	C_2	此电容的容量是________

续表

序　　号	名　　称	配件图号	测试结果
5	电阻	R_1	用万用表测得的实际阻值为________Ω
6	3.5耳机插头	AC	—
7	扬声器	LS	—
8	LM386	U_1	—
9	单排针	JP1～JP3	—
10	芯片座	U_1	—
11	连孔板		—
12	导线		—

（1）用万用表对电阻器进行测量，将测得实际阻值填入“测试结果”栏。

（2）用万用表测试、检查电容器（根据长短引脚填写正、负极），读出耐压值、容量，将结果填入“测试结果”栏。

三、电路制作与调试

（1）按电路原理图的结构在单孔印制电路板上绘制电路元器件的布局草图。

（2）按工艺要求对元器件的引脚进行成形加工。

（3）按布局图在实验印制电路板上依次进行元器件的排列、插装。

（4）按焊接工艺要求对元器件进行焊接，直到所有元器件连接并焊完为止。

（5）焊接电源输入线（或端子）和信号输入/输出端子。

（6）要求。

① 不漏装、错装，不损坏元器件。

② 无虚焊，漏焊和桥接，焊点表面要光滑、干净。

③ 元器件排列整齐，布局合理，并符合工艺要求。

注意：必须先将集成电路插座DIP-8焊接在电路板上，再将集成块U_1插在插座上，C_1要尽量靠近I_C引脚（6引脚），减少电源的纹波干扰。

具体可参考如图5-10所示的LM386功率放大器装接实例图，其中，色环电阻器、采用水平安装，应贴紧印制电路板；电解电容采用立式安装，注意极性，电容器底部尽量贴紧印制电路板；电位器采用立式安装，底部尽量贴紧印制电路板。

四、电路测试与分析

（1）装接完毕，检查无误后，将稳压电源的输出电压调整为5～9V。对电路单元进行通电试验，如有故障应进行排除。

（2）在输入端u_i处，加上一个峰—峰值为130mV（示波器上测出的值），频率为1kHz的正

弦信号，此时，应听到扬声器的发出响声。用示波器测量输出 u_o 的峰—峰值电压为 ________V，可求出 u_o 相对于 u_i 的电压增益为 ________dB。

第二部分　知识链接

Loading　知识点 1　电路中的反馈

一、反馈的概念

反馈的概念广泛应用于各行各业中，如在行政管理中，通过对执行部门工作效果（输出）的调研，修订政策（输入）；在销售业中，通过对商品销售（输出）的调研来调整进货商品种类和数量（输入），反馈的目的是通过输出对输入的影响来改善系统的运行状况。

在基本放大电路中，信号从输入端加入，经放大电路后由输出端取出，这是信号的正向传输方向。反馈就是将部分或全部信号从输出端反方向送回输入端，用来影响其输入量的措施。

反馈放大电路常用方框图如图 5-11 所示。图中 A 表示无反馈的放大电路，也称基本放大电路，这种状态称为放大器的开环状态。F 代表的是反馈电路，符号⊗代表信号的比较环节。输出信号（u_o 或 i_o）经反馈电路处理得到反馈信号（u_f 或 i_f）返送到输入端，与信号源（u_i 或 i_i）叠加产生净输入信号（u_i'或 i_i'）加至基本放大器的输入端，由此可见，反馈放大器是一个闭合回路，这种状态称为放大器的闭环状态。

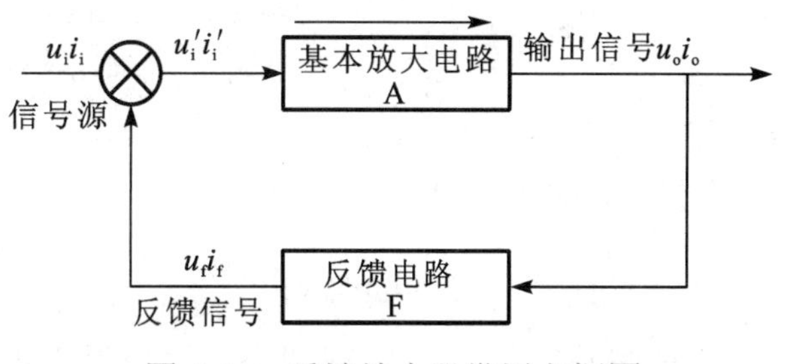

图 5-11　反馈放大器常用方框图

二、反馈的分类及判断

1．反馈的分类

反馈类型的分类如表 5-7 所示。

表 5-7　反馈类型的分类

分类方法	反馈类型	定义	说明
反馈极性	正反馈	反馈信号与信号源同相，是放大器的净输入信号增强的反馈	常用于振荡电路中
	负反馈	反馈信号与信号源反相，是放大器的净输入信号削弱的反馈	常用于改善放大器性能
反馈信号成分	直流反馈	反馈信号是直流量的反馈	主要用于稳定放大器的静态工作点
	交流反馈	反馈信号是交流量的反馈	可以改善放大器的交流性能

续表

分类方法	反馈类型	定义	说明
在输入端的连接方式	串联反馈	反馈信号与输入信号串联后加到放大器的输入端的反馈，如图5-12（a）所示	反馈信号与输入信号不在同一点连接
	并联反馈	反馈信号与输入信号并联后加到放大器的输入端的反馈，如图5-12（b）所示	反馈信号与输入信号在同一点连接
在输出端的连接方式	电压反馈	反馈信号取自放大电路的输出电压，与输出电压成正比，如图5-12（c）所示	取样环节与放大器输出端并联
	电流反馈	反馈信号取自放大电路的输出电流，与输出电流成正比，如图5-12（d）所示	取样环节与放大器输出端串联

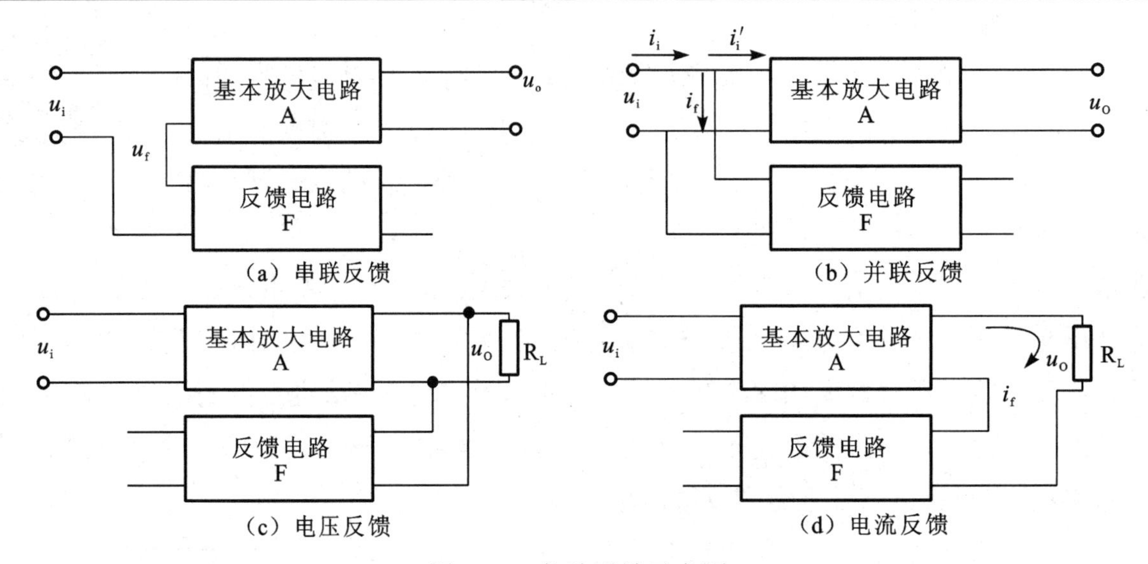

图5-12 各种反馈示意图

2. 反馈类型的判断

（1）正、负反馈的判别。

常用瞬时极性法来判别正、负反馈，判断过程为先假设放大电路的原输入信号的极性在某一瞬时为“+”或“−”，然后根据各种组态放大电路的输出与输入的极性关系，推出输出信号的瞬时极性为“+”或“−”，沿反馈回路回到输入端，最后将反馈信号与原输入信号比较，如果使净输入信号增加，则为正反馈；反之，则为负反馈。

（2）串、并联反馈的判别。

方法是假设将输入端短路时，若反馈信号为零，则为并联反馈；若反馈信号仍存在，则为串联反馈。值得注意的是，串联反馈总是以反馈电压的形式作用于输入回路，而并联反馈总是以反馈电流的形式作用于输入回路。

（3）电压、电流反馈的判别。

方法是假设把输出端短路时，若反馈信号消失，则属于电压反馈；若反馈信号依然存在，则属于电流反馈。

3．电路反馈类型判断

判断电路反馈类型步骤如下：

（1）电路中是否存在反馈；如果有反馈，其性质是正反馈还是负反馈。

（2）从输出回路看，反馈信号取自输出电压还是输出电流，以判断它是电压反馈还是电流反馈。

（3）从输入回路看，反馈信号是与原输入信号相串联还是相并联，以判断它是串联反馈还是并联反馈。

例 5-1　判断如图 5-13 所示电路中的反馈类型。

从图中可以看出，R_f 是输出和输入回路的反馈元件。

首先，根据瞬时极性法来判断正负反馈，假设两级放大器的输入端的极性为上正下负，即 VT_1 的基极为“+”，集电极倒相后为“−”，VT_2 的基极为“−”，集电极为“+”，通过 R_f 反馈至 R_{e1} 的上端为“+”，呈上升趋势，使净输入量 U_{be} 减小，故为负反馈。

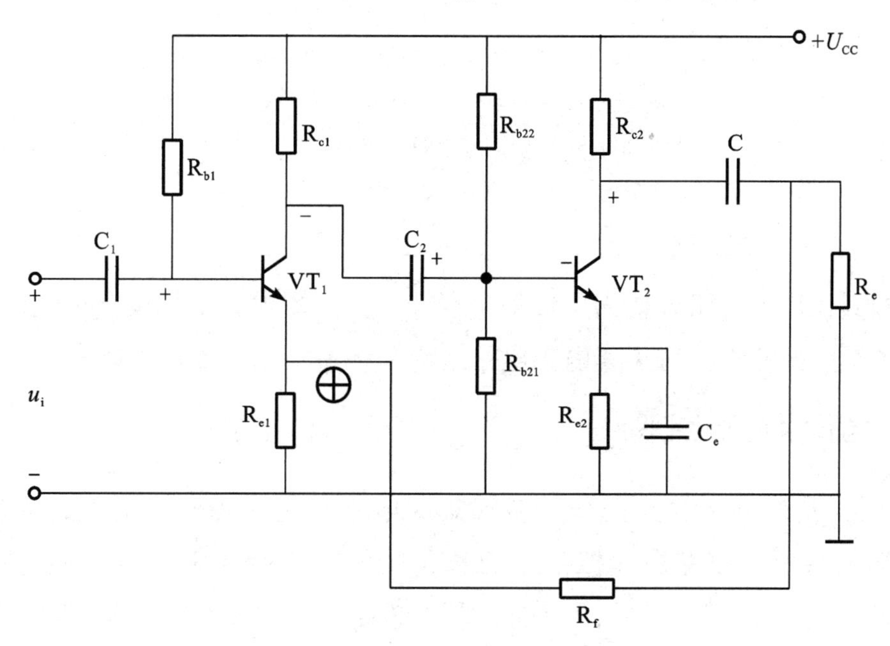

图 5-13　电路反馈类型

利用输出端短路法，假设输出端对地短路，反馈信号消失，则该反馈为电压反馈。

利用输入端短路法，假设输入端对地短路，反馈信号继续存在，则该反馈为串联反馈。

综上所述，该反馈形式为电压串联负反馈。

4．负反馈对放大电路性能的影响

负反馈是以牺牲放大电路的放大倍数来换取性能改善的，主要体现在以下四个方面：

（1）稳定放大倍数。

（2）减小非线性失真。

（3）展宽通频带。

（4）对输入电阻和输出电阻的影响。

Loading 知识点2 集成运算放大器

在半导体制造工艺基础上，把整个电路中的三极管、二极管、小电阻、小电容、连接导线等元器件制作在一块硅基片上，构成具有特定功能的完整电路或部分电路，称为集成电路。它与分立元件电路相比具有性能稳定、外部焊点少、安装方便、可靠性高、体积小、耗电少、成本低等优点。

集成电路按功能分为模拟集成电路和数字集成电路两大类，如表5-8所示。

表5-8 集成电路按功能分类

<table>
<tr><th colspan="2">类　型</th><th colspan="2">特点及主要作用</th></tr>
<tr><td rowspan="2">模拟集成电路</td><td>线性</td><td>三极管工作在线性放大区，输出信号与输入信号呈线性关系。如运算放大器，集成音频放大器，集成中、高频放大器</td><td rowspan="2">用于放大或转换连续变化的电信号</td></tr>
<tr><td>非线性</td><td>三极管工作在非线性区，输出信号与输入信号呈非线性关系。如集成开关稳压电源、集成振荡器、混频器、检波器</td></tr>
<tr><td colspan="2">数字集成电路</td><td colspan="2">主要处理数字信息</td></tr>
</table>

集成电路按其他形式还可分化为单极型、双极型、大规模、中规模、小规模等。使用集成电路一般只需了解外部特性，对于其内部电路结构及制造工艺一般不去研究。

一、集成运放电路的组成

集成运算放大器简称运放，是一种多端集成电路，是一种价格低廉、用途广泛的电子器件。早期，运放主要用来完成模拟信号的求和、微分和积分等运算，故称为运算放大器。现在，运放的应用已远远超过运算的范围。它在通信、控制和测量等设备中得到广泛应用。

集成运放的型号和种类很多，内部电路也各有差异，但它们的基本组成部分相同，如图5-14所示。

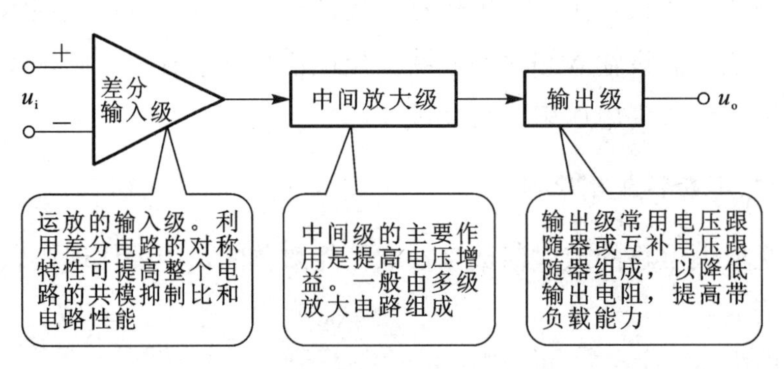

图5-14 集成运放电路的基本组成

集成运放内部主要有上述三个部分，其外部还常接有偏置电路，以便向各级提供合适的工作电流。

图 5-15 所示为常用 μA741 集成运放芯片产品实物图。

集成运放电路符号如图 5-16 所示，其中，图 5-16（a）是集成运放的国际标准符号，图 5-16（b）是集成运放的国际通行符号。输入端“+”为同相输入端，信号从该端输入时，在输出端信号相位不变；“-”为反相输入端，信号从该端输入时，输出端相位相反。

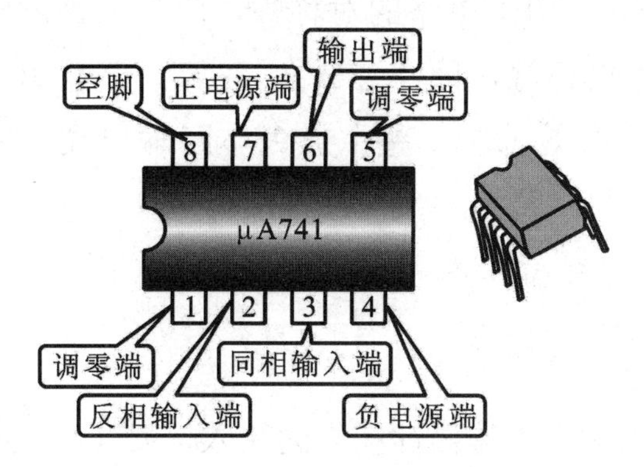

图 5-15　常用 μA741 集成运放芯片产品实物图

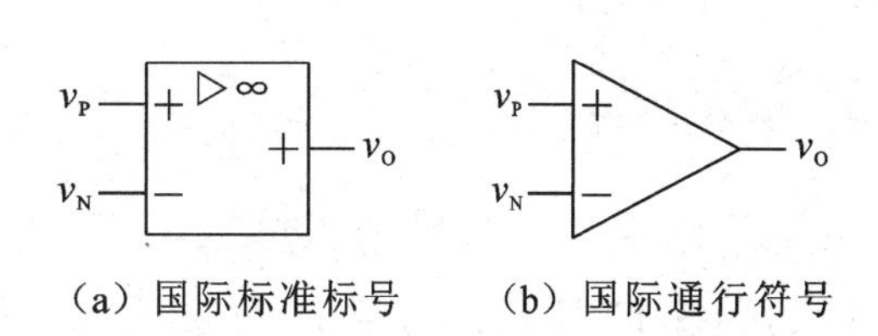

图 5-16　集成运放电路符号

二、差分放大电路

1. 零点漂移现象

人们在实验中发现，当直接耦合放大器的输入电压（u_i）为零时，输出电压（u_o）不为零且缓慢变化，这种现象称为零点漂移。如电源电压波动、元件老化、半导体元件随温度变化而产生的变化等都会产生输出电压的漂移，且逐级放大，当待测信号是直流信号或缓慢变化的交流信号时，在输出端很难区分什么是有用信号，什么是漂移电压，影响了放大电路正常工作。

在实际中，可以采用高质量的稳压电源和使用抗老化的元件，这就大大减小由此而产生的漂移，所以温度变化成了零点漂移的主要原因，因而零点漂移也称温度漂移，简称温漂。抑制温漂的措施很多，其中一个最有效的是应用差分放大电路。

2. 差分放大电路的组成

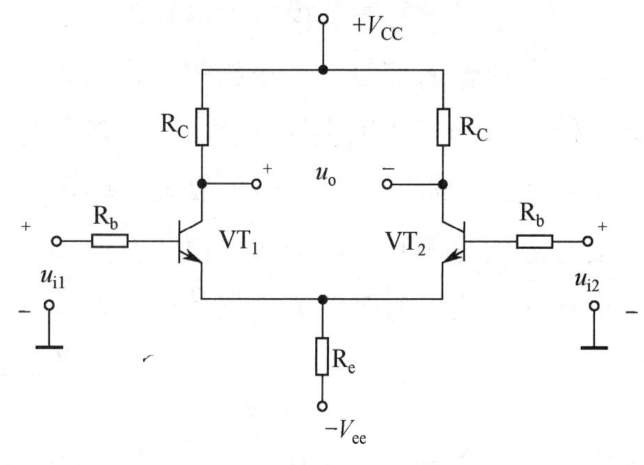

图 5-17　典型的基本差分放大电路

如图 5-17 所示，是典型的基本差分放大电路。该电路是由两个特性完全相同的三极管 VT_1 和 VT_2 组成的对称电路，电路由正、负两个极性的电源供电，有两个信号输入端，输入信号电压分

别为 u_{i1} 和 u_{i2}，一个信号输出端，输出信号从两个集电极取出，称为双端输出，图 5-17 所示为双输入/双输出差分放大电路。

根据输入信号的输入方式与输出信号取出方式不同，还有其他三种差分放大电路：单输入/单输出、单输入/双输出、双输入/单输出。本项目重点介绍双输入/双输出差分放大电路。

3．差分放大电路抑制零点漂移的原理

当环境温度发生变化时，两管的工作点发生变化。由于电路的对称性，两只三极管输出电压的变化量也应相同，显然，变化后的输出电压也相等，即 $u_{c1}=u_{c2}$，使放大器输出电压 $u_o=u_{c1}-u_{c2}=0$，两个管子的零点漂移相互抵消，从而有效抑制了整个放大电路输出端的零点漂移。

4．共模与差模

（1）共模信号与共模放大倍数。

对如图 5-17 所示的电路，当 u_{i1} 与 u_{i2} 所加信号为大小相等极性相同的输入信号（称为共模信号）时，由于电路参数对称，VT_1 和 VT_2 所产生的电流变化也相同，$\Delta i_{b1}=\Delta i_{b2}$，$\Delta i_{c1}=\Delta i_{c2}$，因此，集电极电位的变化也相等，$\Delta u_{c1}=\Delta u_{c2}$，因为输出电压为 VT_1 和 VT_2 的集电极电位差，所以输出电压 $u_o=u_{c1}-u_{c2}=(U_{CQ1}+\Delta u_{c1})-(U_{CQ2}+\Delta u_{c2})=0$，说明差分放大电路对共模信号具有很强的抑制作用。因为温度变化对三极管造成的影响是大小相等、变化方向一致的，所以温度漂移可以等效为共模信号。

为了描述差分放大电路对共模信号的抑制能力，引入一个新的参数，共模放大倍数 A_{uc}，定义为

$$A_{uc}=\frac{u_{oc}}{u_{ic}}=\frac{u_{oc1}-u_{oc2}}{u_{ic}}=0$$

式中，u_{ic} 为共模输入电压，u_{oc} 为共模输出电压。共模放大倍数代表差分放大电路抑制温漂的能力，要求越小越好，在理想情况下，$A_{uc}=0$。

（2）差模信号与差模放大倍数。

当所加输入信号为大小相等、极性相反的信号（称为差模信号）时，由于电路参数对称，VT_1 和 VT_2 所产生的电流变化大小相等而方向相反，这样得到的输出电压变化也是大小相等、方向相反，从而可以实现电压放大。差分放大电路又称差动放大电路，“差动”是指当两个输入端信号之间有差别时，输出电压才有变动的意思。

输入差模信号时的放大倍数称为差模放大倍数，记作 A_{ud}。定义为：

$$A_{ud}=\frac{u_{od}}{u_{id}}=\frac{u_{o1}-u_{o2}}{u_{i1}-u_{i2}}=\frac{2u_{o1}}{2u_{i1}}=-\frac{\beta R_c}{r_{be}+R_b}$$

式中，u_{id} 为差模输入电压，u_{od} 为差模输出电压。差模放大倍数代表放大电路的放大能力，要求越大越好。与单管放大器相比，虽然差分放大器用了两个三极管，但放大能力与一个三极管相

同，因而，差分放大器是以牺牲一个管子的放大倍数为代价，换取了低温漂的效果。

5. 共模抑制比

综上所述，差分放大电路要求共模放大倍数越小越好，差模放大倍数越大越好，为了综合考察差分放大电路对差模信号的放大能力和对共模信号的抑制能力，引入一个新的指标参数——共模抑制比，记作 K_{CMR}，定义为

$$K_{CMR}=|A_d/A_c|$$

K_{CMR} 值越大，说明电路性能越好，理想情况下，$K_{CMR}=\infty$。

三、集成运放的主要参数与特点

1. 主要参数

（1）μA741 集成运放的性能参数。

下面通过对 μA741 集成运放的介绍来了解集成运放的性能及参数，μA741 集成运放的性能参数如表 5-9 所示。

表 5-9　μA741 集成运放的性能参数

项　目	参　数	项　目	参　数
工作电压（$+V_{CC}$，$-V_{CC}$）	+3～18V，−18～−3V	工作频率	10kHz
最大输出电压	±8～±12V	输入电阻	2MΩ（高阻）
开环电压增益	100dB	输出电阻	75Ω（低阻）
静态功耗	50MW	输入电压范围	−13～+13V

（2）（理想）集成运放的主要参数。

① 开环电压增益 A_u 为 100～140dB。

② 开环差模输入电阻 $r_i \to \infty$。

③ 开环差模输出电阻 $r_o \to 0$。

④ 开环频带宽度 $BW \to \infty$。

满足上述条件的集成电路运放即理想运放，实际集成运放的参数基本接近于理想参数，因此，在分析实际集成运放工作时可以把它们近似看为理想运放。

集成运放型号较多，常用的型号有 μA741、LM741、LM324、LM353、CA3140 等。

2. 集成运放电路的工作特点

（1）集成运放的调零。

为减小运算的误差，集成运放在使用时需先调零，集成运放一般在外部设有调零端，将两输入端接地，调节 RP，使 u_o 为零，调零方式如图 5-18 所示。

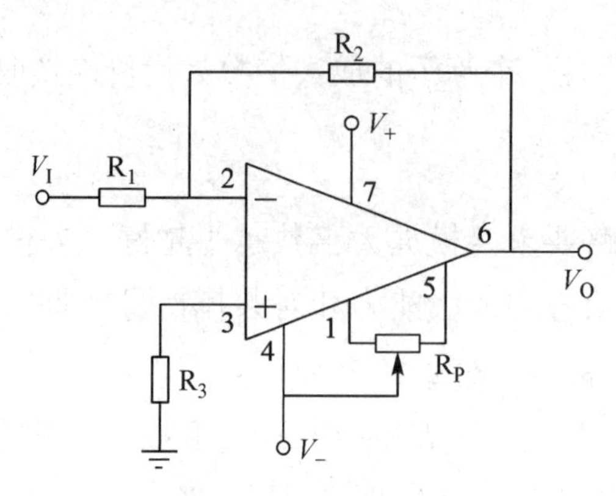

图 5-18　集成运放的调零

（2）理想运放的特性。

由表 5-9 所列出的参数可以看出，集成运放的开环电压增益很大，在电源电压为有限值的情况下，输入端电压近似为零。如输出 u_o=10V，A_{uo}=10^5，折合到输入端时，输入电压 u_i 为 10V/10^5=0.1mV。输入两端在分析时可以看成短路，$u_+ \approx u_-$，但实际并没有短接，这种特点称为“虚短”。

由参数表可以看出，由于集成运放输入电阻很大，输入电压很小，因此可认为其输入端输入电流近似为零，$i_+=i_-=0$，两输入端视为开路，但不是真正断开，这种特点称为“虚断”。

集成运放“二虚”的特点是集成运算放大器的分析基础。

四、集成运放的基本应用

集成运放的应用分为线性应用和非线性应用两大类。

集成运放只需在其外围加少数几个元件，就可以组成各种实用电路。为了使集成运放稳定正常工作，其在使用时都接有反馈电路，形成闭环结构形式，作为反馈放大电路使用。

1．集成运放的线性应用

1）反相比例运算电路

图 5-19 所示为反相比例运算电路，输入信号通过 R_1 加到反相输入端。

根据“二虚”概念，可得反相比例运算电路的闭环放大倍数，即：

$$A_{uf}=\frac{u_o}{u_i}-\frac{R_F}{R_1}$$

反相比例运算电路的闭环放大倍数 A_{uf} 只取决于外部电阻阻值，与开环放大倍数无直接关系。式中，“−”表示 u_i 与 u_o 相反。u_o 与 u_i 存在比例关系且相位相反，故称为反相比例运算电路。

R_F 跨接在输入与输出回路之间，因此是一个反馈元件，引入的是电压并联负反馈，使电路输入电阻 r_i 约等于 R_1，输出电阻 $r_o \to 0$。

2）同相比例运算电路

图 5-20 所示为同相比例运算电路，输入信号通过 R_2 加到同相输入端。

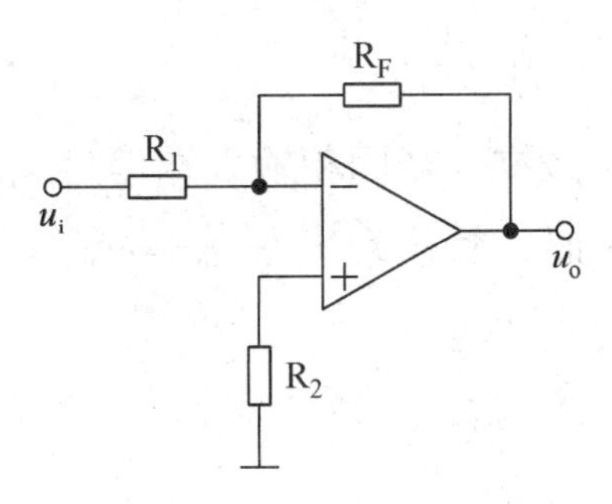

图 5-19　反相比例运算电路

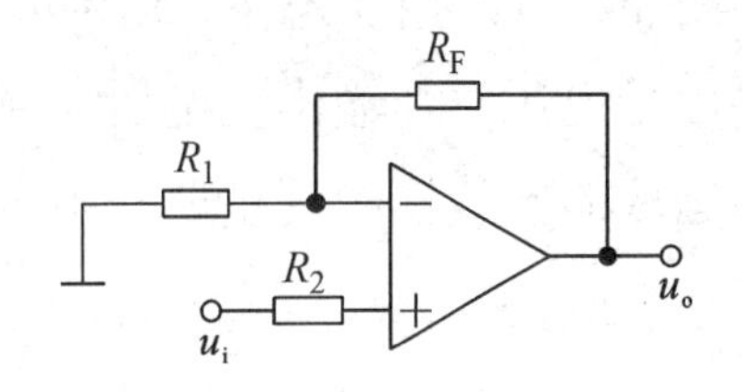

图 5-20　同相比例运算电路

根据“二虚”概念，可得同相比例运算电路的闭环放大倍数，即：

$$A_{uf}=\frac{u_o}{u_i}=\left(1+\frac{R_F}{R_1}\right)$$

同相比例运算电路的闭环放大倍数 A_{uf} 只取决于外部电阻阻值，与开环放大倍数无直接关系。u_o 与 u_i 存在比例关系且相位相同，故称为同相比例运算电路。

R_F 引入的是电压串联负反馈，使电路输入电阻 $r_i\to\infty$，比反相比例运算电路高很多，输出电阻 $r_o\to 0$。

3）反相加法比例运算电路

图 5-21 所示为反相加法运算电路，在运放的反相输入端输入多个信号。

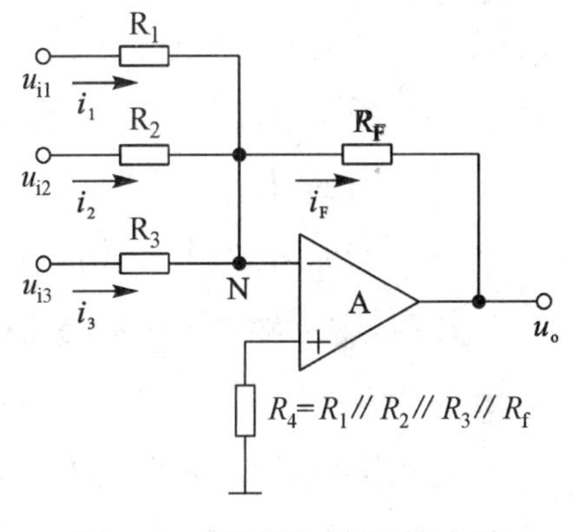

图 5-21　反相加法运算电路

由反相加法比例运算电路的输出电压公式：

$$u_o=-\left(\frac{R_F u_{i1}}{R_1}+\frac{R_F u_{i2}}{R_2}+\frac{R_F u_{i3}}{R_3}\right)$$

由上式可知，电路的输出电压 u_o 正比于各输入电压 u_{i1}、u_{i2}、u_{i3} 的比例之和，故被称为反相加法比例运算电路。

4）减法比例运算电路

图 5-22 所示为减法比例运算电路，一般需要设置运放两输入端输入电阻对称。两输入信号分别加到运放电路的反相输入端与同相输入端。

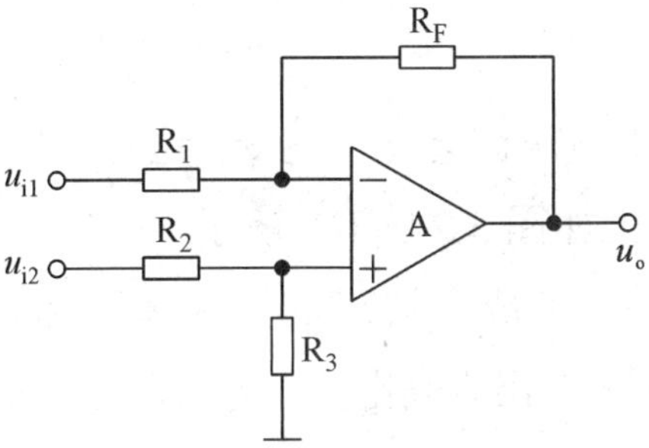

图 5-22　减法比例运算电路

由减法比例运算电路的输出电压公式：

$$u_o=\frac{R_F}{R_1}(u_{i2}+u_{i1})$$

由上式可知，电路的输出电压 u_o 等于从同相输入端输入的电压 u_{i2} 与从反相输入端输入的电压 u_{i1} 之差的比例值。此电路实现了对输入差模信号的比例运算，所以被称为差分比例运算电路。

2．集成运放的非线性应用

（1）集成运放应用于非线性电路时，处于开环或正反馈状态下。

（2）在非线性运用状态下，$u_+ \neq u_-$，“虚短概念”不再成立。当同相输入端信号电压大于反相输入端信号电压时，输出端电压 $u_o=+U_{om}$，当 u_+小于 u_-时，输出端电压 $u_o=-U_{om}$。

集成运放的非线性应用主要有电压比较器和非正弦波发生器。

3．电压比较器

电压比较器是对输入的两个电压的大小进行比较的电路，比较结果由输出高电平或低电平来表示。电路没有反馈，通常是开环，在两个输入端之间有微小的电压变化时，其输出电压极易达到正饱和值（接近正电源电压$+V_{CC}$）或负饱和值（接近负电源电压$-V_{EE}$）。

电路如图 5-23（a）所示。集成运放的同相输入端接参考电压 U_{REF}，被比较信号 u_i（输入电压）由反相输入端接入，输出电压 u_o 表示 u_i 与 U_{REF} 比较的结果。

由于集成运放处于开环工作状态，具有很高的开环差模电压放大倍数，因此有如下几种情况：

（1）当 $u_i<U_{REF}$，即 $u_+>u$ 时，集成运放处于正饱和状态，输出电压为正饱和值$+U_{om}$。

（2）当 $u_i>U_{REF}$，即 $u_+<u$ 时，集成运放处于负饱和状态，输出电压为负饱和值$-U_{om}$。

（3）当 $u_i=U_{REF}$ 时，输出电压发生跳变。

其电压传输特性如图 5-23（b）所示。输出电平发生跳变时所对应的输入电压被称为门限电压。

电压比较器的参考电压 U_{REF}，也可以从反相输入端输入，被比较信号 u_i 从同相输入端输入，其传输特性如图 5-23（c）所示。

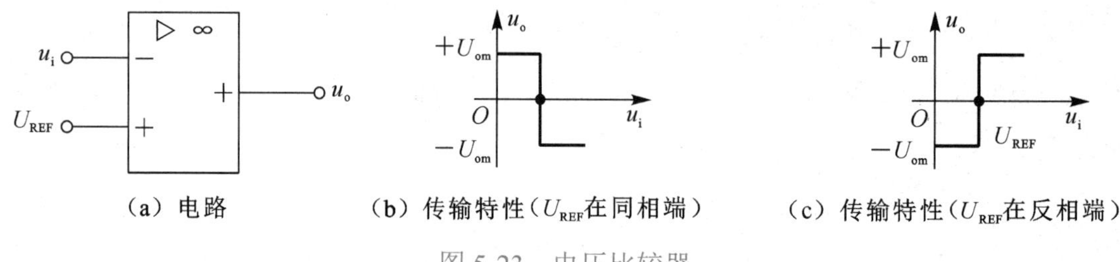

（a）电路　（b）传输特性（U_{REF}在同相端）　（c）传输特性（U_{REF}在反相端）

图 5-23　电压比较器

当参考电压 $U_{REF}=0$ 时，则输入信号电压每次过零时，其输出电压都会发生跳变，这种比较器称为过零电压比较器。其电路如图 5-24（a）所示，其传输特性如图 5-24（b）所示。

当过零比较器输入信号为正弦波时，输出信号为一矩形波，完成了波形的转换和整形，如图 5-25 所示。当 $u_i>0$ 时，输出为低电平，$u_o=-U_{om}$；当 $u_i<0$ 时，输出为高电平，$u_o=+U_{om}$。输出电平的高低与输入信号的幅度没有关系。

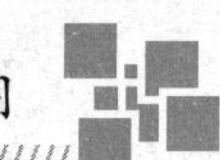

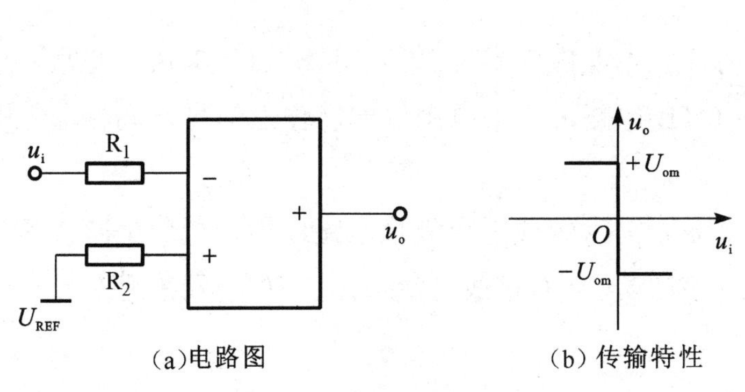

图 5-24　过零电压比较器

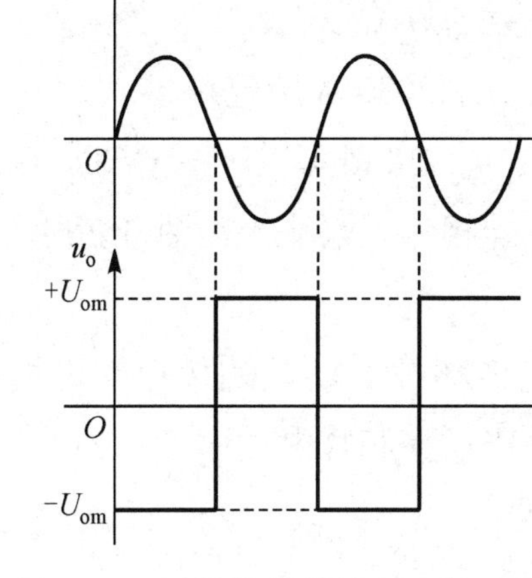

图 5-25　过零比较器输入、输出电压波形

知识点 3　集成低频功率放大器

目前，国内的集成功率放大器已有多种型号的产品，都具有体积小、工作稳定、易于安装和调试等优点，只要了解其外部特性和外接线路的正确连接方法，就能方便地使用它们。

1．TDA2030 集成功率放大器

TDA2030 引脚数最少、外接元件很少，电气性能稳定、可靠、适应长时间连续工作，且芯片内部具有过载保护和热切断保护电路。

（1）TDA2030 引脚排列和单电源典型应用电路如图 5-26 所示。

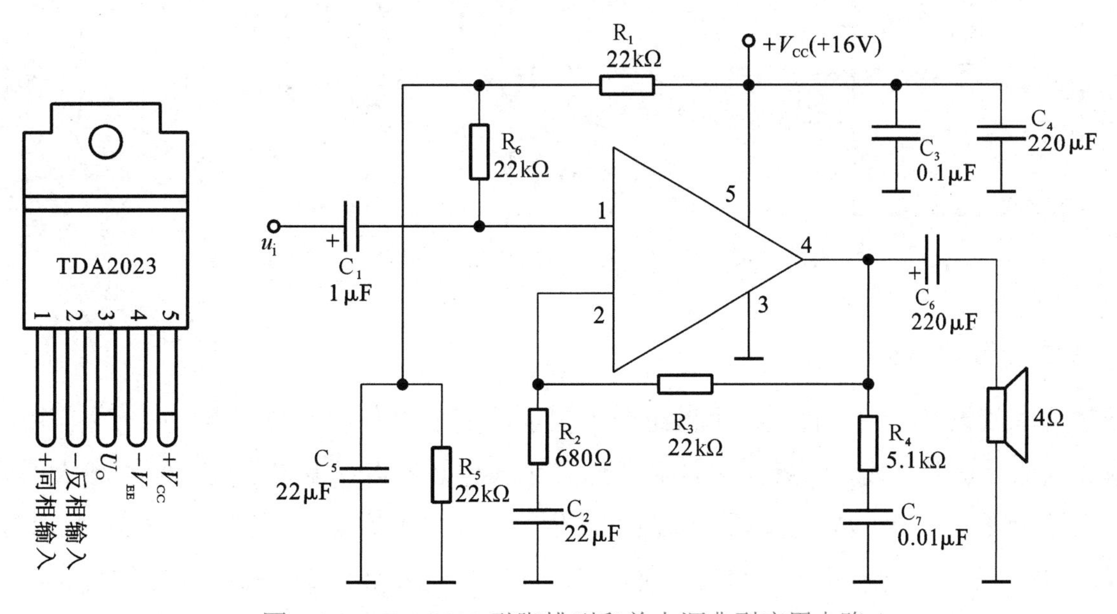

图 5-26　TDA2030 引脚排列和单电源典型应用电路

（2）引脚介绍：有两个信号输入端，1 引脚为同相输入端，2 引脚为反相输入端，输入端的输入阻抗为 500kΩ以上。

（3）TDA2030 应用电路。

用 TDA2030 既可以组成 OCL 电路（需要双电源供电），又可以组成 OTL 电路。通常，输入信号从同相输入端输入。图 5-26 所示为 OTL 电路，由单电源供电，输入信号从同相输入端输入。

在图 5-26 中，C_3、C_4 为电源退耦电容；R_4 与 C_7 组成阻容吸收电路，用于避免电感性负载产生过电压击穿芯片内功率管；R_3、R_2、C_2 使 TDA2030 接成交流电压串联负反馈电路。

2. LA4100 系列集成功率放大器

LA4100 系列集成功率放大器主要是由日本三洋公司生产的，该系列主要有 4100、4101、4101、4112 等产品。不同国家及地区生产的 4100 系列产品，性能、外形、封装、指标等都相同，在实际使用中可以互换。

图 5-27 所示为 LA4100 引脚排列及由其组成的 OTL 集成功率放大器。

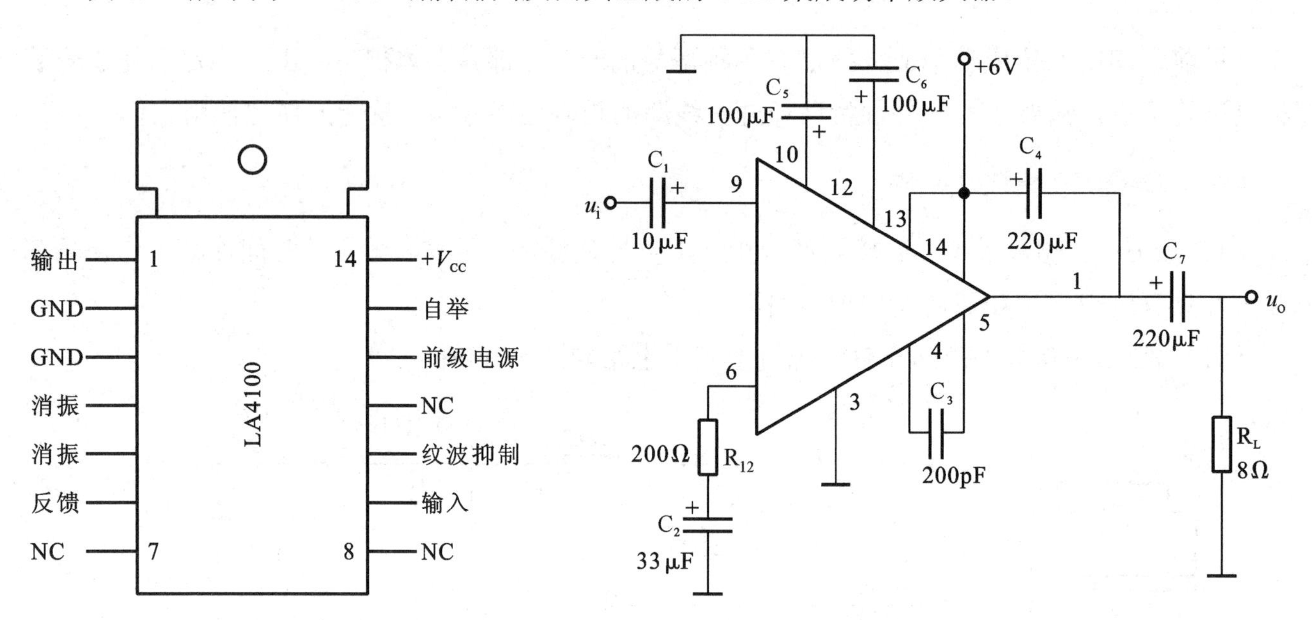

图 5-27 LA4100 引脚排列及由其组成的 OTL 集成功率放大器

3. 音频功率放大器

音频功率放大器已经有将近一个世纪的历史了，最早的电子管放大器的第一个应用就是音频功率放大器。随着技术的成熟，以及其所达到越来越好的声音重现效果，D 类放大器将主导音频放大器市场。目前，D 类音频功率放大器生产厂家主要有美国国家半导体公司（NS）、德州仪器（TI）、意法半导体公司（ST）、安森美公司（ONSEMI）等。另外，美信公司、飞思卡尔半导体公司也有相关产品推出。

Loading

理论测验

<<<<<<<<

一、判断题

1．“虚短”就是两点并不真正短接，但具有相等的电位。 （ ）

2．集成运放未接反馈电路时的电压放大倍数称为开环电压放大倍数。 （ ）

3．反相输入比例运算放大器是电压串联负反馈。 （ ）

4．同相输入比例运算电路的闭环电压放大倍数数值一定大于或等于1。 （ ）

5．电压比较器“虚断”的概念不再成立，“虚短”的概念依然成立。 （ ）

6．理想集成运放线性应用时，其输入端存在着“虚断”和“虚短”的特点。 （ ）

7．理想的集成运放电路输入阻抗为无穷大，输出阻抗为零。 （ ）

8．反相比例运放是一种电压并联负反馈放大器。 （ ）

9．同相输入比例运算放大器的闭环电压放大倍数一定大于或等于1。 （ ）

10．当集成运放工作在非线性区时，输出电压不是高电平，就是低电平。 （ ）

二、填空题

1．差动放大电路理想状况下要求两边完全对称，因为，差动放大电路对称性越好，对零漂抑制越__________。

2．差模输入是指__________，共模输入是指________________________。

3．差动放大电路的共模抑制比 K_{CMR}=____________。共模抑制比越小，抑制零漂的能力越_______。

4．差动放大电路的两个输入端就是集成运放的两个输入端。信号从反相端输入，则输出信号与输入信号的相位______；信号从同相输入端输入，则输出信号与输入信号的相位______。

5．集成运算放大电路是_______增益的______级_______耦合放大电路，内部主要由_________、_________、_________和__________四部分组成。

6．集成运放有两个输入端，其中，标有“–”号的称为_______输入端，标有“+”号的称为________输入端，“∞”表示__________________。

7．同相比例电路属_________负反馈电路，而反相比例电路属_________负反馈电路。

8．在反相比例电路中，_______构成反馈网络，为了增强负反馈，应增大_______。

9．当集成运放处于__________状态时，可运用___________和____________概念。

10．反相比例运算放大器，当 $R_f=R_1$ 时，称为_______________器，同相比例运算放大器，当 $R_f=0$，或 R_1 为无穷大时，称为_______________器。

三、选择题

1．集成运算放大器能处理（　　）。

A．直流信号　　B．交流信号

C．交流和直流信号　　D．所有信号

2．集成运放有（　　）。

A．一个输入端、一个输出端　　B．一个输入端、二个输出端

C．二个输入端、一个输出端　　D．二个输入端、二个输出端

3．根据反馈电路和基本放大电路在输入端的接法不同，可将反馈分为（　　）。

A．直流反馈和交流反馈　　B．电压反馈和电流反馈

C．串联反馈和并联反馈　　D．正反馈和负反馈

4．集成运放输入级一般采用的电路是（　　）。

A．差分放大电路　　B．射极输出电路

C．共基极电路　　D．电流串联负反馈电路

5．（　　）电路的输入阻抗大，（　　）电路的输入阻抗小。

A．反相比例　　B．同相比例　　C．基本积分　　D．基本微分

6．在（　　）电路中，电容接在集成运放的负反馈支路中，而在（　　）电路中，电容接在输入端，负反馈元件是电阻。

A．反相比例　　B．同相比例　　C．基本积分　　D．基本微分

四、问答题

1．集成运放一般由哪几部分组成，各部分的作用是什么？

2．何谓“虚地”？何谓“虚短”？在什么输入方式下才有“虚地”？若把“虚地”真正接地，集成运放能否正常工作？

3．集成运放的理想化条件有哪些？

五、计算题

1．由理想运放构成的电路如图 5-28 所示，试计算输出电压 u_o 的值。

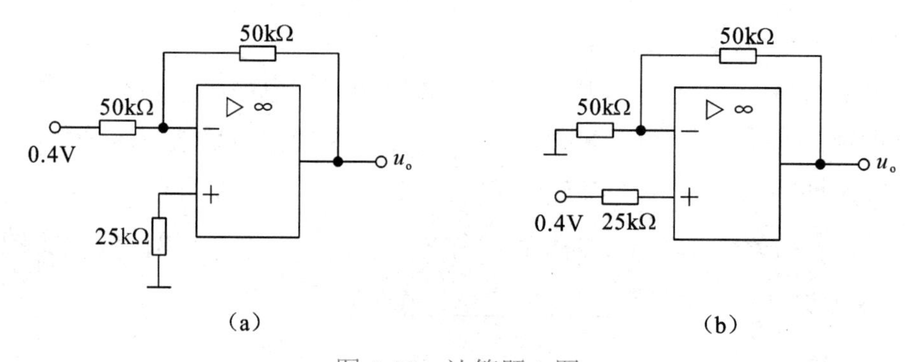

图 5-28　计算题 1 图

2．如图 5-29 所示，已知 $R_F=2R_1$，$U_I=-2V$，试求输出电压 U_o。

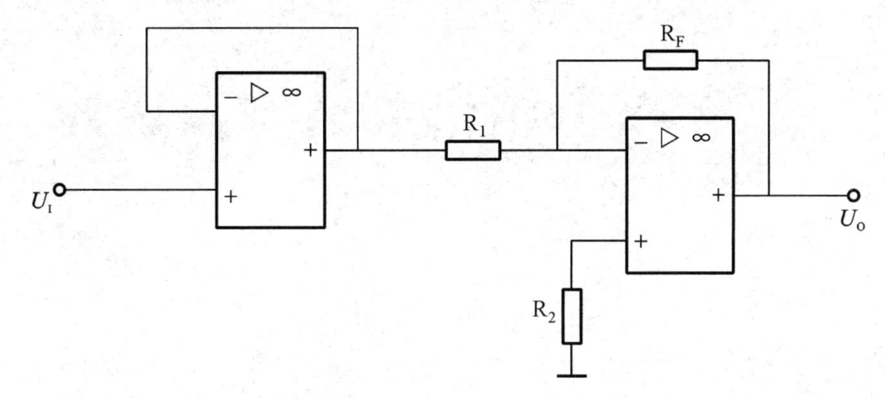

图 5-29　计算题 2 图

六、分析题

1．找出图 5-30 中放大电路的反馈元件，并判断反馈的类型。

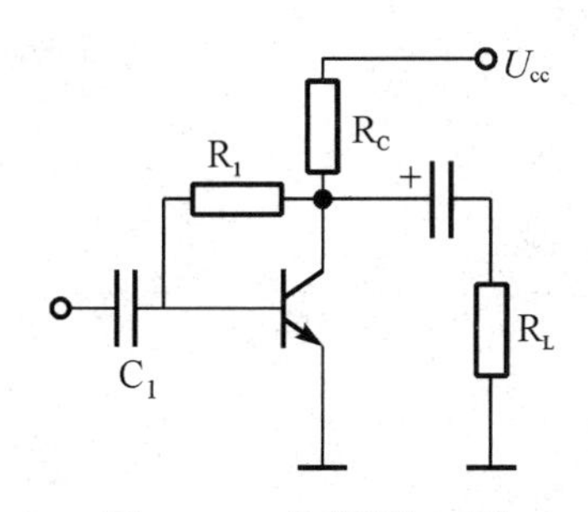

图 5-30　分析题 1 图

2．如图 5-31 所示，试判断电路中的反馈类型。

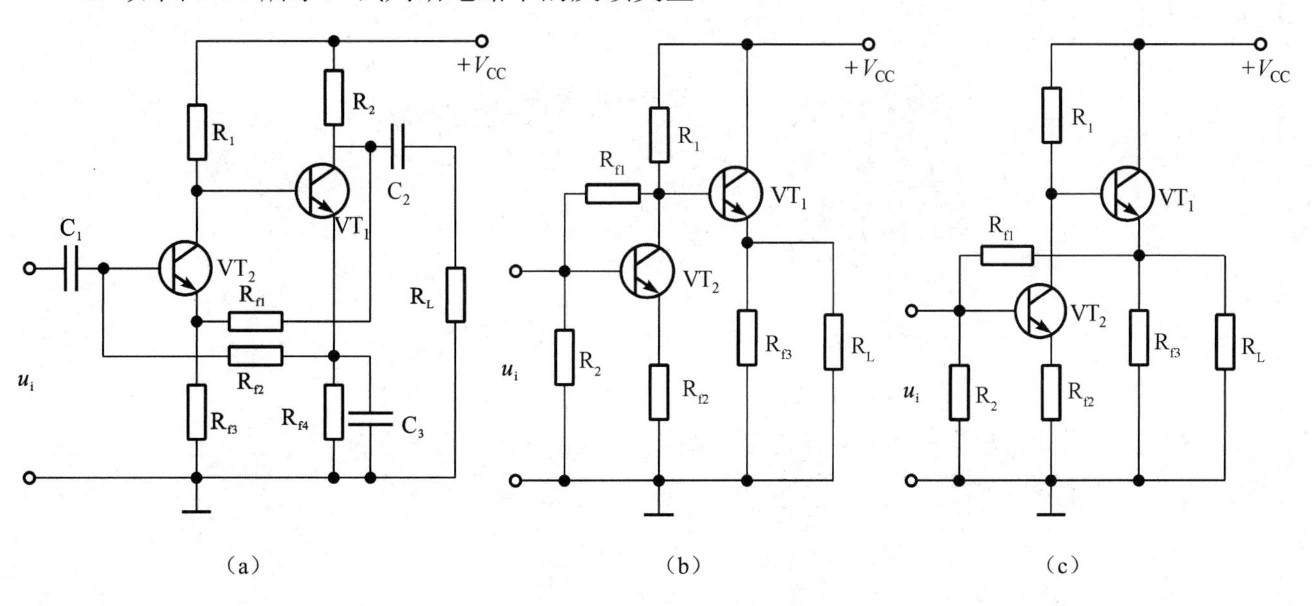

图 5-31　分析题 2 图

项目六 正弦波振荡器的认知及应用

在模拟电路中，常常需要各种波形的信号作为测试信号或控制信号，如正弦波、矩形波、三角波和锯齿波等，能产生这些信号的电路称为振荡电路。振荡电路是在没有外加输入信号的情况下，依靠电路自激振荡产生特定频率输出电压的电路。它广泛应用于测量、摇控、通信、自动控制、热处理和超声波电焊等加工设备之中。

本项目介绍常用的几种正弦波振荡电路的电路组成和工作原理，以及振荡器的安装和调试。

● **技能目标**

1. 会制作电容三点式正弦波振荡器电路并调试。
2. 会安装与调试 RC 桥式音频信号发生器。
3. 会安装与调试调频式无线话筒。
4. 会用示波器观测振荡波形，会用频率计测量振荡频率。

● **知识目标**

1. 掌握正弦波振荡器的组成框图及类型。
2. 理解产生自激振荡的条件。
3. 能识读 LC 振荡器、RC 桥式振荡器和石英晶体振荡器的电路图。
4. 了解振荡电路的工作原理及工作特点，能估算振荡频率。

第一部分　技能实训

Loading 技能实训 1　电容三点式正弦波振荡器制作 <<<<<<<<

LC 正弦波振荡器是比较常用的振荡器，其振荡频率很高，常用作高频信号源。由于其振荡频率高，因此，振荡器的放大电路需具有较高的上限频率，而一般集成运算放大器的带宽不能满足这个要求，因而，LC 振荡器常用分立元件组成。常见的 LC 正弦波振荡器有变压器耦合式 LC 振荡器和三点式 LC 振荡器，三点式振荡器又分为电感三点式和电容三点式振荡器。电容三点式正弦波振荡器具有振荡频率高、输出波性好等特点。

一、认识电路

1．电路工作原理

改进型电容三点式正弦波振荡器原理如图 6-1 所示。该电路为改进型电容三点式 LC 振荡器，又称西勒振荡器。它是在电容三点式 LC 振荡器基础上，将 L_2 与 C_7 并联后再与 C_5 串联代替原有电感构成。C_5、C_7、L_2 构成支路在振荡器的振荡频率上呈感性，所以，该电路实质上还是一个电容三点式振荡器，C_7 用来改变振荡器波段，如果将 C_5 和 C_7 都变为可调电容，则 C_5 用来粗调频率，C_7 用来微调频率，且改变频率时电路依旧可以稳定工作。

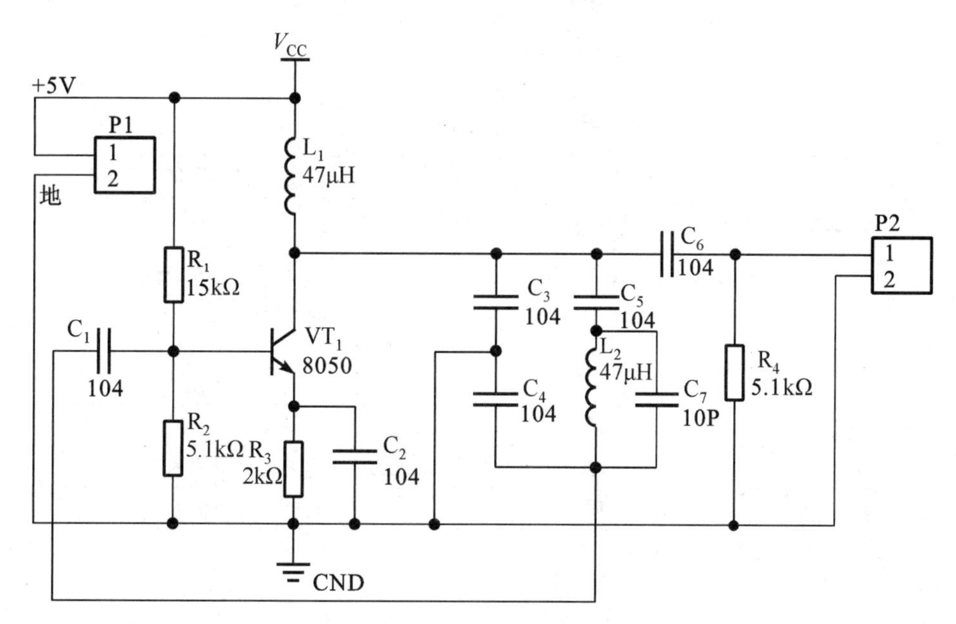

图 6-1　改进型电容三点式正弦波振荡器原理

振荡电路起振的原理：当电路通电后，噪声信号经放大电路放大后，LC 选频网络从噪声中

选出频率为 $f_0=\frac{1}{2\pi\sqrt{L_2(C_5+C_7)}}$ 的信号，由 C_4 引入正、反馈，送回放大电路输入端，再放大，如此循环，最终电路振荡起来，输出正弦波。

2. 实物图

改进型电容三点式正弦波振荡器印制电路板和装接实例如图 6-2 所示。

（a）印制电路板

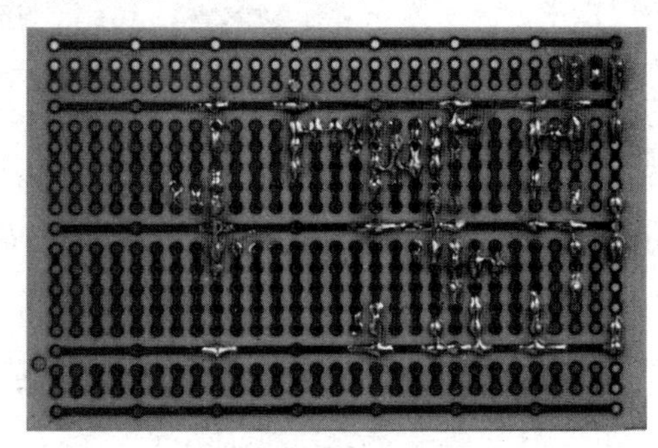
（b）装接实例

图 6-2 改进型电容三点式正弦波振荡器印制电路板和装接实例

二、元器件的选择与测试

根据电路原理图，从所给元器件袋中选择装配电路所需的元器件。按要求进行测试，并将测试结果填入表 6-1 中。

（1）用万用表对电阻器进行测量，将测得实际阻值填入“测试结果”栏。

（2）用万用表测试、检查电容器，读出电容容量，将结果填入“测试结果”栏。

（3）三极管的测试：引脚朝下，面对有文字的一面，从左到右依次为 1、2、3 号引脚，在表中填写引脚名称，并写出三极管的类型。

表 6-1 元器件清单

序号	名称	配件图号	测试结果
1	色环电感	L_1、L_2	电感量是________μH
2	独石电容	C_1、C_2、C_3	此电容的容量是________
3	独石电容	C_4、C_5、C_7	此电容的容量是________
4	瓷片电容	C_6	此电容的容量是________
5	电阻	R_1	用万用表测得实际阻值为________Ω
6	电阻	R_2	用万用表测得实际阻值为________Ω
7	电阻	R_3	用万用表测得实际阻值为________Ω
8	电阻	R_4	用万用表测得实际阻值为________Ω
9	三极管	VT_1	型号为________，1—________，2—________，3—________型（NPN，PNP）
10	接线端子	P1	—
11	单排针	P2	—
12	连孔板		—

三、电路制作与调试

（1）按电路原理图的结构在单孔印制电路板上绘制电路元器件的布局草图。

（2）按工艺要求对元器件的引脚进行成形加工。

（3）按布局图在实验印制电路板上依次进行元器件的排列、插装。

（4）按焊接工艺要求对元器件进行焊接，直到所有元器件连接并焊完为止。

（5）焊接电源输入线（或端子）和信号输入/输出端子。

（6）要求。

① 不漏装、错装，不损坏元器件。

② 无虚焊、漏焊和桥接，焊点表面要光滑、干净。

③ 元器件排列整齐，布局合理，并符合工艺要求。

具体可参考如图 6-2 所示的改进型电容三点式正弦波振荡器装接实物图，其中，色环电阻器、色环电感采用水平安装，应贴紧印制电路板；三极管、瓷片电容、独石电容采用立式安装，注意三极管和电容器与板间距要适当。

表 6-2　P2 端波形记录

<table>
<tr><th colspan="10">波　形</th><th>示　波　器</th><th>频　率　计</th></tr>
<tr><td></td><td></td><td></td><td></td><td></td><td></td><td></td><td></td><td></td><td></td><td rowspan="8">时间挡位：
周期：
峰—峰值：
幅度挡位：</td><td rowspan="8">频率：</td></tr>
<tr><td></td><td></td><td></td><td></td><td></td><td></td><td></td><td></td><td></td><td></td></tr>
<tr><td></td><td></td><td></td><td></td><td></td><td></td><td></td><td></td><td></td><td></td></tr>
<tr><td></td><td></td><td></td><td></td><td></td><td></td><td></td><td></td><td></td><td></td></tr>
<tr><td></td><td></td><td></td><td></td><td></td><td></td><td></td><td></td><td></td><td></td></tr>
<tr><td></td><td></td><td></td><td></td><td></td><td></td><td></td><td></td><td></td><td></td></tr>
<tr><td></td><td></td><td></td><td></td><td></td><td></td><td></td><td></td><td></td><td></td></tr>
<tr><td></td><td></td><td></td><td></td><td></td><td></td><td></td><td></td><td></td><td></td></tr>
</table>

四、电路测试与分析

装接完毕，检查无误后，将稳压电源的输出电压调整为 5V。对电路进行通电试验，如有故障应进行排除。

用示波器和频率计测量输出信号（P2 端）并记录到表 6-2 中。

Loading

技能实训 2　RC 正弦波振荡器制作 <<<<<<<<

LC 正弦波振荡器一般用来产生 1MHz 以上的高频正弦信号，当需要 1MHz 以下的正弦信号时，就需要采用 RC 正弦波振荡器，RC 桥式正弦波振荡器具有振荡频率稳定、带负载能力强、输出电压失真小等优点。

一、认识电路

1．电路工作原理

RC 正弦波振荡器原理如图 6-3 所示。

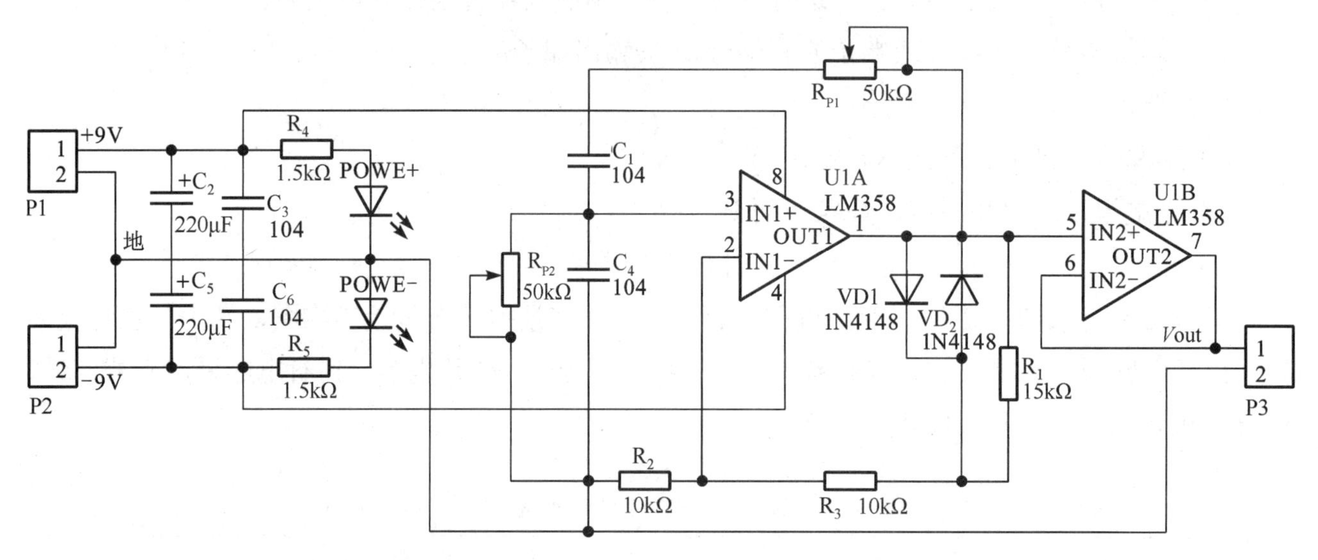

图 6-3　RC 正弦波振荡器原理

本电路以 U1A 为核心构成 RC 正弦波振荡器，选频网络由 R_1、C_1 和 R_2、C_2 组成的串并联电路组成，RC 串并联电路引入正反馈，满足相位平衡，U1A 构成放大电路，满足振幅平衡。电路中 VD_1、VD_2、R_3、R_5、R_{P1}、R_4 构成负反馈支路，VD_1 和 VD_2 对接，分别在输出波形正负两半周轮流工作，用来稳定输出波形幅度。U1B 构成跟随器，实现阻抗变换，提高输出信号驱动能力。

2．实物图

RC 正弦波振荡器印制电路板和装接实例如图 6-4 所示。

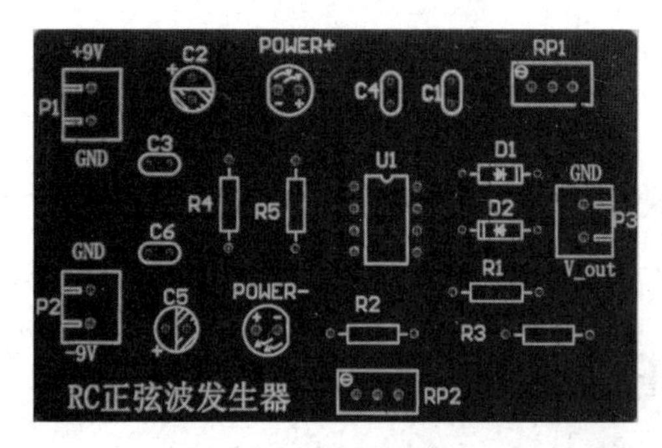

（a）印制电路板

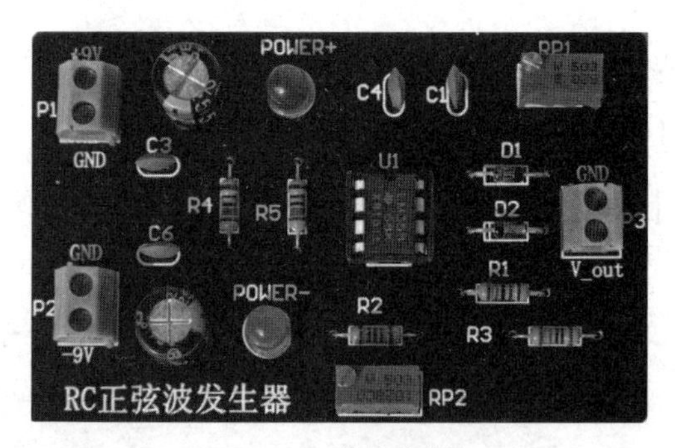

（b）装接实例

图 6-4　RC 正弦波振荡器印制电路板和装接实例

二、元器件的选择与测试

根据电路原理图，从所给元器件袋中选择装配电路所需的元器件。按要求进行测试，并将测试结果填入表 6-3 中。

（1）用万用表对电阻器进行测量，将测得实际阻值填入“测试结果”栏。

（2）用万用表对电位器的最大电阻进行测量，将测得实际阻值填入“测试结果”栏。

（3）用万用表测试、检查电容器（根据长短引脚填写正负极），读出耐压值、容量，将读识结果填入“测试结果”栏。

（4）测试二极管：根据有标志的一端填写正、负极，用万用表测量其导通截止，并注明所用挡位。

表 6-3　元器件清单

序　　号	名　　称	配件图号	测 试 结 果
1	电阻器	R_1	用万用表测得的实际阻值为________Ω
2	电阻器	R_2	用万用表测得的实际阻值为________Ω
3	电阻器	R_3	用万用表测得的实际阻值为________Ω
4	电阻器	R_4	用万用表测得的实际阻值为________Ω
5	电阻器	R_5	用万用表测得的实际阻值为________Ω
6	电位器	R_{P1}	用万用表测得的实际最大阻值为_________Ω
7	二极管	VD_1、VD_2	型号为_________，有白色圈（或黑圈）标记的为______极，正向导通时，红表笔接的是_______极
8	瓷片电容	C_1	此电容的容量是_______
9	瓷片电容	C_2	此电容的容量是_______
10	LM358	U_1	—
11	DIP-8 座子	—	—
12	单排针	—	—
13	单芯导线	—	—
14	印制电路板	—	—

三、电路制作与调试

1．装配工艺

RC 正弦波振荡器的电路装配工艺卡片如表 6-4 所示。

表 6-4　RC 正弦波振荡器的电路装配工艺卡片

装配工艺卡片				工序名称	产品名称
				插件及焊接	RC 正弦波振荡器
					产品型号
工序号	装入件及辅材代号、名称、规格			数量	插装工艺要求
1	R_1	碳膜电阻	RT114-15kΩ±1%	1	卧式安装，水平贴板
2	R_2、R_3	碳膜电阻	RT114-10kΩ±1%	2	卧式安装，水平贴板
3	R_4、R_5	碳膜电阻	RT114-1.5kΩ±1%	2	卧式安装，水平贴板
4	R_{P1}、R_{P2}	电位器	RES-VR　50kΩ	2	水平贴板
5	C_1、C_3 C_4、C_6	瓷片电容	CC1-100V-104P±20%	4	水平安装，引脚高度为 3～5mm
6	C_2、C_5	电解电容	CC1-16V-220μF±20%	2	立式安装，水平贴板
7	POWER+	发光二极管	LED 5#	1	立式安装，水平贴板
8	POWER−	发光二极管	LED 5#	1	立式安装，水平贴板
9	VD_1	二极管	1N4148	1	卧式安装，水平贴板
10	VD_2	二极管	1N4148	1	卧式安装，水平贴板
11		IC 插座	DIP8	1	水平贴板
12	U1	集成 IC	LM358	1	双列直插
13	P1、P2、P3	接线座	含螺母	3	水平贴板
焊接工艺要求：符合通用手工焊接规范，焊点整洁、圆润、光滑、无虚焊、漏焊、冷焊等现象。剪脚整齐，引脚末端留存 0.5～1mm					

2．装配注意事项

（1）按电路原理图的结构在单孔印制电路板上绘制电路元器件的布局草图。

（2）按工艺要求对元器件的引脚进行成形加工。

（3）按布局图在实验印制电路板上依次进行元器件的排列、插装。

（4）按焊接工艺要求对元器件进行焊接，直到所有元器件连接并焊完为止。

（5）焊接电源输入线（或端子）和信号输入/输出端子。

（6）要求。

① 不漏装、错装，不损坏元器件。

② 无虚焊、漏焊和桥接，焊点表面要光滑、干净。

③ 元器件排列整齐，布局合理，并符合工艺要求。

注意：必须先将集成电路插座 DIP-8 焊接在电路板上，再将集成块 U_1 插在插座上。具体可参考图 6-4 所示的 RC 正弦波振荡器装接实例，其中，色环电阻器采用水平安装，应贴紧印制电路板；瓷片电容、电解电容、发光二极管、电位器采用立式安装，发光二极管、电解电容应贴紧印制电路板，瓷片电容与印制电路板要保持适当距离。

四、电路测试与分析

装接完毕，检查无误后，用万用表测量电路的电源两端，若无短路，则可接入±9V 双电源。加入电源后，如无异常现象，则可开始调试。

用示波器和频率计测量 LM358 芯片 7 引脚的信号，调节 R_{P1} 并记录频率为_________，其峰—峰值为_____________。

Loading　技能实训 3　调频无线话筒制作 <<<<<<<<

我们在观看娱乐节目时，经常看到主持人或演员手中拿着话筒，但话筒下面没有长长的线与音响设备相连，这就是无线话筒。

一、认识电路

1．电路工作原理

图 6-5 所示为调频无线话筒原理。

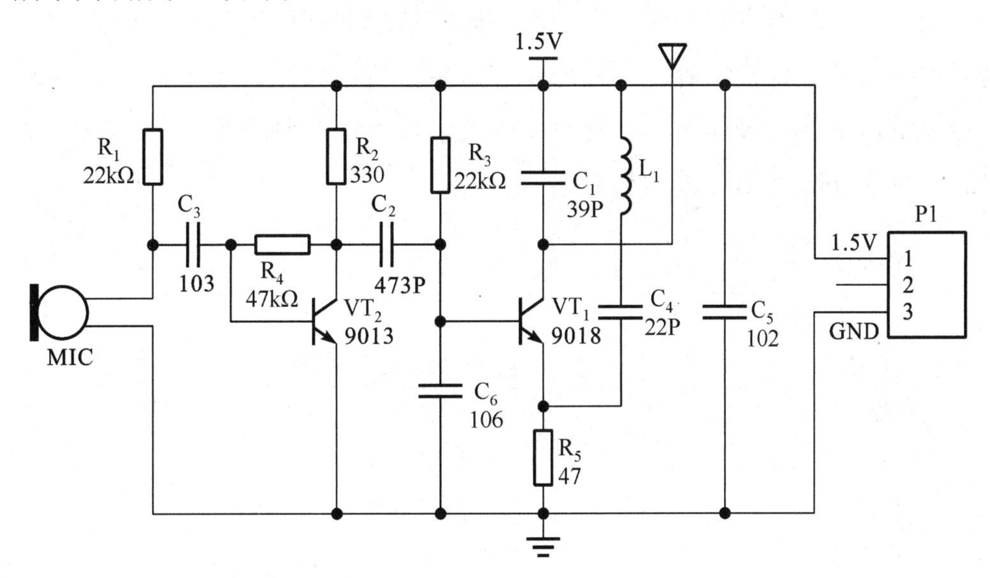

图 6-5　调频无线话筒原理

电路采用三点式振荡器，简单可靠，起振容易。三极管 VT_1 为振荡管，C_4 是正反馈电容，使电路满足相位平衡条件，L_1 和 C_1 为调谐回路，电路振荡频率由 L_1、C_1、C_4 和三极管结电容决定。C_2、C_3 为耦合电容，以三极管 VT_2 为核心构成电压放大器，把由话筒转换而来的音频电压信号进行放大。放大后经 C_2 耦合输入 VT_1 基极，使 VT_1 的集电极和基极间结电容随音频信号变化而变化，从而达到调频目的，经调频的音频信号经天线向空中辐射。

2. 实物图

调频无线话筒电路印制电路板和装接实例如图 6-6 所示。

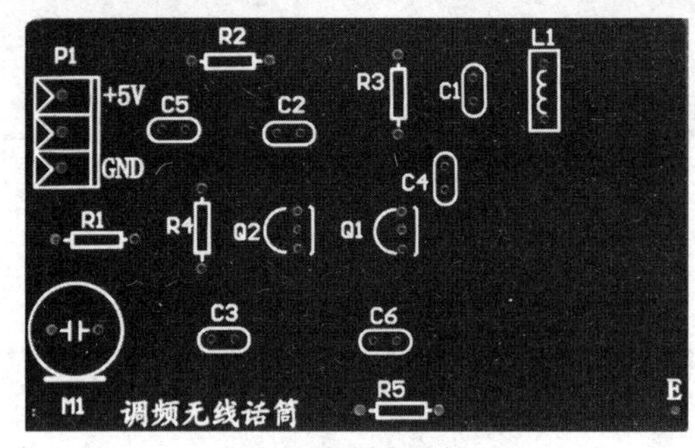

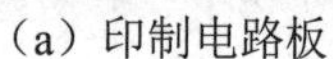
（a）印制电路板

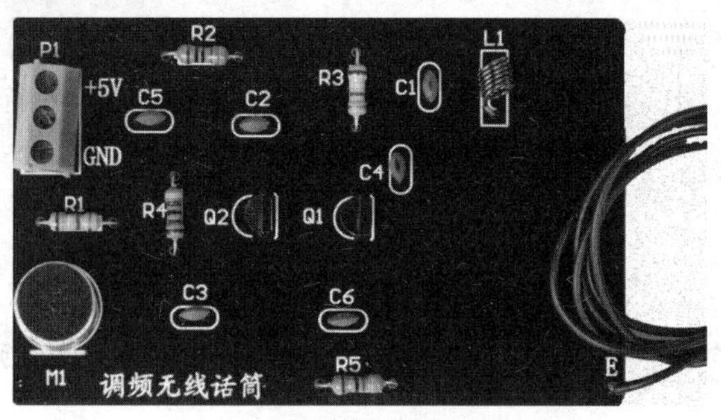

（b）装接实例

图 6-6 调频无线话筒电路印制电路板和装接实例

二、元器件的选择与测试

根据电路原理图，从所给元器件袋中选择装配电路所需的元器件。按要求进行测试，并将测试结果填入表 6-5 中。

（1）用万用表对电阻器进行测量，将测得实际阻值填入“测试结果”栏。

（2）用万用表测试、检查电容器，读出电容容量，将读识结果填入“测试结果”栏。

（3）三极管的测试：引脚朝下，面对有文字的一面，从左到右依次为 1、2、3 号引脚，在表中填写引脚名称，并写出三极管的类型。

表 6-5 元器件清单

序　号	名　称	配件图号	测试结果
1	电感	L_1	用万用表测试是否导通
2	瓷片电容	C_1	此电容的容量为________
3	瓷片电容	C_2	此电容的容量为________
4	瓷片电容	C_3	此电容的容量为________
5	瓷片电容	C_4	此电容的容量为________
6	瓷片电容	C_5、C_6	此电容的容量为________
7	电阻	R_1、R_3	用万用表测得实际阻值为________Ω
8	电阻	R_2	用万用表测得实际阻值为________Ω
9	电阻	R_4	用万用表测得实际阻值为________Ω
10	电阻	R_5	用万用表测得实际阻值为________Ω
11	三极管	VT_1	型号为________，1—________，2—________，3—________型（NPN，PNP）
12	三极管	VT_2	型号为________，1—________，2—________，3—________型（NPN，PNP）

续表

序　　号	名　　称	配件图号	测试结果
13	驻极体话筒	M_1	负极有何特点
14	接线端子	P1	—
15	印制电路板	—	—
16	导线	—	—

三、电路制作与调试

1．装配工艺

调频无线话筒的装配工艺卡片如表6-6所示。

表6-6　调频无线话筒电路装配工艺卡片

<table>
<tr><td colspan="4" rowspan="3">装配工艺卡片</td><td>工序名称</td><td>产品名称</td></tr>
<tr><td rowspan="2">插件及焊接</td><td>调频无线话筒</td></tr>
<tr><td>产品型号</td></tr>
<tr><td>工序号</td><td colspan="3">装入件及辅材代号、名称、规格</td><td>数量</td><td>插装工艺要求</td></tr>
<tr><td>1</td><td>R_1、R_3</td><td>碳膜电阻</td><td>RT114-24kΩ±5%</td><td>2</td><td>卧式安装，水平贴板</td></tr>
<tr><td>2</td><td>R_2</td><td>碳膜电阻</td><td>RT114-330kΩ±1%</td><td>1</td><td>卧式安装，水平贴板</td></tr>
<tr><td>3</td><td>R_4</td><td>碳膜电阻</td><td>RT114-47kΩ±1%</td><td>1</td><td>卧式安装，水平贴板</td></tr>
<tr><td>4</td><td>R_5</td><td>碳膜电阻</td><td>RT114-47kΩ±1%</td><td>1</td><td>卧式安装，水平贴板</td></tr>
<tr><td>5</td><td>C_1</td><td>瓷片电容</td><td>CC1-100V-39P±20%</td><td>1</td><td>水平安装，引脚高度为3～5mm</td></tr>
<tr><td>6</td><td>C_2</td><td>瓷片电容</td><td>CC1-100V-473P±20%</td><td>1</td><td>水平安装，引脚高度为3～5mm</td></tr>
<tr><td>7</td><td>C_3</td><td>瓷片电容</td><td>CC1-100V-103P±20%</td><td>1</td><td>水平安装，引脚高度为3～5mm</td></tr>
<tr><td>8</td><td>C_4</td><td>瓷片电容</td><td>CC1-100V-22P±20%</td><td>1</td><td>水平安装，引脚高度为3～5mm</td></tr>
<tr><td>9</td><td>C_5、C_6</td><td>瓷片电容</td><td>CC1-100V-102P±20%</td><td>2</td><td>水平安装，引脚高度为3～5mm</td></tr>
<tr><td>10</td><td>VT_1</td><td>三极管</td><td>S9018</td><td>1</td><td>立式安装，引脚高度为3～5mm</td></tr>
<tr><td>11</td><td>VT_2</td><td>三极管</td><td>S9013</td><td>1</td><td>立式安装，引脚高度为3～5mm</td></tr>
<tr><td>12</td><td>L_1</td><td>电感</td><td></td><td></td><td></td></tr>
<tr><td>13</td><td>驻极体话筒</td><td>MIC</td><td></td><td>1</td><td>立式安装，水平贴板</td></tr>
<tr><td>13</td><td>P1</td><td>接线座</td><td>含螺母</td><td>1</td><td>水平贴板</td></tr>
<tr><td colspan="6">焊接工艺要求：符合通用手工焊接规范，焊点整洁、圆润、光滑、无虚焊、漏焊、冷焊等现象。剪脚整齐，引脚末端留存0.5～1mm</td></tr>
</table>

2．装配注意事项

（1）按电路原理图的结构在单孔印制电路板上绘制电路元器件的布局草图。

（2）按工艺要求对元器件的引脚进行成形加工。

（3）按布局图在实验印制电路板上依次进行元器件的排列、插装。

（4）按焊接工艺要求对元器件进行焊接，直到所有元器件连接并焊完为止。

（5）焊接电源输入线（或端子）和信号输入/输出端子。

（6）天线用一条软多股铜芯电线就可以，长度为 30～100cm；电感 L，用漆包线在圆珠笔芯上缠 4～5 圈即可（5 圈频率在 85MHz 左右，4 圈会更高一些），焊接点处用刀片把绝缘漆处理掉；驻极体话筒 MIC，注意极性，外皮是负极，即焊点上有 3 根绿线连着的是负极。

（7）要求。

① 不漏装、错装，不损坏元器件。

② 无虚焊、漏焊和桥接，焊点表面要光滑、干净。

③ 元器件排列整齐，布局合理，并符合工艺要求。

具体可参考图 6-6 的调频无线话筒装接实例，其中，色环电阻器、色环电感采用水平安装，应贴紧印制电路板；三极管、瓷片电容、独石电容采用立式安装，注意三极管和电容器与印制电路板间距要适当。

四、电路测试与分析

装接完毕，检查无误后，将稳压电源的输出电压调整为 1.5V。对电路进行通电试验，如有故障则应进行排除。

接通电源，带上外语听力考试用收音机，选择 FM1，慢慢调节收音机接收频率（频率大多为 80～100MHz），并不断对驻极体话筒吹气，直到在收音机中能清晰地听到吹气声为止，此时，收音机频率就是你的调频话筒频率。如果在 FM1 上找不到调频话筒频率，则换至 FM2 频段，重复上面的调试过程。

第二部分　知识链接

知识点 1　调谐放大器

在电子电路系统中，信号的频率往往不是单一的，有时要求放大器只对某个频率的信号进行放大，而对其他频率的信号不进行放大。这就要求放大器具有选择频率的能力，这种具有选频能力的放大器，称为选频放大器，也称调谐放大器。

一、调谐放大器的工作原理

电工基础课程上曾经讲过，LC 并联电路在一定频率信号作用下能产生谐振，调谐放大器就是利用 LC 谐振回路的这种特性来进行选频的。图 6-7 为

LC 并联电路，其中，R 为回路和电感的等效损耗电阻。

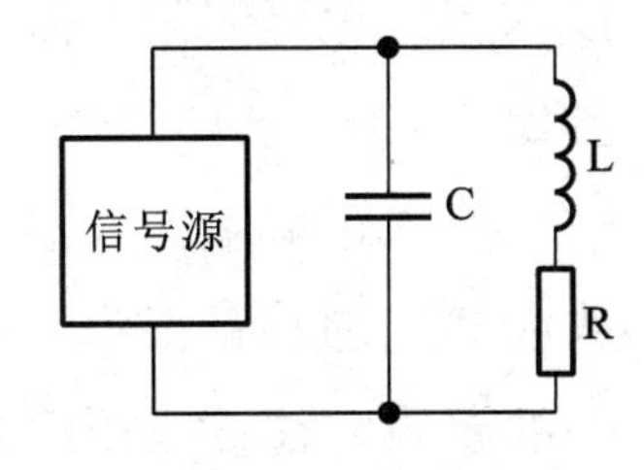

图 6-7　LC 并联电路

当信号频率 f 等于 LC 并联电路的谐振频率 f_0 时，即 $f=f_0$，LC 并联电路产生谐振，f_0 的大小与并联电路的电感 L 和电容 C 有关，即：

$$f_0=\frac{1}{2\pi\sqrt{LC}}$$

LC 并联电路产生谐振时，此时，LC 并联电路阻抗 Z 最大，电路两端电压和流进 LC 并联电路的电流之间的相位差 $\varphi=0$，电路呈纯阻性。这就是 LC 并联电路的阻抗频率特性和相位频率特性，表明 LC 并联电路具有选频能力。LC 并联电路的阻抗频率特性和相位频率特性曲线如图 6-8 所示。

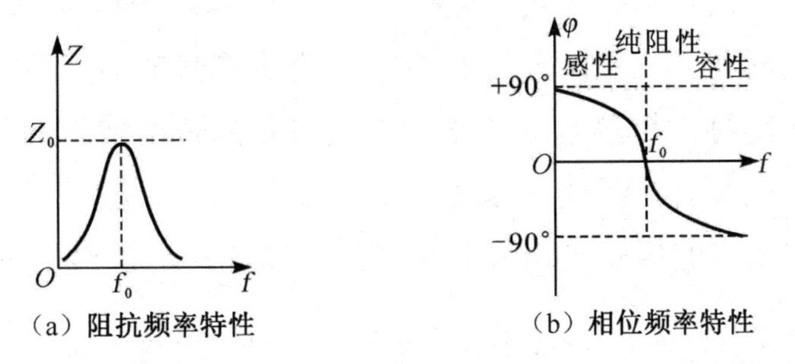

图 6-8　LC 并联电路的阻抗频率特性和相位频率特性曲线

若把 LC 并联电路作为放大器的输出端负载，则放大器就有了选频放大能力。当放大器的输入信号频率为谐振频率 f_0 时，LC 并联电路产生谐振且阻抗最大，则此时放大器输出电压最大，即放大器的放大倍数达到最大。LC 调谐放大器原理如图 6-9 所示。

二、单回路调谐放大器

单回路调谐放大器就是在每级放大器中仅有一个调谐回路，电路组成与前面所学低频放大器相似，只是把集电极电阻 R_c 用 LC 并联电路替换，电路如图 6-10 所示。

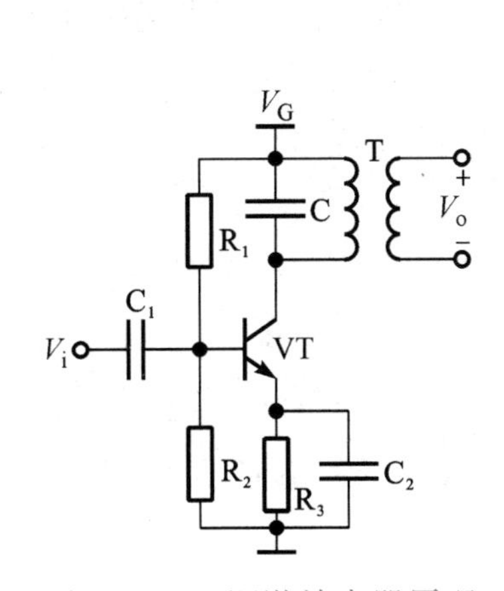

图 6-9　LC 调谐放大器原理

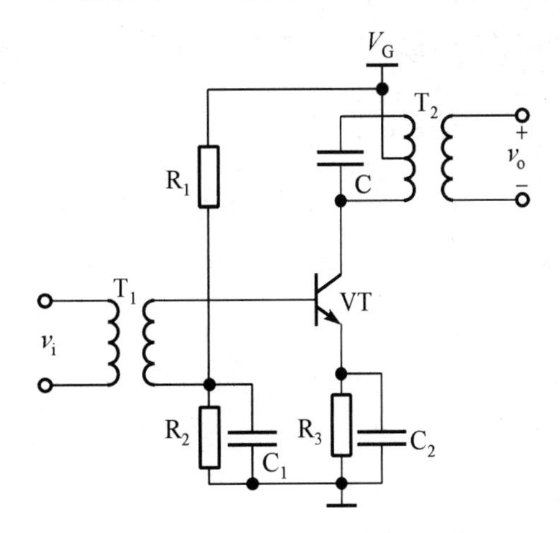

图 6-10　单回路调谐放大器原理

在图 6-10 中，利用 LC 并联电路的谐振特性完成调谐放大器的选频，电感采用抽头方式接入放大电路。输入信号 v_i 经变压器 T_1 耦合输入调谐放大器，经选频放大后由变压器 T_2 耦合输出。

单回路调谐放大器具有稳定性高、选择性较好、易于调整的特点。但是，由于单回路调谐放大器的通频带很窄，只能用于通频带和选择性要求不高的场合。为了协调通频带和选择性之间的矛盾，往往采用双回路调谐放大器。

Loading 知识点2 正弦波振荡电路

通过项目五的学习可知，如果在放大电路中引入正反馈，有可能引起放大电路自激振荡，即使在没有输入信号的时候，在放大器输出端也有交流信号输出，我们把这种能自动输出一定频率的交流信号的电路称为振荡电路。根据振荡电路的输出波形的不同，可以把振荡器分为正弦波和非正弦波振荡器，广泛用于仪器仪表、通信广播、超声探伤等领域。能输出一定频率和一定幅度正弦波信号的振荡电路称为正弦波振荡电路，也称正弦波振荡器。

相关教学资源

一、正弦波振荡电路的组成及振荡条件

1．正弦波振荡电路的组成

振荡电路的组成框图如图6-11所示，一般由基本放大电路、选频网络、正反馈电路组成。其中，放大电路起着能量转换的作用，不断为振荡电路提供维持振荡所需的能量；选频网络则是在一定频率下产生谐振，使振荡电路产生单一频率的信号，选频网络可以设置在放大电路中，也可以设置在正反馈电路中；正反馈电路将输出的全部或一部分送回输入端，使电路产生自激，从而形成振荡。

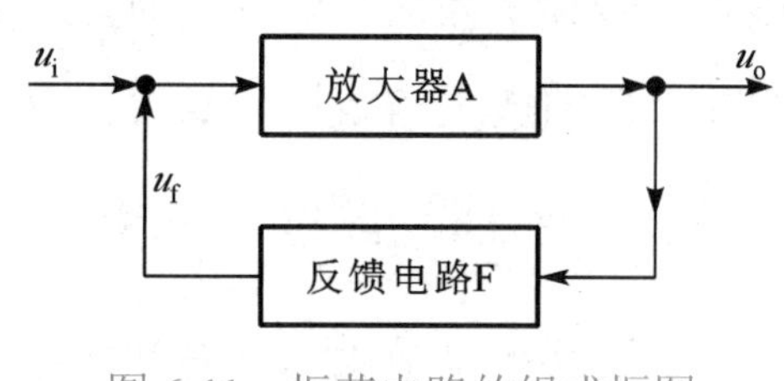

图6-11 振荡电路的组成框图

2．正弦波振荡电路的振荡条件

由图6-11可知，假设在放大器的输入端输入一个正弦波信号 u_i，信号经放大电路和反馈电路组成的闭环系统传输后，在反馈电路的输出端得到反馈信号 u_f，如果 u_i 和 u_f 的幅值相等，相位也一致，则 u_i 可以去掉，闭环系统依然可以有输出信号 u_o。由此，我们可以得到正弦波振荡电路的振荡条件，如下所示。

（1）振幅平衡条件：振幅平衡条件是指反馈信号和输入信号的幅值必须相等，即 $u_i=u_f$。则有：

$$|AF|=1$$

式中，A 为基本放大器的电压放大倍数；F 为反馈电路的反馈系数。

（2）相位平衡条件：相位平衡条件是指反馈信号和输入信号的相位必须一致，即相位差为2π的整数倍。则有：

$$\varphi=2n\pi,n=0,1,2,\cdots$$

式中，φ为输入信号 u_i 和反馈信号 u_f 的相位差。

3．正弦波振荡电路振荡的建立与稳定

由振荡器的概念可知，正弦波振荡电路就是一个没有输入信号的带选频网络正反馈放大器。那么，在没有外加信号的情况下，电路中的振荡是怎么建立起来的呢？其实，在振荡电路通电后，振荡电路并不是马上就能进入稳幅振荡，一般有一个振荡建立过程。在电路通电后，由于电路中总会有频率范围很宽的噪声，噪声经放大电路放大后，选频网络从噪声中选出频率为 f_0 的信号，再通过反馈电路送回到振荡电路输入端再放大，如此不断地循环，由弱到强，振荡就建立起来了，并输出频率一定的正弦波。为了保证振荡能建立起来，在振荡建立的过程中，往往要求 $|AF|>1$。但振荡建立起来后，信号振幅会不会无限制地放大增加呢？我们知道，如果信号过大，三极管就会由线性放大区过渡到非线性区。此时，放大器的放大倍数就会下降，最终使 $|AF|=1$，此时，振荡电路就进入稳幅振荡状态。

二、常用正弦波振荡器

正弦波振荡器根据选频网络组成的不同，可以分为 RC 正弦振荡器、LC 正弦振荡器和石英晶体振荡器，下面分别介绍。

1．RC 桥式正弦波振荡器

RC 正弦波振荡器有移相式、双 T 网络式和桥式三种形式，这里只介绍最常用的 RC 桥式正弦波振荡器，原理如图 6-12 所示。

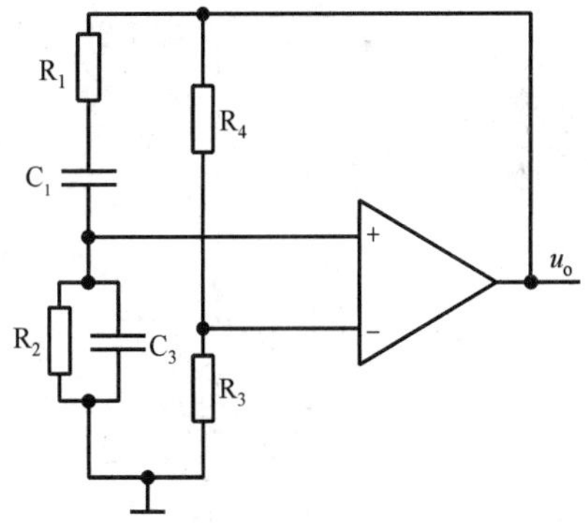

图 6-12　RC 桥式正弦波振荡器原理

（1）RC 桥式正弦波振荡器电路的组成。

由图 6-12 可知，RC 桥式正弦波振荡器由基本放大器和 RC 正反馈选频网络组成。其中，基本放大器由运算放大器组成，选频网络由 R_1、C_1 和 R_2、C_2 组成的串并联电路组成，RC 串并联电路引入正反馈，满足相位平衡条件。R_4 引入电压串联负反馈，以稳定输出正弦波幅度，R_4 通常选用具有负温度系数的热敏电阻（非线性元件）。在电路中，如果令 R_1 和 C_1 串联阻抗为 Z_1，R_2 和 C_2 并联阻抗为 Z_2，则 Z_1、Z_2、R_3 和 R_4 组成电桥的四个臂，RC 桥式正弦波振荡器的名称由此而来。

（2）RC 桥式正弦波振荡器电路的工作原理。

在电路中，RC 串并联电路作选频网络并引入正反馈，反馈系数 $F=\dfrac{1}{3}$，只要基本放大器放大倍数略大于 3（运算放大器的开环放大倍数很大，这一条件很容易满足），振荡电路就可以产

生振荡输出正弦波。当基本放大器的放大倍数过大时，放大器就会进入非线性区域，导致输出波形失真。把 R_4 用具有负温度系数的热敏电阻引入负反馈，就可以自动调节反馈强弱，以稳定输出信号幅度。

（3）RC 桥式正弦波振荡器电路的振荡频率。

RC 正弦波振荡器一般用来产生 1MHz 以下的低频信号。在电路中，一般取 $R_1=R_2=R$，$C_1=C_2=C$，则振荡信号的频率与 R、C 的取值有关，振荡频率公式如下：

$$f_0=\frac{1}{2\pi RC}$$

2. LC 正弦波振荡器

LC 正弦波振荡器就是振荡器的选频网络，采用的是 LC 谐振电路，输出波形为正弦波。常见的 LC 正弦波振荡器有变压器耦合式和三点式振荡器，其中，三点式振荡器包括电感三点式和电容三点式两种，下面分别介绍。

1）变压器耦合式 LC 正弦波振荡器

变压器耦合式 LC 正弦波振荡器有多种形式，但不管哪种形式，都利用变压器耦合方式把反馈信号送回到输入端。图 6-13 是常见的共发射极变压器耦合式 LC 正弦波振荡器原理。图 6-14 是电感三点式 LC 正弦波振荡器原理。

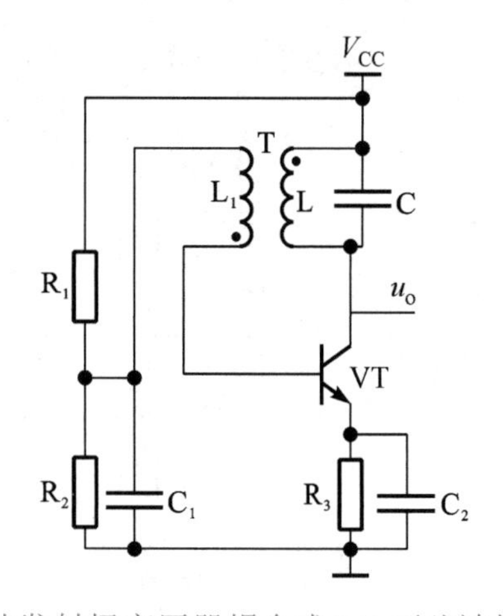

图 6-13　共发射极变压器耦合式 LC 正弦波振荡器原理

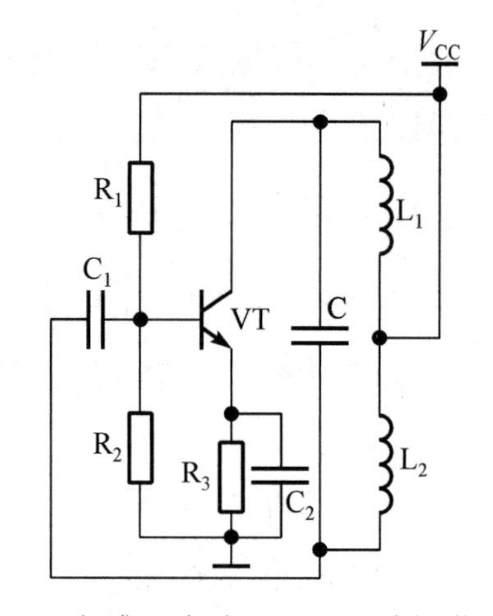

图 6-14　电感三点式 LC 正弦波振荡器原理

（1）电路的组成。

电路中，VT 是振荡管，R_1、R_2 是基极偏置电阻，R_3 是发射极直流负反馈电阻，C_1 和 C_2 分别是基极和发射极旁路电容，T 是变压器，LC 并联回路构成选频网络，L_1 为反馈线圈。

（2）电路的工作原理。

电路通过线圈 L_1 引入正反馈保证电路相位平衡，以 Q 为核心的基本放大电路为电路提供足够大的放大倍数，满足振幅平衡条件。当电路通电后，电路中噪声经放大器放大，LC 选频网络从噪声中选出频率为 f_0 的谐振频率，经 L_1 反馈回放大电路输入端再放大，如此循环，最终电路振荡起来，输出频率为 f_0 的正弦波。

（3）电路的振荡频率。

由于电路中的选频网络是 LC 谐振电路，因此电路的振荡频率就是谐振电路的谐振频率 f_0，即：

$$f_0=\frac{1}{2\pi\sqrt{LC}}$$

2）三点式 LC 正弦波振荡器

LC 并联回路的三个端点分别与三极管的三个电极连接，所以称为三点式 LC 振荡器。三点式 LC 振荡器分为电感三点式和电容三点式，是应用比较广泛的 LC 振荡器。

（1）电感三点式 LC 振荡器。

电感三点式 LC 振荡器也称“哈特莱”振荡器，电路如图 6-14 所示。

① 电路的组成及工作原理。

电路中，VT 是振荡管，R_1、R_2 是基极偏置电阻，R_3 是发射极直流负反馈电阻，C_1 是输入耦合电容，C_2 是发射极旁路电容。电感 L_1、L_2 和电容 C 并联，组成选频网络和反馈电路。其中，线圈 L_2 引入正反馈，满足相位平衡条件，以 VT 为核心的基本放大电路为电路提供足够大的放大倍数，满足振幅平衡条件，使电路产生振荡，输出一定频率的正弦波。

② 电路的振荡频率及特点。

电感三点式振荡器的振荡频率由 LC 并联谐振回路决定，频率公式为：

$$f_0=\frac{1}{2\pi\sqrt{LC}}=\frac{1}{2\pi\sqrt{(L_1+L_2+2M)C}}$$

式中，M 是 L_1 和 L_2 之间的互感系数。该电路的特点是电路很容易起振，振荡频率很高，通常可以达到几十兆赫兹，缺点是输出波形较差。

（2）电容三点式 LC 振荡器。

电容三点式 LC 振荡器也称“考毕兹”振荡器，电路如图 6-15 所示。

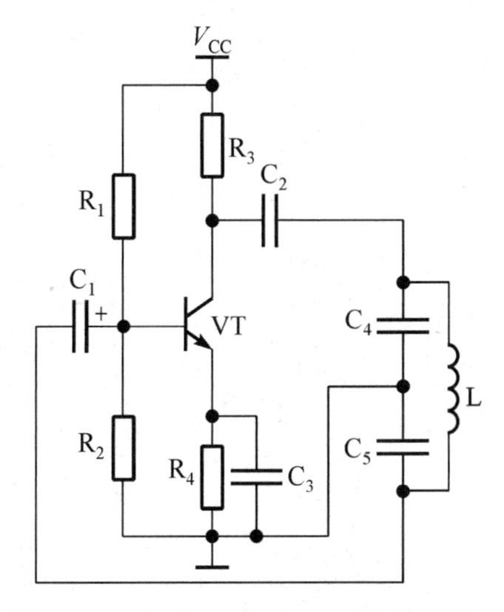

图 6-15　电容三点式 LC 振荡器原理

① 电路的组成及工作原理。

电路中，VT 是振荡管，R_1、R_2 是基极偏置电阻，R_3 是集电极负载电阻，R_4 是发射极直流反馈电阻，C_1 是输入耦合电容，C_2 是输出耦合电容，C_3 是发射极旁路电容。电感 L 和电容 C_4、C_5 并联，组成选频网络和反馈电路。其中，线圈 C_5 引入正反馈，满足相位平衡条件，以 VT 为核心的基本放大电路为电路提供足够大的放大倍数，满足振幅平衡条件，使电路产生振荡，输出一定频率的正弦波。

② 电路的振荡频率及特点。

电容三点式振荡器的振荡频率由电感 L 和电容 C_4、C_5 组成的并联谐振回路决定，频率公式为：

$$f_0=\frac{1}{2\pi\sqrt{LC}}=\frac{1}{2\pi\sqrt{L\dfrac{C_4C_5}{C_4+C_5}}}$$

式中，$C=\dfrac{C_4C_5}{C_4+C_5}$ 是谐振回路的总电容。该电路的特点是振荡频率很高，通常可以达到 100MHz 以上，由于反馈量取自电容，不含高次谐波，因此输出波形很好。缺点是电路不容易起振，调节频率需要同时改变 C_4 和 C_5，很不方便。

3．石英晶体振荡器

把石英晶体按一定切割方向和几何尺寸进行切割所得到的石英晶体薄片称为石英晶片，这样的石英晶片具有压电效应。用石英晶体代替 LC 振荡器中的电感 L 和电容 C，称为石英晶体振荡器，石英晶体振荡器能产生频率稳定度极高的正弦波，在频率稳定度要求较高的场合得到广泛应用。

1）石英晶体的等效电路和电气符号

石英晶体的等效电路和电气符号如图 6-16 所示。

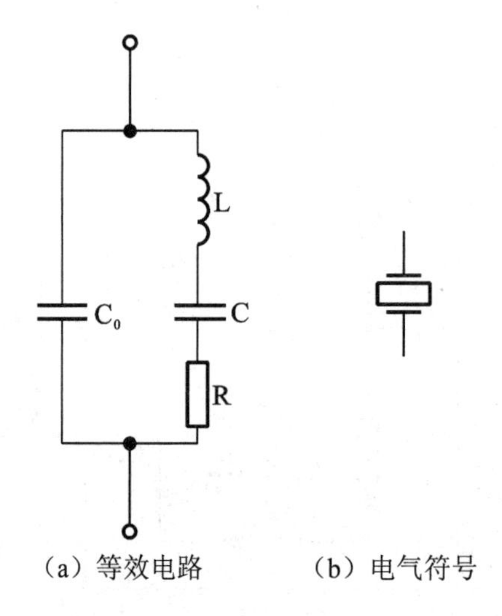

图 6-16 石英晶体的等效电路和电气符号

在图 6-16 中，C_0是石英晶体不振动时的等效电容，称为静电电容。C 等效为晶片的弹性电容，L 为等效电感，用来等效石英晶片机械振动的惯性，电阻 R 为等效晶片机械振动的摩擦损耗。由等效电路可知，该电路有两个谐振频率，即 R、L、C 支路的串联谐振频率f_s和等效电路的并联谐振频率f_p，频率公式如下。

串联谐振频率公式：$f_s = \dfrac{1}{2\pi\sqrt{LC}}$

并联谐振频率公式：$f_p = \dfrac{1}{2\pi\sqrt{L\dfrac{CC_0}{C+C_0}}} \approx f_s$（由于 $C_0 \gg C$，因此f_p和f_s十分接近）

2）石英晶体振荡器

石英晶体振荡器的基本电路有两种，即串联型石英晶体振荡器和并联型石英晶体振荡器，分别介绍如下。

（1）串联型石英晶体振荡器。

串联型石英晶体振荡器原理如图 6-17 所示。

在如图 6-17 所示的电路中，L、C_1、C_2组成三点式振荡器，石英晶体连接在正反馈回路中，当振荡频率等于f_s时，此时晶体阻抗最小且为纯阻性，电路满足自激振荡条件而振荡。

（2）并联型石英晶体振荡器。

并联型石英晶体振荡器原理如图 6-18 所示。

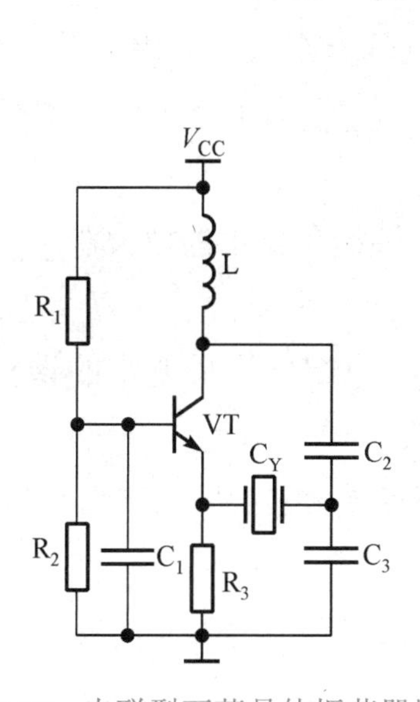

图 6-17　串联型石英晶体振荡器原理

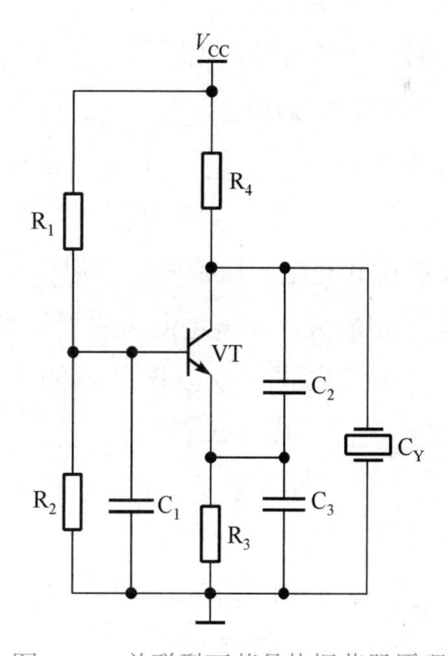

图 6-18　并联型石英晶体振荡器原理

从结构上看，谐振回路中石英晶体取代了电感 L 的位置，实际上，还是一个电容三点式振荡器，该电路的振荡频率选在f_s和f_p之间。

Loading

理论测验

<<<<<<<<

一、判断题

1．选频放大器的放大倍数与信号频率有关。（　　）

2．调谐放大器的通频带与选择性是一致的。（　　）

3．电路只要具有正反馈，就能产生自激振荡。（　　）

4．放大器必须同时满足振幅平衡和相位平衡条件才能产生自激振荡。（　　）

5．振荡器中为了产生一定频率的正弦波，必须有选频网络。（　　）

6．RC 桥式振荡器通常作为低频信号发生器。（　　）

7．电感三点式振荡器的输出波形比电容三点式振荡器的输出波形好。（　　）

8．电容三点式振荡器的基极和集电极之间为感性阻抗。（　　）

9．石英晶体振荡器的最大特点是振荡频率高。（　　）

10．振荡的实质是把直流电能转换为交流电能。（　　）

二、填空题

1．LC 并联电路的频率特性是＿＿＿＿＿＿特性和＿＿＿＿＿＿特性，即 $f > f_0$ 时，电路呈＿＿＿＿性；$f < f_0$ 时，电路呈＿＿＿＿性；$f = f_0$ 时，电路呈＿＿＿＿＿性。

2．正弦波振荡器由＿＿＿＿＿、＿＿＿＿＿和＿＿＿＿＿几部分组成，其中＿＿＿＿＿＿为了满足振幅平衡条件，＿＿＿＿＿＿为了满足相位平衡条件，＿＿＿＿＿＿为了产生单一频率的正弦波。

3．正弦波振荡器产生自激振荡的相位平衡条件是＿＿＿＿，振幅平衡条件是＿＿＿＿＿＿。

4．RC 桥式正弦波振荡器是利用＿＿＿＿作为反馈电路，该振荡器中的放大器＿＿＿＿必须是＿＿＿＿＿＿相放大，才满足振荡的相位平衡。

5．电感三点式正弦波振荡器的振荡频率＿＿＿＿＿＿ LC 并联电路的谐振频率，即 V_{CC} =＿＿＿＿＿＿，其特点是＿＿＿＿＿＿＿＿＿＿＿＿＿＿。

6．三点式振荡器有＿＿＿＿＿＿三点式和＿＿＿＿＿＿三点式，它们的共同点都是从 LC 振荡回路中引出三个端点分别和＿＿＿＿＿＿三个电极相连。

7．振荡器分为低频振荡器和高频振荡器，RC 振荡器往往作＿＿＿＿＿＿振荡器，LC 振荡器往往作＿＿＿＿＿＿振荡器。

8．石英晶体的振荡频率由晶体的＿＿＿＿＿＿方向、＿＿＿＿＿＿尺寸决定。

9．石英晶体振荡器是利用石英晶体的＿＿＿＿＿特性工作的，它的最大特点是＿＿＿＿＿＿，它有＿＿＿＿＿＿和＿＿＿＿＿＿两种晶体振荡电路。

10．在实验室要求正弦波发生器的频率为 10Hz～10kHz，应选＿＿＿＿＿振荡器；在电子设

备中要求正弦波振荡器的频率为 4MHz，应选__________振荡器；某仪器要求正弦波振荡器的频率在 10～20MHz，可选用__________振荡器。

三、选择题

1．自激振荡电路从结构上看，可看作（　　）。

A．基本放大器　　B．具有选频特性的正反馈电路

C．具有选频特性的负反馈电路　　D．具有选频特性的高频放大电路

2．自激振荡器实质上就是外加信号等于零时的（　　）。

A．基本放大器　　B．正反馈放大器

C．负反馈放大器　　D．正反馈选频放大器

3．如要产生频率一定的正弦波信号，则应采用的电路是（　　）。

A．射极输出器　　B．调谐放大器

C．负反馈放大器　　D．正弦波振荡器

4．正弦波振荡器中正反馈网络的作用是（　　）。

A．提高放大器的放大倍数　　B．使振荡器产生单一频率的正弦波

C．保证电路满足相位平衡条件　　D．保证电路满足振幅平衡条件

5．电感三点式正弦波振荡器的最大优点是（　　）。

A．易于起振、调频方便　　B．输出波形幅度大

C．输出波形好　　D．振荡频率高

6．电容三点式正弦波振荡器的最大优点是（　　）。

A．易于起振、调频方便　　B．输出波形幅度大

C．输出波形好　　D．频率稳定度高

7．石英晶体振荡器的最大优点是（　　）。

A．易于起振、调频方便　　B．输出波形幅度大

C．输出波形好　　D．频率稳定度高

8．在收音机的中频放大电路中，常将选频电路用金属外壳屏蔽起来，其目的是（　　）。

A．使放大倍数不受外界干扰　　B．便于散热

C．防止过多耗能　　D．防止外来干扰引起电路自激

9．单调谐放大器的缺点是（　　）。

A．电路比较复杂　　B．通频带和选择性不易兼顾

C．频率调节不方便　　D．输出波形不好

四、简答题

1. 正弦波振荡器一般由哪几部分组成？产生自激振荡的条件是什么？选频网络在电路中作

用是什么？没有正弦波振荡器，电路是否也能产生振荡？

2．从结构上看，正弦波振荡器没有输入信号，那么，它的初始信号是从哪里来的？

3．我们在举行集会时，有时会场的扬声器会突然产生刺耳的啸叫声，使用所学知识解释这一现象产生原因。

4．石英晶体在并联型和串联型晶体振荡器中分别起什么作用？

5．RC 桥式振荡器电路如图 6-19 所示，它的四个桥臂由哪几部分组成？其中，R_4为什么采用具有负温度系数的热敏电阻？

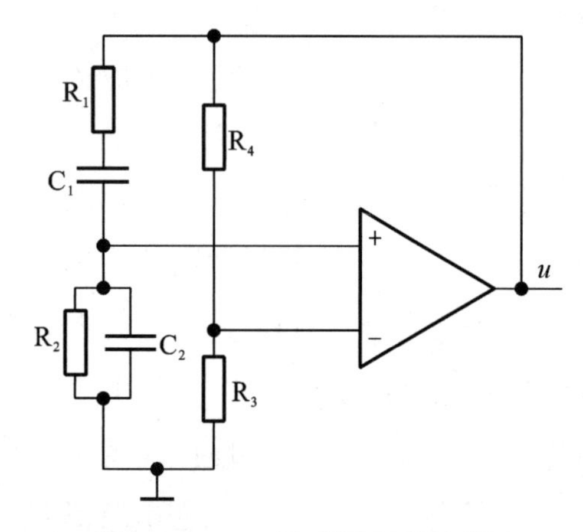

图 6-19　RC 桥式振荡器电路

项目七 组合逻辑电路的认知及应用

在电子技术中，被传送、加工和处理的信号可分为两大类：一类是模拟信号；另一类是数字信号，处理数字信号的电路称为数字电路。数字电路通常分为组合逻辑电路和时序逻辑电路两大类。

本项目通过典型组合逻辑电路——编码器、译码器的安装调试技能实训，引出数字电路的基础知识、组合逻辑电路的分析设计、编码器和译码器集成芯片的功能和应用等。

技能目标

1. 掌握 TTL 和 CMOS 门电路集成芯片的使用常识，以及引脚识读方法。
2. 掌握集成门电路的逻辑功能测试方法，学会使用门电路集成芯片。
3. 能根据电路图安装满足特定要求的组合逻辑电路，如编辑器、抢答器。
4. 掌握七段显示数码管的使用方法。

知识目标

1. 熟知二进制的表示方法，会进行数制间的转换，熟知 8421 码的表示形式。
2. 了解逻辑函数和逻辑变量。掌握三种基本逻辑运算及常用复合逻辑运算。掌握三种基本逻辑门及常用复合逻辑门的图形符号，理解逻辑功能。
3. 掌握 TTL 门电路和 CMOS 门电路的使用常识。了解常用门电路集成芯片。
4. 熟知逻辑代数基本定律。了解公式法化简逻辑函数的方法。
5. 掌握组合逻辑电路的分析方法和步骤，了解设计方法。
6. 熟知编码器、译码器的基本概念。了解常用编码器、译码器集成芯片的功能及应用。
7. 了解数码显示器件的基本结构及应用。

第一部分　技能实训

技能实训 1　三种基本门电路搭建

门电路是构成数字电路的基本单元。门就是一种条件开关，在一定条件下它能允许信号通过，条件不满足就不通过。在数字电路中，实际使用的开关都是晶体二极管、三极管，以及场效应管之类的电子器件。最基本的门电路有与门、或门和非门。

一、认识电路

1．电路工作原理

三种基本门电路原理如图 7-1 所示。

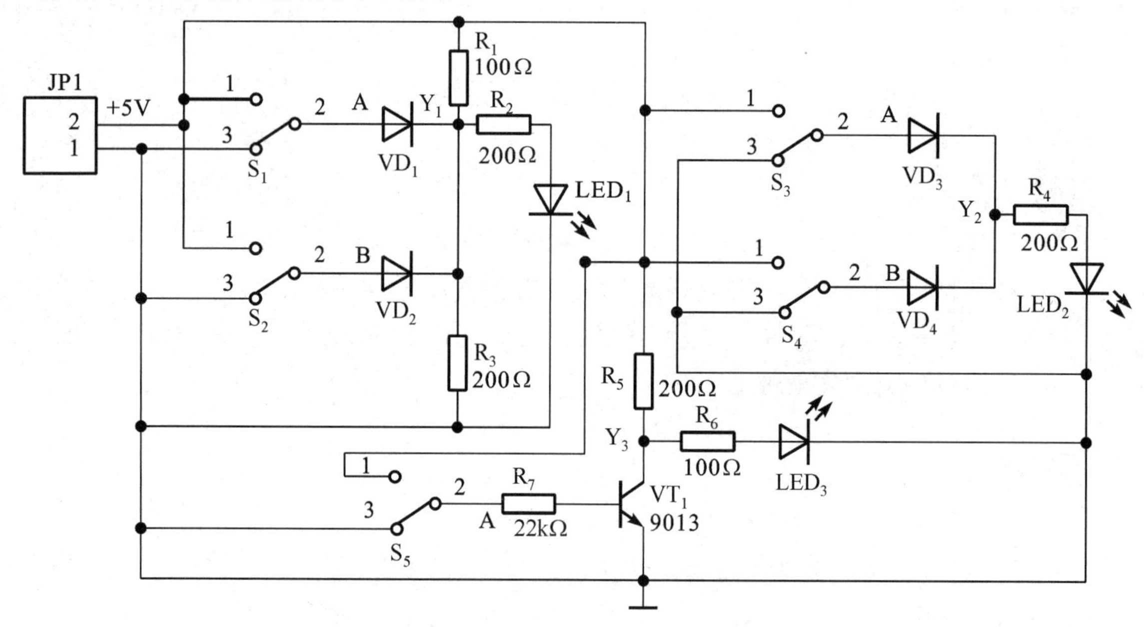

图 7-1　三种基本门电路原理

由 S_1、S_2、VD_1、VD_2、LED_1、R_1、R_2、R_3 组成的二极管与门电路中，若 A、B 两个输入端均为 5V（高电平）时，二极管 VD_1 和 VD_2 都截止，输出 Y_1 电位是 2.5V，相当于高电平，发光二极管 LED_1 导通发光；若 A、B 输入端中有一个或一个以上为 0V（低电平），则二极管 VD_1 和 VD_2 至少有一个正偏导通，输出端 Y_1 电位都被嵌位于 0.6V，相当于低电平，发光二极管 LED_1 截止不亮。电路实现“有 0 出 0，全 1 出 1”的“与”逻辑关系。

由 S_3、S_4、VD_3、VD_4、LED_2、R_4 组成的或门电路中，若 A、B 两个输入端中有一个或一个以上为 5V（高电平）时，二极管 VD_3 和 VD_4 至少有一个导通，输出端 Y_2 为高电平；若 A、

B 两个输入端都为 0V（低电平），则二极管反偏而截止，输出端 Y_2 为低电平。电路实现“有 1 出 1，全 0 出 0”的“或”逻辑关系。

由 S_5、Q_1、LED_2、R_5、R_6、R_7 组成非门电路中，若输入为 5V（高电平）时，三极管 Q_1 饱和导通，输出端 Y_3 的电位等于三极管 VT_1，集电极到发射极的饱和导通电压 U_{CEO}，大约为 0.3mV，相当于低电平；若输入端为 0V（低电平）时，三极管截止，输出端 Y_3 的电位是 $\frac{5}{3}$V，相当于高电平。电路实现“入 0 出 1，入 1 出 0”的“非”逻辑关系。

2．实物图

三种基本门电路印制电路板和装接实例如图 7-2 所示。

（a）印制电路板

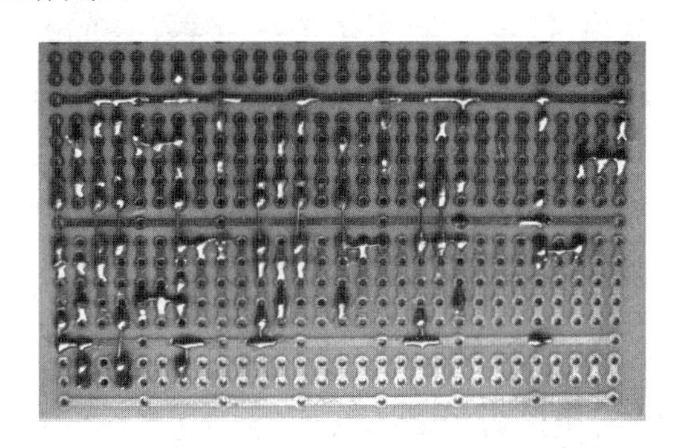

（b）装接实例

图 7-2　三种基本门电路印制电路板和装接实例

二、元器件的选择与测试

根据电路原理图，从所给元器件袋中选择装配电路所需的元器件。按要求进行测试，并将测试结果填入表 7-1 中。

（1）用万用表对电阻器进行测量，将测得实际阻值填入“测试结果”栏。

（2）测试二极管：根据有标志的一端填写正、负极，用万用表测量其导通截止，并注明所用挡位，结果填入“测试结果”栏。

表 7-1　元器件清单

序　号	名　称	配件图号	测试结果
1	电阻器	R_1、R_6	用万用表测得的实际阻值为________Ω
2	电阻器	R_2、R_3、R_4、R_5	用万用表测得的实际阻值为________Ω
3	电阻器	R_7	用万用表测得的实际阻值为________Ω
4	二极管	VD_1、VD_2、VD_3、VD_4	—
5	发光二极管	LED_1、LED_2、LED_3	—
6	三极管	VT_1	—
7	开关	S_1、S_2、S_3、S_4、S_5	—
8	连孔板		—

三、电路制作与调试

（1）按电路原理图的结构在单孔印制电路板上绘制电路元器件的布局草图。

（2）按工艺要求对元器件的引脚进行成形加工。

（3）按布局图在实验印制电路板上依次进行元器件的排列、插装。

（4）按焊接工艺要求对元器件进行焊接，直到所有元器件连接并焊完为止。

（5）焊接电源输入线（或端子）和信号输入/输出端子。

（6）要求。

① 不漏装、错装，不损坏元器件。

② 无虚焊、漏焊和桥接，焊点表面要光滑、干净。

③ 元器件排列整齐，布局合理，并符合工艺要求。

四、电路测试与分析

（1）装接完毕，检查无误后，将稳压电源的输出电压调整为5V。对电路单元进行通电测试，如有故障应进行排除。

（2）电路分析。

① 如图7-1所示，当开关S_1、S_2均拨到“3”位时，测量电阻R_1、R_2、R_3及发光二极管LED_1两端的电压分别为__________V、__________V、__________V、__________V。其中，电阻为_______的电压表示与门电路的输出电压。若设VD_1、VD_2的导通电压均为0.7V，LED_1的门槛电压为1.7V，当开关S_1、S_2均拨到“3”位时，电阻R_1、R_2、R_3及发光二极管LED_1两端的电压分别为__________V、__________V、__________V、__________V。

② 如图7-1所示，若设VD_3、VD_4的导通电压0.6V，LED_2的导通电压为2V，当开关S_3、S_4均拨到“1”位时，流过LED_2的电流是__________。

③ 如图7-1所示，当S_5拨到“1”位和“2”位时，测得VT_1集电极的电压分别为_________V，________V。若设VT_1的饱和压降V_{CES}=0.3V，发射结的导通电压为0.7V，当S_5拨到“1”时，VT_1饱和导通，此时，流过R_5、R_6、R_7的电流分别为__________、__________、__________。

Loading 技能实训2　优先编码器制作

在数字系统中，常常需要将某一信息变换为特定的二进制代码以便系统识别。把二进制码按一定的规律编排，使每组代码具有特定的含义称为编码，能实现编码功能的器件即编码器。目前，经常使用的编码器有普通编码器和优先编码器两类。优先编码器工作，几个输入信号同时出现时，只对其中优先权最高的一个信号进行编码，从而保证了输出的稳定。下面以TTL中

规模集成电路 74LS147 为例，介绍 8421BCD 码优先编码器的功能。

一、认识电路

1. 电路工作原理

（1）集成芯片 74LS147 和 74LS04 的引脚排列如图 7-3 所示。

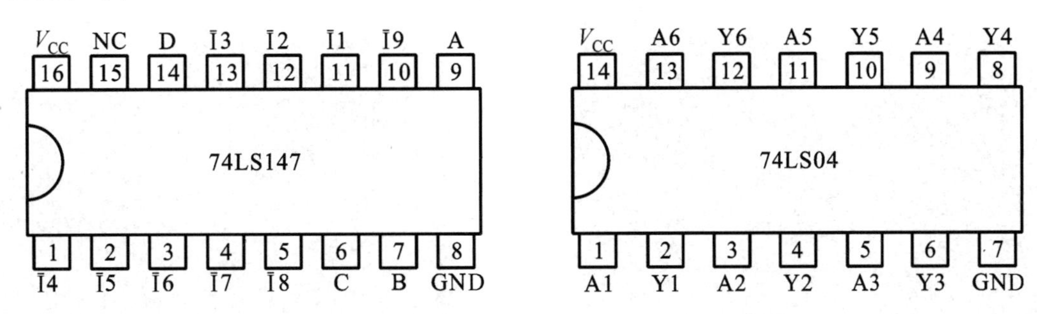

图 7-3　集成芯片 74LS147 和 74LS04 的引脚排列

（2）工作原理。

图 7-4 所示为由 9 位拨码开关、74LS147、非门电路和显示电路组成的优先编码器。74LS147 的引脚排列如图 7-3 所示，其中，第 15 引脚 NC 为空。74LS147 优先编码器有 9 个输入端和 4 个输出端。74LS147 优先编码器的输入端和输出端都是低电平有效，即当某一个输入端为低电平 0 时，4 个输出端就以低电平 0 的输出其对应的 8421BCD 编码。当 9 个输入全为 1 时，4 个输出也全为 1，代表输入十进制数“0”时的 8421BCD 编码输出。9 个输入端的优先级别从上到下

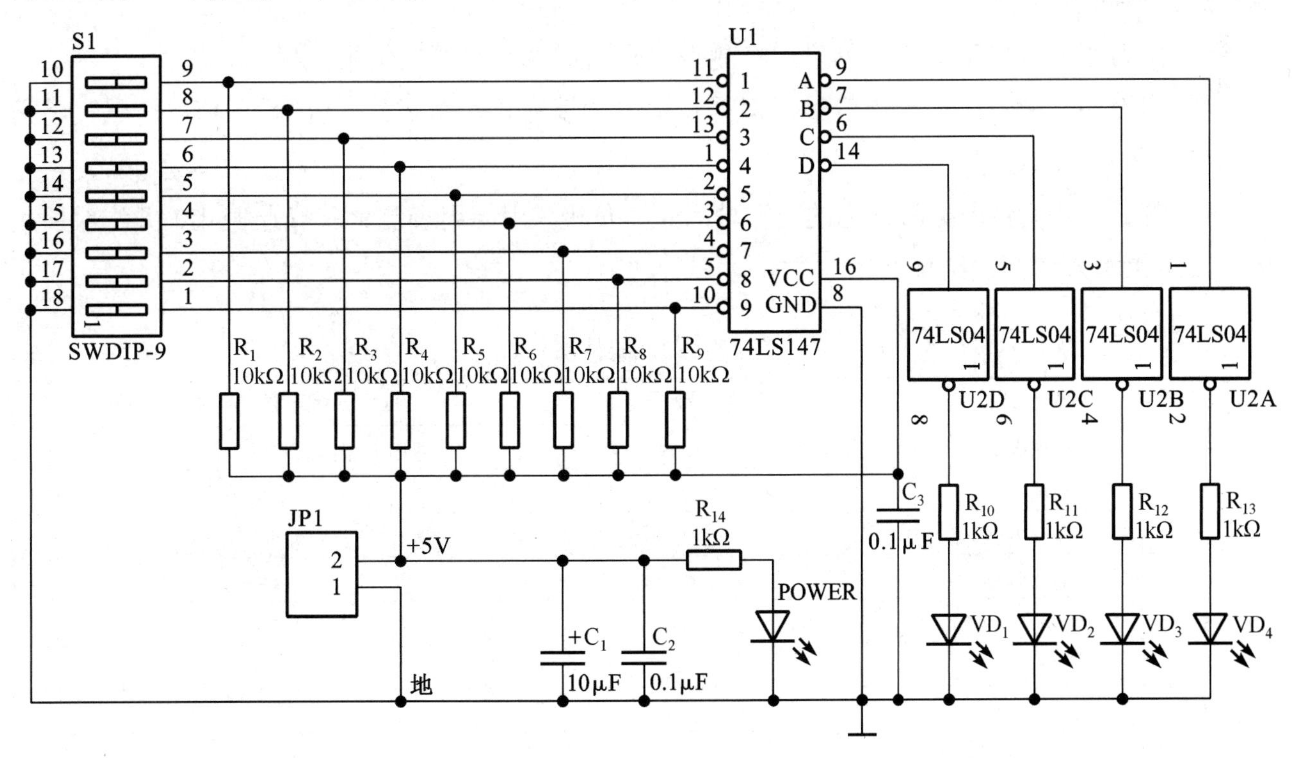

图 7-4　优先编码器电路图

依次降低：9 的优先级别最高，1 的优先级别最低。如从拨码开关同时输入数据 1、3、5、7、9 时，74LS147 只输出 9 的二进制 BCD 编码 0110，通过反相器 74LS04 后，输出 1001，发光二极管 VD_1、VD_4 发光。

2．实物图

优先编码器电路印制电路板和装接实例如图 7-5 所示。

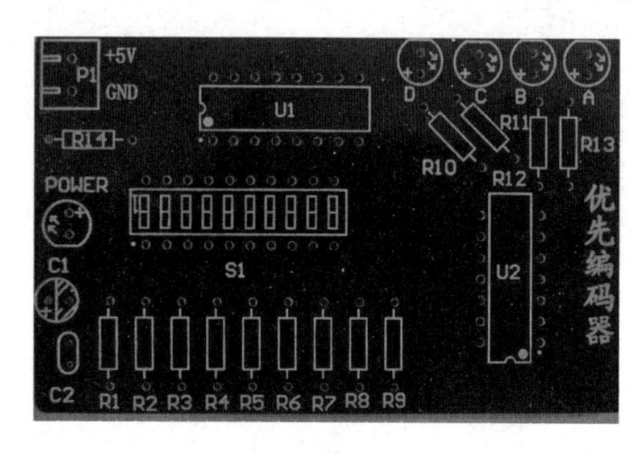

（a）印制电路板

（b）装接实例

图 7-5　优先编码器电路印制电路板和装接实例

二、元器件的选择与测试

根据电路原理图，从所给元器件袋中选择装配电路所需的元器件。按要求进行测试，并将测试结果填入表 7-2 中。

① 用万用表对电阻器进行测量，将测得实际阻值填入“测试结果”栏。

② 用万用表测试、检查电容器（根据长短引脚填写正、负极），读出耐压值、容量，将读识结果填入“测试结果”栏。

③ 测试二极管：根据有标志的一端填写正、负极，用万用表测量其导通截止，并注明所用挡位，结果填入“测试结果”栏。

表 7-2　元器件清单

序　号	名　称	配件图号	测试结果
1	直插电阻	R_1、R_2、R_3、R_4、R_5、R_6、R_7、R_8、R_9	用万用表测得的实际阻值为________Ω
2	直插电阻	R_{10}、R_{11}、R_{12}、R_{13}、R_{14}	用万用表测得的实际阻值为________Ω
3	电解电容	C_1	此电容的容量是________
4	瓷片电容	C_2、C_3	—
5	绿色发光二极管	VD_1、VD_2、VD_3、VD_4	—
6	红色发光二极管	POWER	—
7	接线端子 2-Pin	JP1	—
8	10 位拨码开关	S_1	—
9	74LS147	U1	—

续表

序　号	名　称	配件图号	测试结果
10	74LS04	U2	—
11	DIP-14、DIP-16 座子		—
12	连孔板		—

三、电路制作与调试

1. 装配工艺

优先编码器的装配工艺卡片如表 7-3 所示。

表 7-3　优先编码器的装配工艺卡片

<table>
<tr><td colspan="4" rowspan="3">装配工艺卡片</td><td>工序名称</td><td>产品名称</td></tr>
<tr><td rowspan="2">插件及焊接</td><td>优先编码器</td></tr>
<tr><td>产品型号</td></tr>
<tr><td>工序号</td><td colspan="3">装入件及辅材代号、名称、规格</td><td>数量</td><td>插装工艺要求</td></tr>
<tr><td>1</td><td>R_1、R_2、R_3、R_4、R_5、R_6、R_7、R_8、R_9</td><td>碳膜电阻</td><td>RT114-10kΩ±1%</td><td>9</td><td>卧式安装，水平贴板</td></tr>
<tr><td>2</td><td>R_{10}、R_{11}、R_{12}、R_{13}、R_{14}</td><td>碳膜电阻</td><td>RT114-1kΩ±1%</td><td>5</td><td>卧式安装，水平贴板</td></tr>
<tr><td>3</td><td>VD_1、VD_2、VD_3、VD_4</td><td>绿色发光二极管</td><td>LED 5#</td><td>4</td><td>立式安装，水平贴板</td></tr>
<tr><td>4</td><td>POWER</td><td>红色发光二极管</td><td>LED 5#</td><td>1</td><td>立式安装，水平贴板</td></tr>
<tr><td>5</td><td>C_1</td><td>电解电容</td><td>CC1-16V-10μF±20%</td><td>2</td><td>立式安装，水平贴板</td></tr>
<tr><td>6</td><td>C_2，C_3</td><td>瓷片电容</td><td>CC1-100V-104P±20%</td><td>3</td><td>水平安装，引脚高度为 3～5mm</td></tr>
<tr><td>7</td><td></td><td>IC 插座</td><td>DIP14</td><td>1</td><td>水平贴板</td></tr>
<tr><td>8</td><td></td><td>IC 插座</td><td>DIP16</td><td>1</td><td>水平贴板</td></tr>
<tr><td>9</td><td>U1</td><td>集成 IC</td><td>74LS147</td><td>1</td><td>双列直插</td></tr>
<tr><td>10</td><td>U2</td><td>集成 IC</td><td>74LS04</td><td>1</td><td>双列直插</td></tr>
<tr><td>11</td><td>JP1</td><td>2-Pin</td><td></td><td></td><td>水平贴板</td></tr>
<tr><td colspan="6">焊接工艺要求：符合通用手工焊接规范，焊点整洁、圆润、光滑、无虚焊、漏焊、冷焊等现象。剪脚整齐，引脚末端留存 0.5～1mm</td></tr>
</table>

2. 装配注意事项

（1）按电路原理图熟悉印制电路板上电路元器件的布局。

（2）按工艺要求对元器件的引脚进行成形加工。

（3）在印制电路板上依次进行元器件的排列、插装。

（4）按焊接工艺要求对元器件进行焊接，直到所有元器件连接并焊完为止。

（5）焊接电源输入线（或端子）和信号输入/输出端子。

（6）要求。

① 不漏装、错装，不损坏元器件。

② 无虚焊、漏焊和桥接，焊点表面要光滑、干净。

③ 元器件排列整齐，布局合理，并符合工艺要求。

④ 集成底座 DIP-16、DIP-14 先焊接在电路板上，再将集成块插在插座上。

四、电路测试与分析

（1）装接完毕，检查无误后，用万用表测量电路的电源两端，若无短路，方可接入+5V 电源。接通电源后，如无异常现象，可开始测试。

（2）当拨码开关 1、2、3、4、5 位断开，6、7、8、9 位接通时，74LS147 的________引脚输出高电平，发光二极管__________发光。

（3）如图 7-4 所示，电容 C_1 的作用是__________；若测得发光二极管 POWER 两端的电压为 1.8V，则流过该发光二极管的电流为__________mA。

（4）电阻 R_1～R_9 的作用是______________，若将它们都换成 82kΩ的电阻，则该编码电路____________（不能，能）工作。

技能实训 3　八路抢答器制作

抢答器由抢答电路、编码器、译码显示电路、锁存电路、复位电路、报警电路组成，该抢答器电路可同时进行八路优先抢答，根据抢答情况，显示优先抢答者的编号，同时蜂鸣器发声，即抢答成功。复位后，显示清零，可继续抢答。

一、认识电路

1. 电路工作原理

（1）CD4511 引脚排列如图 7-6 所示。

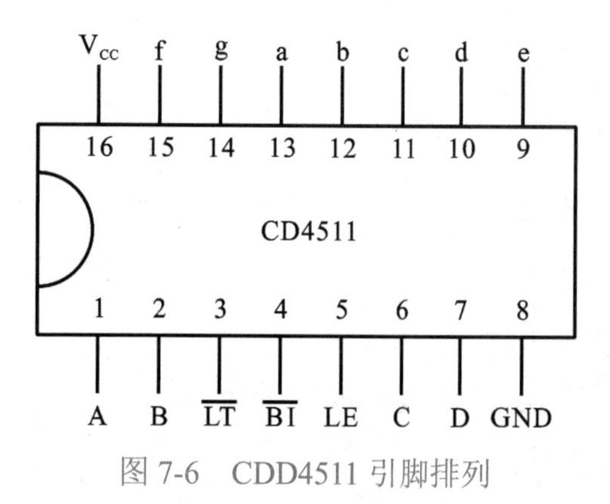

图 7-6　CDD4511 引脚排列

（2）引脚介绍：CD4511 是一块 BCD-7 段锁存/译码/驱动电路于一体的集成电路，其中，1、2、6、7 引脚为 BCD 码输入端，9～15 引脚为显示输出端，3 引脚（$\overline{LT}$）为测试输出端，当$\overline{LT}$为 0 时，输出全为高，4 引脚（$\overline{BI}$）为消隐端，$\overline{BI}$为低时输出全为低，5 引脚（LE）为锁存允许端，当 LE 由 0 变为 1 时，输出端保持 LE 为低时的显示状态。16 引脚为电源正极，8 引脚为电源负极。

CD4511 的工作真值表如表 7-4 所示。

表 7-4　CD4511 的工作真值表

输入							输出							
LE	$\overline{BT}$	$\overline{LT}$	D	C	B	A	a	b	c	d	e	f	g	显示
X	X	0	X	X	X	X	1	1	1	1	1	1	1	8
X	0	1	X	X	X	X	0	0	0	0	0	0	0	消隐
0	1	1	0	0	0	0	1	1	1	1	1	1	0	0
0	1	1	0	0	0	1	0	1	1	0	0	0	0	1
0	1	1	0	0	1	0	1	1	0	1	1	0	1	2
0	1	1	0	0	1	1	1	1	1	1	0	0	1	3
0	1	1	0	1	0	0	0	1	1	0	0	1	1	4
0	1	1	0	1	0	1	1	0	1	1	0	1	1	5
0	1	1	0	1	1	0	0	0	1	1	1	1	1	6
0	1	1	0	1	1	1	1	1	1	0	0	0	0	7
0	1	1	1	0	0	0	1	1	1	1	1	1	1	8
0	1	1	1	0	0	1	1	1	1	0	0	1	1	9
0	1	1	1	0	1	0	0	0	0	0	0	0	0	消隐
0	1	1	1	0	1	1	0	0	0	0	0	0	0	消隐
0	1	1	1	1	0	0	0	0	0	0	0	0	0	消隐
0	1	1	1	1	0	1	0	0	0	0	0	0	0	消隐
0	1	1	1	1	1	0	0	0	0	0	0	0	0	消隐
0	1	1	1	1	1	1	0	0	0	0	0	—	0	消隐
1	1	1	X	X	X	X	锁存							锁存

（3）工作原理。

图 7-7 所示是用 CD4511 组成的八路抢答器电路原理。

S_1～S_8 为抢答键；RST 为复位键；VD_1～VD_{13} 为 8421BCD 编码电路，对按键编号进行编码，输出给 CD4511，例如，按键编号为 7 的 S_7 按下时，CD4511 的 1、2、7 引脚为高，译码后数码管显示的值为 7。VD_{16}、VD_{17}、VD_{18}、VD_{19} 为二极管搭建的四输入或门，即当 S_1～S_8 中有任何一键按下，蜂鸣器鸣叫。

VD_{14}、VD_{15}、R_{12}、R_{13}、VT_2 构成锁存电路。抢答器通电无按键按下时，数码管显示 0，此时，CD4511 的 10、12（D、B）引脚输出高，14（g）引脚为低，10 引脚通过 R_{12} 接 VT_2 的基极，使 VT_2 导通，导通后的 VT_2 又将 12 引脚拉低，确保 5 引脚（LE）为低，即不锁存；当数码管显示除 0 之外的数字时，CD4511 的 5 引脚将由 0 变为 1，即锁存住当前显示数字。

R_{14}、RST 构成复位电路。当 RST 按下时将 CD4511 的 4 引脚拉低，启动消隐功能，输出全为低，故清除了上次抢答的锁存状态，开始新一轮的抢答。

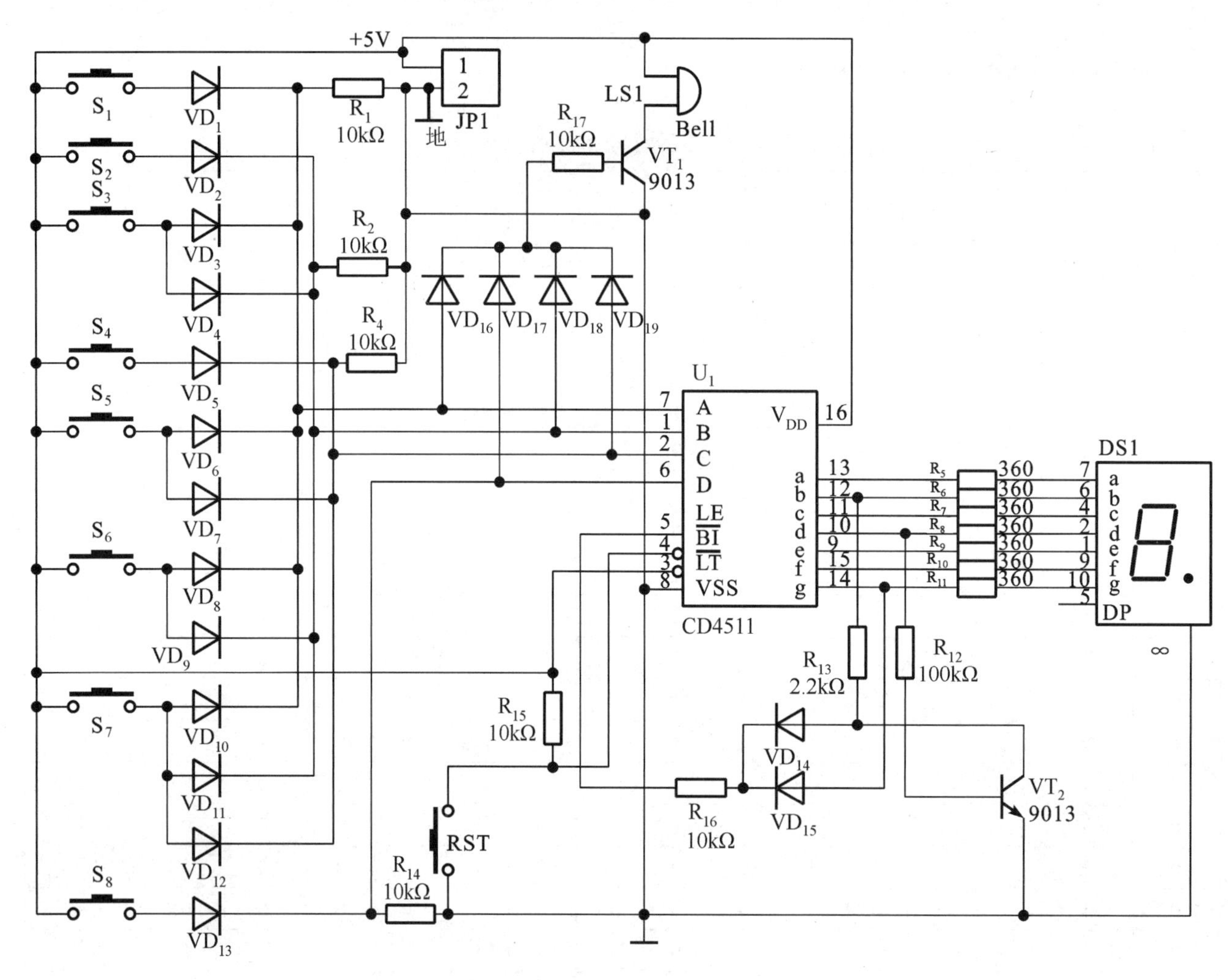

图 7-7　用 CD4511 组成的八路抢答器电路原理

2. 实物图

八路抢答器电路印制电路板和装接实例如图 7-8 所示。

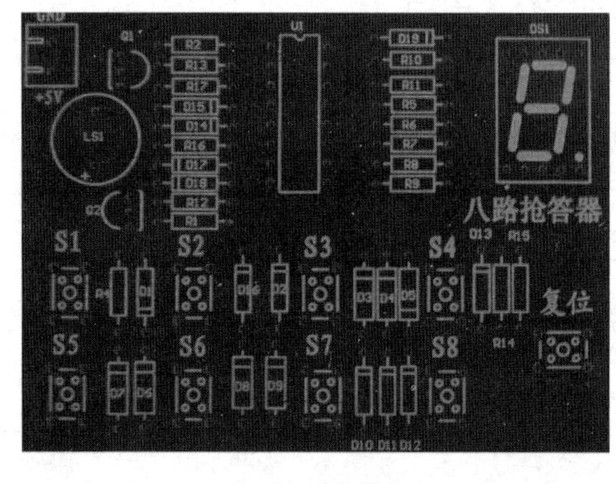

（a）印制电路板

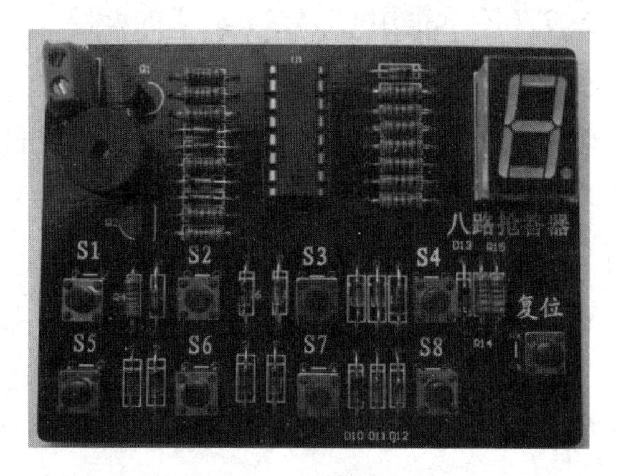

（b）装接实例

图 7-8　八路抢答器电路印制电路板和装接实例

二、元器件的选择与测试

根据电路原理图，从所给元器件袋中选择装配电路所需要的元器件。按要求进行测试，并将测试结果填入表 7-5 中。

（1）用万用表对电阻器进行测量，将测得实际阻值填入“测试结果”栏。

（2）测试二极管：根据有标志的一端填写正、负极，用万用表测量其导通截止，并注明所用挡位，结果填入“测试结果”栏。

（3）三极管的测试：引脚朝下，面对有文字的一面，从左到右依次为 1、2、3 号引脚，在表中填写 b、e、c，并写出三极管的类型。

表 7-5 八路抢答器元器件清单

序号	名称	配件图号	测试结果
1	电阻	R_1、R_2、R_4、R_{14}、R_{15}、R_{16}、R_{17}	用万用表测得的实际阻值为________Ω
2	电阻	R_5、R_6、R_7、R_8、R_9、R_{10}、R_{11}	用万用表测得的实际阻值为________Ω
3	电阻	R_{12}	用万用表测得的实际阻值为________Ω
4	电阻	R_{13}	用万用表测得的实际阻值为________Ω
5	二极管	VD_1、VD_2、VD_3、VD_4、VD_5、VD_6、VD_7、VD_8、VD_9、VD_{10}、VD_{11}、VD_{12}、VD_{13}、VD_{14}、VD_{15}、VD_{16}、VD_{17}、VD_{18}、VD_{19}	型号参数为________
6	三极管	VT_1、VT_2	—
7	按键	RST、S_1、S_2、S_3、S_4、S_5、S_6、S_7、S_8	—
8	CD4511	U1	—
9	一位数码管	DS1	型号参数为________
10	有源蜂鸣器	LS1	—
11	接线端子 2-Pin	JP1	—
12	DIP-16 座子		—

三、电路制作与调试

1. 装配工艺

八路抢答器电路的装配工艺卡片如表 7-6 所示。

2. 装配注意事项

（1）按电路原理图熟悉印制电路板上电路元器件的布局。

（2）按工艺要求对元器件的引脚进行成形加工。

（3）在印制电路板上依次进行元器件的排列、插装。

（4）按焊接工艺要求对元器件进行焊接，直到所有元器件焊完为止。

表 7-6 八路抢答器电路的装配工艺卡片

装配工艺卡片				工序名称		产品名称
				插件及焊接		八路抢答器
						产品型号
工序号	装入件及辅材代号、名称、规格			数量	插装工艺要求	
1	R_1、R_2、R_4、R_{14}、R_{15}、R_{16}、R_{17}	碳膜电阻	RT114-10kΩ±1%	7	卧式安装，水平贴板	
2	R_5、R_6、R_7、R_8、R_9、R_{10}、R_{11}	碳膜电阻	RT114-360±1%	7	卧式安装，水平贴板	
3	R_{12}	碳膜电阻	RT114-100kΩ±1%	1	卧式安装，水平贴板	
4	R_{13}	碳膜电阻	RT114-2.2kΩ±1%	1	卧式安装，水平贴板	
5	VD_1、VD_2、VD_3、VD_4、VD_5、VD_6、VD_7、VD_8、VD_9、VD_{10}、VD_{11}、VD_{12}、VD_{13}、VD_{14}、VD_{15}、VD_{16}、VD_{17}、VD_{18}、VD_{19}	二极管	1N4148	19	卧式安装，水平贴板	
6		集成 IC 底座	DIP14	1	水平贴板	
	VT_1、VT_2	三极管	9013	2	立式安装	
7	S_1、S_2、S_3、S_4、S_5、S_6、S_7、S_8	按键		8	水平贴板	
8	RST	按键		1	水平贴板	
9	JP1	接线端子		1	水平贴板	
10	DS1	一位数码管	LG5011AH	1	水平贴板	
11	LS	有源蜂鸣器		1	水平贴板	
12	U1	IC	CD4511	1	双列直插	
焊接工艺要求：符合通用手工焊接规范，焊点整洁、圆润、光滑、无虚焊、漏焊、冷焊等现象。剪脚整齐，引脚末端留存 0.5～1mm						

（5）焊接电源输入线（或端子）和信号输入/输出端子。

（6）要求。

① 不漏装、错装，不损坏元器件。

② 无虚焊、漏焊和桥接，焊点表面要光滑、干净。

③ 元器件排列整齐，布局合理，并符合工艺要求。

注意：必须将集成电路插座 DIP16 焊接在电路板上，最后将集成块 U1 插在插座上。具体可参考实物装接图，其中，色环电阻器采用水平安装，应贴紧印制电路板。

四、电路测试与分析

装接完毕，检查无误后，将稳压电源的输出电压调整为+5V。对电路单元进行通电试验，如有故障应进行排除。

（1）按下开关 RST 后，CD4511 的 4 引脚为__________电平，数码管显示__________。

（2）若 R_{15} 开路，按下 RST 键后，二极管 VD_{18}__________（导通、截止），VD_{19}__________（导通、截止），若此时按抢答键 S_2，蜂鸣器__________（有、无）声，数码管显示__________。

（3）假设抢答键 S_1、S_2 绝对同时接通，这时数码管显示的是__________。

第二部分　知识链接

Loading

知识点 1　数字电路基础

在电子技术中，被传送、加工和处理的信号可分为两大类：一类是模拟信号；另一类是数字信号。数字信号是不连续的具有突变特点的脉冲信号，它在电路中表现为信号的有无或电平的高低。常用二进制的 0 和 1 来反映电路中两种对立的状态。数字电路处理数字信号，主要研究输出信号的状态与输入信号的状态之间的逻辑关系，因此，数字电路也称逻辑电路。

相关教学资源

一、数制与码制

1．数制

1）数制

选取一定的进位规则，用多位数码来表示某个数的值，称为数制。“逢十进一”的十进制是人们在日常生活中常用的一种计数体制，而数字电路中常采用二进制、八进制、十六进制。

2）二进制

在二进制中只有 0 和 1 两个数码，相邻位数之间采用“逢二进一”的规则。二进制数按权展开，可以写成

$$(N)_2=(k_{n-1}\times 2^{n-1}+k_{n-2}\times 2^{n-2}+\cdots+k_i\times 2^i+\cdots)_{10}=\sum_{0}^{n-1}k_i 2^i$$

式中，i 为数的第 i 位；k_i 为第 i 位数的系数，取值范围为 0 和 1；n 为正整数；2^i 为第 i 位的加权。

例如，二进制数（11101.101）$_2$ 可展开为：

$$\begin{aligned}(11101.101)_2&=(1\times 2^4+1\times 2^3+1\times 2^2+0\times 2^1+1\times 2^0+1\times 2^{-1}+0\times 2^{-2}+1\times 2^{-3})_{10}\\&=(16+8+4+0+1+0.5+0.25+0.125)_{10}=(29.875)_{10}\end{aligned}$$

2．数制转换

1）二进制数转换成十进制数

方法：按权展开相加。

例：将二进制数 101 转换成十进制数。

解：$(101)_2=(1\times 2^2+0\times 2^1+1\times 2^0)_{10}=(5)_{10}$

2）十进制数转换成二进制数

方法：把十进制数逐次用 2 除取余，一直除到商数为零。然后将先取出的余数作为二进制数的最低位数码。即按照记录顺序反向排列，便得到所求的二进制数。

例如，将十进制数 25 转换成二进制数。

因为

```
2 | 25 ------------余数1   低位
  2 | 12 ----------余数0    ↑
    2 | 6 ---------余数0    |
      2 | 3 -------余数1    |
        2 | 1 -----余数1   高位
            0
```

所以

$$(25)_{10}=(11001)_2$$

3．码制

十进制数和其他信息（如文字、符号等）可以用各种不同规律的若干 0 或 1 数码表示，这些表示信息的数码称为代码，代码所遵循的规律称为码制。在数字系统中，各种数据要转换为二进制代码才能进行处理。用四位二进制数表示一位十进制数，这样的二进制代码称为二—十进制代码，简称 BCD 码。BCD 码的形式有多种，常用的有 8421BCD 码。

8421BCD 码是一种有权码，也是使用最多的二—十进制码，它的每一位都有确定的位权值，从左到右分别为 8（2^3）、4（2^2）、2（2^1）、1（2^0）。例如，0110 这个 8421BCD 码，按权展开就是$(0110)_{8421BCD}=0\times8+1\times4+1\times2+0\times1=(6)_{10}$，因此，8421BCD 码与十进制数之间的对应关系是直接按码组对应，即一个 n 位的十进制数，需用 n 个 BCD 码来表示；反之，n 个四位二进制代码只能表达 n 位十进制数。

例如，$(546)_{10}=(0101\ \ 0100\ \ 0110)_{8421BCD}$；$(0111\ \ 1001.0101\ \ 1000)_{8421BCD}=(79.58)_{10}$。不过，8421BCD 码中不允许出现 1010～1111 这六个代码，因为它们不能代表十进制数码中的任何一个。这些代码称为伪码，十进制数与 8421BCD 码对应关系如表 7-7 示。

表 7-7　十进制数与 8421BCD 码对应关系

十进制数	0	1	2	3	4	5	6	7	8	9
8421BCD 码	0000	0001	0010	0011	0100	0101	0110	0111	1000	1001

二、逻辑门电路

数字电路中有 1、0 两种逻辑状态。用 1 表示高电平或表示满足某种逻辑条件，用 0 表示低电平或不满足某种逻辑条件，被称为正逻辑体制；反之，用 0 表示高电平或表示满足某种逻辑条件，用 1 表示低电平或不满足某种逻

辑条件，被称为负逻辑体制。如果不特别说明，一般使用的是正逻辑。

1．与逻辑、与门电路

与逻辑关系可用图 7-9 表示。从图 7-9（a）中可看出，只有当开关 S_1、S_2（用变量 A、B 表示，下同）都闭合时，电路中才有电流流动，灯泡H（用变量 Y 表示，下同）才会亮；只要有一个开关断开，灯泡就不会亮。即“当决定某件事情（灯亮）的所有条件（开关 S_1、S_2 闭合）全部具备之后，这件事情（灯亮）才能发生，否则不发生”。这种因果关系称为与逻辑关系，也称逻辑乘。图 7-9（b）所示为与门逻辑符号，与逻辑关系用逻辑函数表达式表示为：

$$Y=AB=A\cdot B=A\times B$$

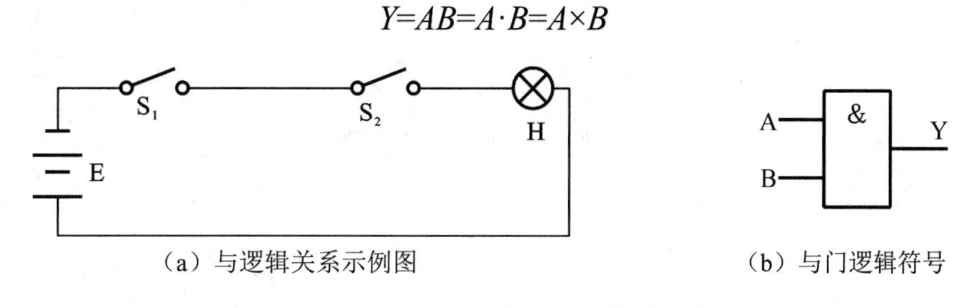

（a）与逻辑关系示例图　　（b）与门逻辑符号

图 7-9　与逻辑关系及与门逻辑符号

假设开关闭合为 1，断开为 0；灯亮为 1，灯灭为 0。可将逻辑变量和函数的各种取值列表，这种将输入与输出的逻辑关系用表格的形式表示出来称为真值表或者功能表。它包括全部可能的输入值组合及对应的输出值，如表 7-8 所示。

表 7-8　与逻辑真值表

输　入		输　出	输　入		输　出
A	*B*	*Y*	*A*	*B*	*Y*
0（断开）	0（断开）	0（灯灭）	1（闭合）	0（断开)	0（灯灭）
0（断开）	1（闭合）	0（灯灭）	1（闭合）	1（闭合）	1（灯亮）

由真值表分析可知，A、B 两个输入变量有四种可能的取值情况，应满足以下运算规则，即：

$$0\times0=0，0\times1=1，1\times0=0，1\times1=1$$

综合得出与逻辑关系的功能“有 0 出 0，全 1 出 1”。与门的输入端有时不止两个，无论有几个输入端，电路的逻辑关系都是不变的。

2．或逻辑、或门电路

或逻辑关系可用图 7-10 表示。从图 7-10（a）中可看出，S_1、S_2 两个开关并联在电路，开关 S_1 或 S_2 至少有一个闭合时，电路中就有电流流动，灯泡H就会亮；只有当两个开关都断开时，灯泡才不会亮。即“当决定某件事情（灯亮）的各种条件（开关 S_1、S_2 闭合）中只要有一个条件具备，这件事情（灯亮）就能发生”。这种因果关系称为或逻辑关系，也称逻辑加。图 7-10（b）所示为或门逻辑符号，或逻辑关系用逻辑函数表达式表示为：

$$Y=A+B$$

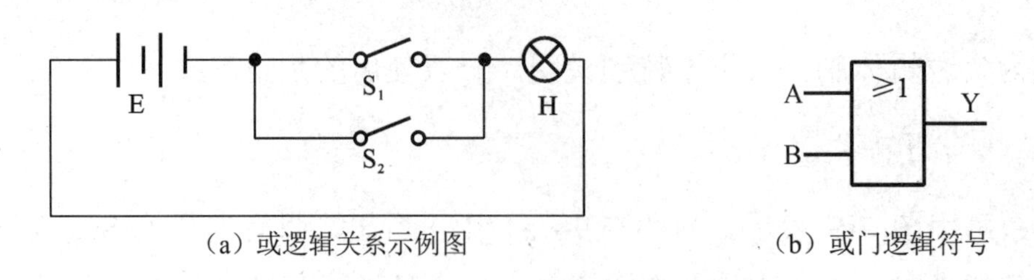

（a）或逻辑关系示例图　（b）或门逻辑符号

图 7-10　或逻辑关系及或门逻辑符号

假设开关闭合为 1，断开为 0；灯亮为 1，灯灭为 0。或逻辑真值表如表 7-9 所示。

表 7-9　或逻辑真值表

输　入		输　出	输　入		输　出
A	B	Y	A	B	Y
0（断开）	0（断开）	0（灯灭）	1（闭合）	0（断开）	1（灯亮）
0（断开）	1（闭合）	1（灯亮）	1（闭合）	1（闭合）	1（灯亮）

由真值表分析可知，A、B 两个输入变量有四种可能的取值情况，应满足以下运算规则，即：

$$0+0=0，0+1=1，1+0=1，1+1=1$$

综合得出与逻辑关系的功能“全 0 出 0，有 1 出 1”。同样，或门的输入也可以是多个，逻辑功能不会改变。

3．非逻辑、非门电路

非逻辑关系可用图 7-11 表示。从图 7-11（a）中可看出，开关 S 与灯泡 H 并联在电路中，开关断开时，电路中就有电流流动，灯泡H就会亮；开关闭合时，灯泡就不会亮。即“事情（灯亮）的结果跟条件（开关闭合）总是呈相反的状态”。这种因果关系称为非逻辑关系，简称逻辑非。图 7-11（b）所示为非门逻辑符号，非逻辑关系用逻辑函数表达式表示为：

$$Y=\overline{A}$$

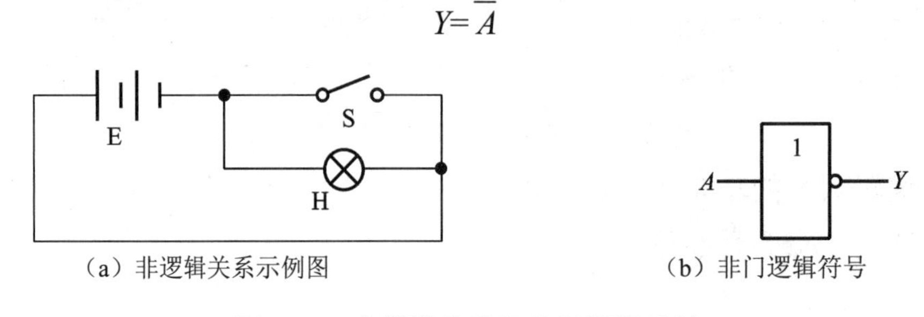

（a）非逻辑关系示例图　（b）非门逻辑符号

图 7-11　非逻辑关系及非门逻辑符号

假设开关闭合为 1，断开为 0；灯亮为 1，灯灭为 0。非逻辑真值表如表 7-10 所示。

表 7-10　非逻辑真值表

输　入	输　出	输　入	输　出
A	Y	A	Y
0（断开）	1（灯亮）	1（接通）	0（灯灭）

由真值表分析可知，输入变量有两种取值情况，应满足以下运算规则，即：

$$\overline{0}=1,\quad \overline{1}=0$$

4. 复合逻辑门的表示方式

与、或、非是三种最基本的逻辑关系，任何复杂的逻辑关系都可以由这三种逻辑关系组合而成。表 7-11 是几种常见的复合逻辑门电路。

表 7-11　复合逻辑门电路

逻辑关系	含　义	逻辑表达式	图形符号
与非	条件都具备了事件就不发生	$Y=\overline{A\cdot B}$	A B & Y
或非	只有一个条件具备，事件就不发生	$Y=\overline{A+B}$	A B ≥1 Y
异或	两个条件只有一个具备，另一个不具备，事件才发生	$Y=\overline{A}B+A\overline{B}$ $=A\oplus B$	A B =1 Y
同或	两个条件同时具备或同时不具备，事件才发生	$Y=AB+\overline{A}\,\overline{B}$ $=A\odot B$ $=\overline{A\oplus B}$	A B =1 Y

三、数字集成门电路

数字集成门电路即数字 IC，是将逻辑电路的元器件和连线制作在一块半导体基片上。集成门电路若是以三极管为主要器件，输入和输出都是三极管结构，则这种电路称为三极管—三极管逻辑电路，简称 TTL 电路。TTL 电路与分立元件电路相比，具有体积小、耗电少、工作可靠、性能好和速度高等优点。还有一种主要由场效应晶体管构成的集成门电路称为 MOS 集成门电路。根据 MOS 管的不同可分为 PMOS 电路、NMOS 电路和 CMOS 电路。其中，CMOS 是 PMOS 管和 NMOS 管组成的互补型集成电路，具有功耗低、抗干扰性强、开关速度快等优点，因此，广泛应用于大规模集成电路中。

1. 实际应用中的注意事项

在使用数字集成电路的过程中，要注意以下几个方面的内容。

（1）TTL 门电路的电源正端通常用“V_{CC}”，接地端用“GND”。TTL 集成电路要求电源电压为 5V±0.5V，切记电压一定要稳定，正负极性不能接反，并且保持先调好电源，再接入集成数字电路的习惯，否则，有可能造成严重后果，烧坏数字集成电路。为消除噪声干扰，一般在电源线和地线之间接上 0.01μF 的高频滤波电容，在电源的输入端接上 20～100μF 的低频滤波电容。TTL 集成门电路的输出端不能直接接电源，也不能直接接地。

（2）CMOS 门电路的电源正端通常标用“V_{DD}”，负端标用“V_{SS}”。CMOS 电路的电源范围较宽，但电源电压不能超过最大极限电源的范围，电源的极性也不能接错。输入信号应在V_{SS}～V_{DD}，输入电流小于 1mA。输出端不能直接接在V_{SS}或V_{DD}上，有较大容性负载时，为防止输出电流超过 10mA，必须在输出端和容性负载之间串接限流电阻。由于静电击穿是 CMOS 电路损坏的主要原因，因此，组装测试时，所用的电烙铁和其他工具仪器等均应良好接地，通电期间不能拔插器件，运输和保存都要在防静电材料中进行。在调试 CMOS 电路时，应先接通线路板电源再接通信号电源。结束时，应先断开信号源电源，再断开线路板电源。

对于门电路多余引脚的处理方法通常有以下三种方法：

（1）对于 TTL 门，可以将多余端悬空，此时多余端相当于输入“1”。但 CMOS 门电路的引脚不能悬空，因为 MOS 管是一种高输入阻抗电路，极易造成静电损坏。

（2）和其他输入端并接。此方法在并联的引脚不多时简单易行，但当并接的输入引脚太多时，由于输入端等效电容并联容量加大而使频率特性变差，输入信号的频率不能太高。

（3）根据实际情况接地或电源。一般与门、与非门应将多余的引脚接接电源（相当于接高电平），而一般或门、或非门应将多余的引脚接地（相当于接低电平），才能不影响原逻辑功能。

2. 常用的门电路集成芯片

常用的门电路集成芯片有二输入端四与门 74LS08，二输入端四或门 74LS32，六反相器 74LS04、CC4069，二输入端四与非门 74LS00、、CD4011，三输入端三与非门 74LS10，四输入端二与非门 74LS20，二输入端四或非门 74LS02、CD4001，二输入端四异或门 74LS86、74LS136、CC4070。图 7-12 是部分常用数字集成门电路的外引线排列。

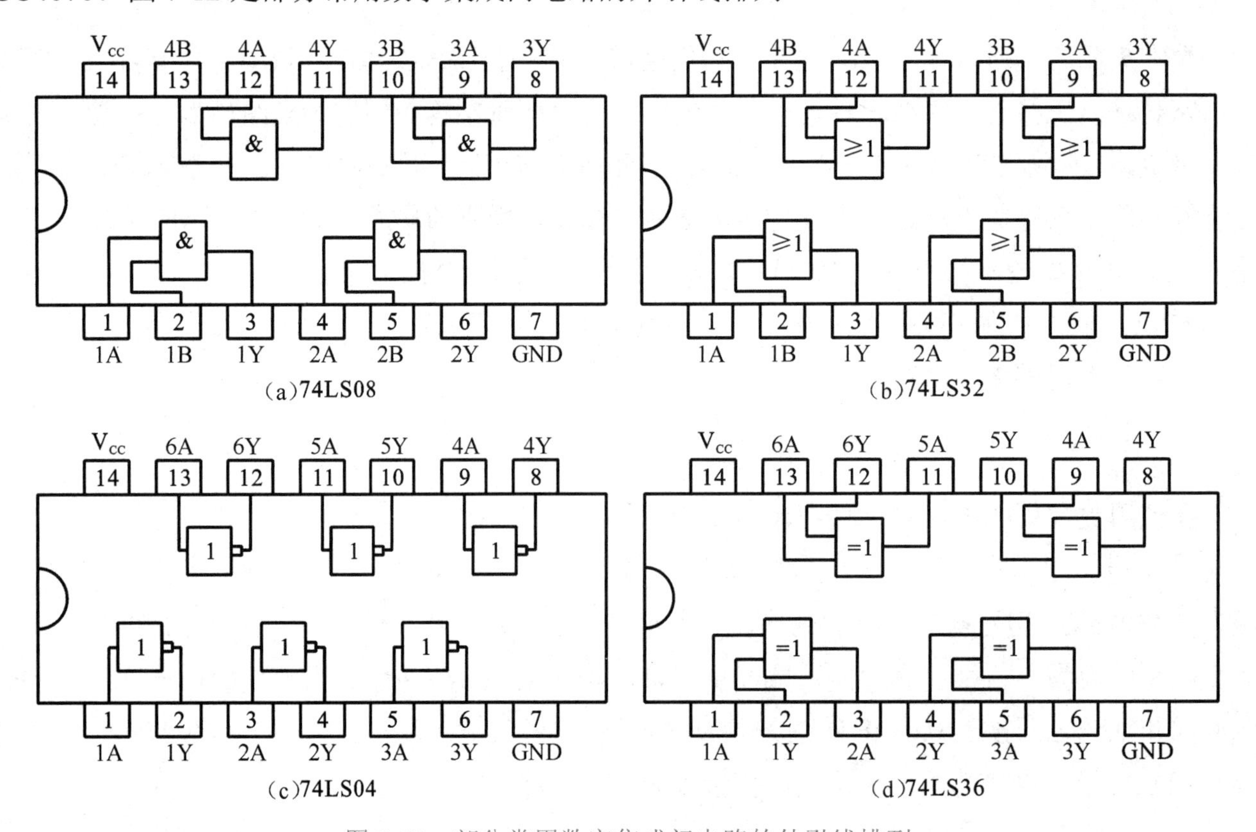

图 7-12 部分常用数字集成门电路的外引线排列

Loading　知识点 2　组合逻辑电路基础

组合逻辑电路是由基本逻辑门和复合逻辑门电路组合而成的。组合逻辑电路的特点是不具有记忆功能，电路某一时刻的输出由该时刻的输入决定，与输入信号作用前的电路状态无关。

一、逻辑代数基本公式

1. 变量和常量的关系定律

$$A+0=A \qquad A+1=1 \qquad A\cdot 0=0$$

$$A\cdot 1=A \qquad A+\overline{A}=1 \qquad \overline{A}\cdot A=0$$

2. 逻辑代数的基本定律

交换律：$A+B=B+A \quad A\cdot B=B\cdot A$

结合律：$A+B+C=(A+B)+C=A+(B+C) \quad A\cdot B\cdot C=(A\cdot B)\cdot C=A\cdot(B\cdot C)$

重叠律：$A+A=A \quad A\cdot A=A$

分配律：$A+B\cdot C=(A+B)\cdot(A+C) \quad A\cdot(B+C)=A\cdot B+A\cdot C$

吸收律：$A+AB=A \quad A\cdot(A+B)=A$

非非律：$\overline{\overline{A}}=A$

反演律：$\overline{A+B}=\overline{A}\cdot\overline{B} \quad \overline{AB}=\overline{A}+\overline{B}$

上述公式证明，只需用真值表验证等式两边的结果是否完全相同即可。

根据逻辑函数表达式，可以画出相应的逻辑电路图。逻辑式的繁简程度直接影响到逻辑电路中所用元件的多少。因此，往往需要对逻辑函数进行化简，找出简单合适的逻辑函数，以节省器件、降低成本、提高电路的可靠性。

通常情况下，逻辑函数化简就是将逻辑函数表达式化成简化的与—或表达式，简化的与—或表达式就是表达式中所含的乘积项最少，且每个乘积项中所含变量的个数也最少。

公式法化简就是利用逻辑代数的基本公式、常用公式和定律对逻辑式进行化简。

二、组合逻辑电路的分析和设计方法

1. 组合逻辑电路的分析方法

分析组合逻辑电路，即根据已知的逻辑电路，确定其逻辑功能。对逻辑电路进行分析，一方面可以更好地对其加以改进和应用；另一方面可用于检验所设计的逻辑电路是否优化，以及是否能实现预定的逻辑功能。

分析组合逻辑电路通常可按以下步骤进行：

（1）根据题意，由已知条件——逻辑电路图，写出各输出端的逻辑函数表达式。

（2）用逻辑代数和逻辑函数化简等基本知识对各逻辑函数表达式进行化简和变换。

（3）根据简化的逻辑函数表达式列出相应的真值表。

（4）依据真值表和逻辑函数表达式对逻辑电路进行分析，确定电路的逻辑功能，给出对该电路的评价。

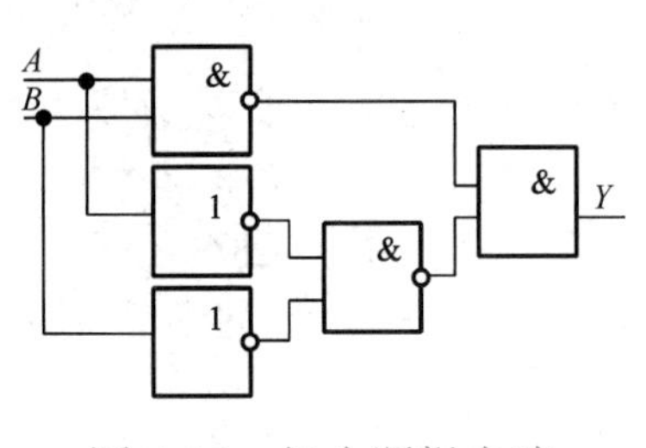

图 7-13　组合逻辑电路

例 7.1　如图 7-13 所示的组合逻辑电路，试分析其逻辑功能。

解：（1）由逻辑图自左向右逐次写出逻辑函数表达式，即：

$$Y=\overline{AB}\cdot\overline{\overline{A}\,\overline{B}}$$

（2）对逻辑函数化简，即：

$$Y=\overline{AB}\cdot\overline{\overline{A}\,\overline{B}}=(\overline{A}+\overline{B})\cdot(\overline{\overline{A}}+\overline{\overline{B}})=\overline{A}B+A\overline{B}$$

（3）列出的真值表如表 7-12 所示。

表 7-12　例 7.1 真值表

输　入		输　出
A	B	Y
0	0	0
0	1	1
1	0	1
1	1	0

从真值表中可以看出，当输入 A、B 全为 0 或全为 1 时，输出 Y 为 0；当输入 A、B 不同时，输出 Y 为 1。因此，它可以用来鉴别输入信号是否一致。

2．组合逻辑电路的设计

组合逻辑电路设计是根据某一具体逻辑问题或某一逻辑功能要求，得到实现该逻辑问题或逻辑功能的“最优”逻辑电路。同组合逻辑电路的分析一样，我们可以按一定的步骤进行。具体步骤如下：

（1）根据实际要求的逻辑关系建立真值表。

（2）由真值表写出逻辑函数表达式。

（3）化简逻辑函数表达式。

（4）依据逻辑函数表达式画出逻辑电路图。

例 7.2　举重比赛有三个裁判，一个主裁判 A，两个副裁判 B、C。杠铃举起后，只有两个或两个以上裁判（其中要求必有主裁判）判决成功才有效，成功的灯才会亮。设计满足上述要求的逻辑电路。

解：（1）根据题意，设 Y 为指示灯，“1”表示灯亮，“0”表示灯灭，裁判判决成功为“1”，

不成功为“0”。那么列出的真值表如表 7-13 所示。

（2）由真值表写出逻辑函数式，即：

$$Y=A\overline{B}C+AB\overline{C}+ABC$$

（3）化简逻辑函数式，即：

$$Y=A\overline{B}C+AB\overline{C}+ABC=A\overline{B}C+AB(\overline{C}+C)=A(B+C)$$

表 7-13　例 7.2 真值表

输　入			输　出	输　入			输　出
A	*B*	*C*	*Y*	*A*	*B*	*C*	*Y*
0	0	0	0	1	0	0	0
0	0	1	0	1	0	1	1
0	1	0	0	1	1	0	1
0	1	1	0	1	1	1	1

（4）由化简后的逻辑函数画出它的逻辑图，如图 7-14 所示。

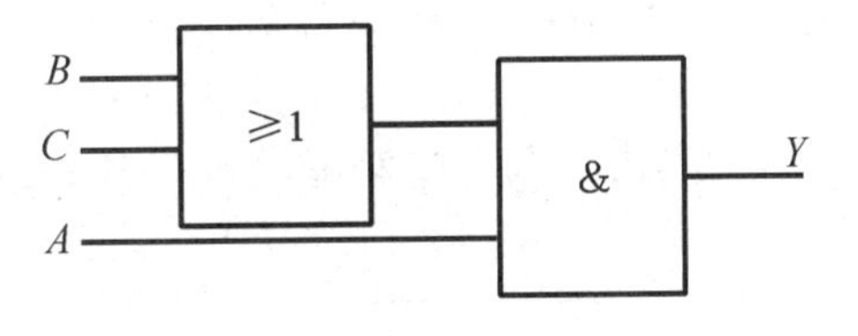

图 7-14　逻辑电路

Loading　知识点 3　编码器

在数字电路中，经常要把输入的信号（如十进制数、文字、符号等）转换成若干位二进制码（如 BCD 码等），这种转换过程称为编码。常见的有二进制编码器、二—十进制编码器（BCD 编码器）和优先编码器。

一、二进制编码器

能够将各种输入信息编成二进制代码的电路称为二进制编码器。由于 1 位二进制代码可以表示 0、1 两种不同的输入信号，2 位二进制代码可以表示 00、01、10、11 四种不同的输入信号，3 位二进制代码可以表示 000、001、010、011、100、101、110、111 八种不同的输入信号。由此可知，2^n 个输入信号只需 n 位二进制码就可以完成编码，即需要 n 个输出端口。

如图 7-15（a）所示的电路是一个 3 位二进制编码器的示意图。3 位二进制编码器的 I_0、I_1、I_2、I_3、I_4、I_5、I_6、I_7 为 8 路输入端，分别代表十进制数 0、1、2、3、4、5、6、7 八个数字。

输出是3位二进制代码分别用Y_2、Y_1、Y_0。因此，又称8-3线编码器。编码器任何时刻只能对I_0～I_7中的一个输入信号进行编码，而不能对多路输入进行编码；否则，输出将会发生错乱。

根据真值表7-14可写出编码器的逻辑表达式，即：

$$Y_2 = I_4 + I_5 + I_6 + I_7,\quad Y_1 = I_2 + I_3 + I_6 + I_7,\quad Y_0 = I_1 + I_3 + I_5 + I_7$$

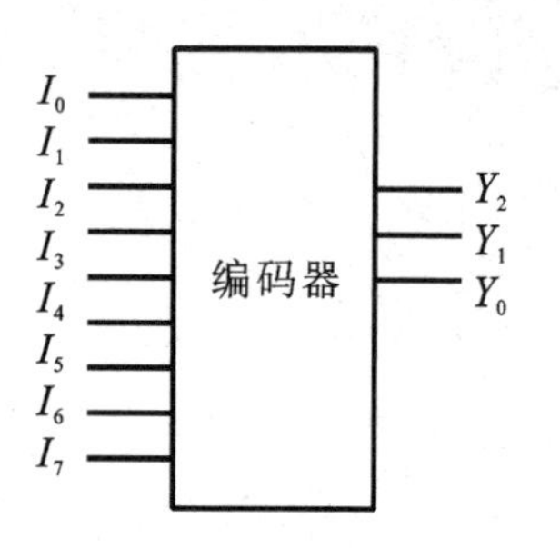

（a）3位二进制编码器的框图

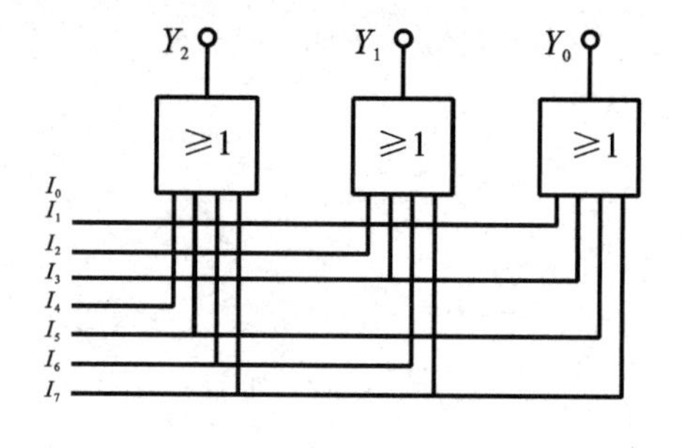

（b）3位二进制编码器逻辑图

图7-15　3位二进制编码器

根据逻辑表达式可画出或门组成的3位二进制编码器，如图7-15（b）所示，在图中，I_0的编码是隐含的，当I_1～I_7均为0时，电路输出就是I_0。

表7-14　3位二进制编码器真值表

输　入								输　出		
I_0	I_1	I_2	I_3	I_4	I_5	I_6	I_7	Y_2	Y_1	Y_0
1	0	0	0	0	0	0	0	0	0	0
0	1	0	0	0	0	0	0	0	0	1
0	0	1	0	0	0	0	0	0	1	0
0	0	0	1	0	0	0	0	0	1	1
0	0	0	0	1	0	0	0	1	0	0
0	0	0	0	0	1	0	0	1	0	1
0	0	0	0	0	0	1	0	1	1	0
0	0	0	0	0	0	0	1	1	1	1

二、优先编码器

前面介绍的编码器的输入信号是相互排斥的，即任一时刻只允许一个信号提出编码要求（高电平要求编码或低电平要求编码）。优先编码器允许同时输入两个以上的编码信号。但是，在设计优先编码器时已将所有的输入信号按照优先顺序排队，工作时只对优先级别最高的输入信号进行编码，其余的输入信号可看成无效信号。

74LS147是常用的10-4集成优先编码器，它有9路信号输入，可以编码成4位BCD码输出，当9路输入全为高电平时，表示十进制数中的0，输出为1111。优先编码器74LS147的功能如表7-15所示。

表 7-15 优先编码器 74LS147 的功能表

输入									输出			
$\overline{I_9}$	$\overline{I_8}$	$\overline{I_7}$	$\overline{I_6}$	$\overline{I_5}$	$\overline{I_4}$	$\overline{I_3}$	$\overline{I_2}$	$\overline{I_1}$	$\overline{Y_3}$	$\overline{Y_2}$	$\overline{Y_1}$	$\overline{Y_0}$
1	1	1	1	1	1	1	1	1	1	1	1	1
1	1	1	1	1	1	1	1	0	1	1	1	0
1	1	1	1	1	1	1	0	×	1	1	0	1
1	1	1	1	1	1	0	×	×	1	1	0	0
1	1	1	1	1	0	×	×	×	1	0	1	1
1	1	1	1	0	×	×	×	×	1	0	1	0
1	1	1	0	×	×	×	×	×	1	0	0	1
1	1	0	×	×	×	×	×	×	1	0	0	0
1	0	×	×	×	×	×	×	×	0	1	1	1
0	×	×	×	×	×	×	×	×	0	1	1	0

从表中可以看出，当$\overline{I_9}$为 0（低电平有效时）。无论$\overline{I_0}$ ~ $\overline{I_8}$是 0 还是 1，均只按输$\overline{I_9}$进 z 编码，编码输出为 9 的 8421BCD 码的反码 0110。在表 7-18 中，“×”表示取任意逻辑值。从表中可得优先编码器 74LS147 的优先级别由高到低依次为$\overline{I_9}$、$\overline{I_8}$、$\overline{I_7}$、$\overline{I_6}$、$\overline{I_5}$、$\overline{I_4}$、$\overline{I_3}$、$\overline{I_2}$、$\overline{I_1}$、$\overline{I_0}$，$\overline{I_0}$的编码是隐含的，当$\overline{I_1}$ ~ $\overline{I_9}$都输入无效电平时，编码器输出为$\overline{I_0}$的编码。

Loading

知识点 4 译码器

译码是编码的逆过程，其功能是把某种输入代码翻译成一个相应的信号输出。能完成译码过程的电路称为译码器。按照不同的功能译码器可分为通用译码器和显示译码器。

一、译码器

二进制译码器是二进制编码器的逆过程。二进制译码器的输入是一组二进制代码，输出是一组与输入代码相对应的高、低电平信号。根据输入、输出端的个数不同二进制译码器分为 2-4 译码器（74LS139）、3-8 译码器（74LS138）和 4-16 译码器（74LS154）等。它们的工作原理相似。现以 3-8 译码器集成电路 74LS138 为例介绍译码器的功能原理。

图 7-16（a）所示为 3 位二进制译码器的框图。输入为A_2、A_1、A_0，输出为$\overline{Y}_0$ ~ $\overline{Y}_7$。

74LS138 的外引脚排列如图 7-16（b）所示。该集成电路除了具有A_2、A_1、A_0三路输入，$\overline{Y}_0$ ~ $\overline{Y}_7$八路输出外，还有$\overline{S}_3$、$\overline{S}_2$、S_1三个选通端（也称使能控制端），这三个端子用来控制译码器的工作。当$S_1=1$，$\overline{S}_3=\overline{S}_2=0$时，译码器处于正常工作状态；当$S_1=1$，$\overline{S}_3=\overline{S}_2=1$时，译码器禁止，所有的输出端均为高电平。表 7-16 所示为 3-8 译码器的真值表。

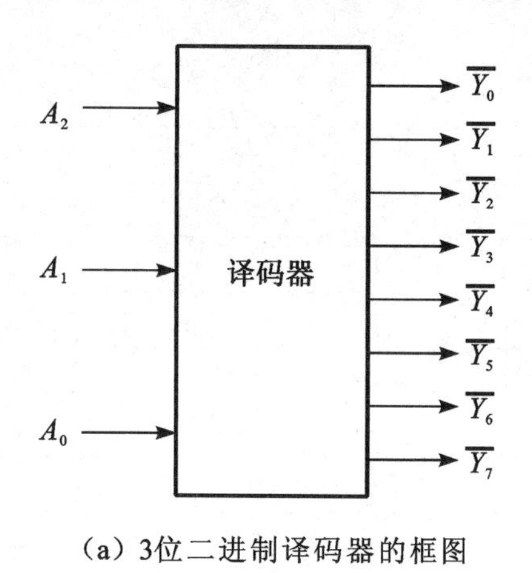

（a）3位二进制译码器的框图

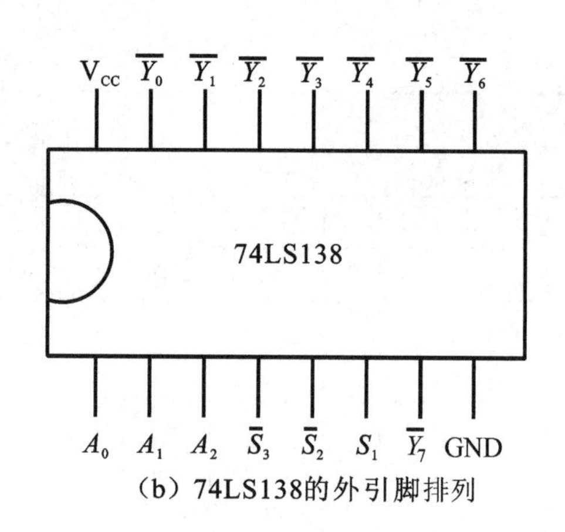

（b）74LS138的外引脚排列

图 7-16　3-8 译码器

表 7-16　3-8 译码器的真值表

输入					输出							
S_1	$\overline{S_2}+\overline{S_3}$	A_2	A_1	A_0	$\overline{Y_0}$	$\overline{Y_1}$	$\overline{Y_2}$	$\overline{Y_3}$	$\overline{Y_4}$	$\overline{Y_5}$	$\overline{Y_6}$	$\overline{Y_7}$
0	×	×	×	×	1	1	1	1	1	1	1	1
×	1	×	×	×	1	1	1	1	1	1	1	1
1	0	0	0	0	0	1	1	1	1	1	1	1
1	0	0	0	1	1	0	1	1	1	1	1	1
1	0	0	1	0	1	1	0	1	1	1	1	1
1	0	0	1	1	1	1	1	0	1	1	1	1
1	0	1	0	0	1	1	1	1	0	1	1	1
1	0	1	0	1	1	1	1	1	1	0	1	1
1	0	1	1	0	1	1	1	1	1	1	0	1
t1	0	1	t1	1	1	1	1	1	1	1	1	0

二、数码显示器

常用的数码显示器有半导体数码管（LED）、液晶数码管（LCD）和荧光数码管 3 种，虽然它们结构各异，但译码显示的电路原理是相同的。下面以广泛应用于各种数字设备中的半导体七段数码管为例，介绍显示器的工作原理。

图 7-17（a）所示为七段数码显示器发光线段的排列形状。发光二极管分别用 a、b、c、d、e、f、g 加以区分。例如，当 g 段不亮，其他各段都亮，就能显示数字“0”，如图 7-17（b）所示。

半导体数码的发光二极管内部接线方法有共阴极和共阳极两种，如图 7-18 所示。采用共阴极方式时，译码器输出高电平驱动相应的二极管发光；采用共阳极方式时，译码器必须输出低电平才能驱动相应的二极管发光。

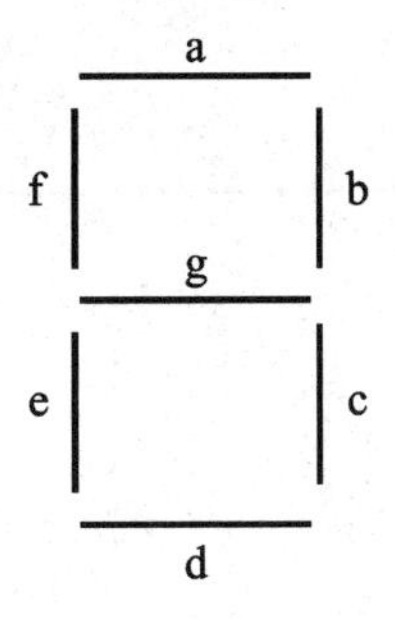

（a）七段数码管的排列形状

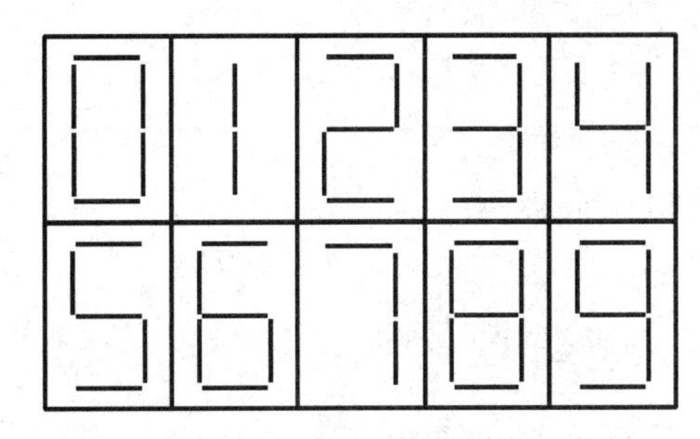

（b）发光段组成的数字图形

图 7-17　七段数码显示器显示的字形

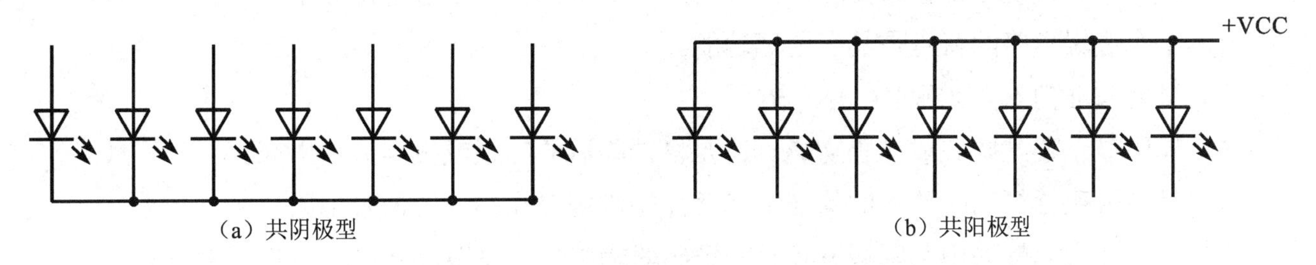

（a）共阴极型　　（b）共阳极型

图 7-18　共阴极型和共阳极型半导体数码管示意图

数码管一般采用七段显示，但有些数码管右下角还增加一个小数点，作为字形的第八段，即八段显示数码管。如 BS202 型数码管，其实物图及引脚排列如图 7-19 所示。

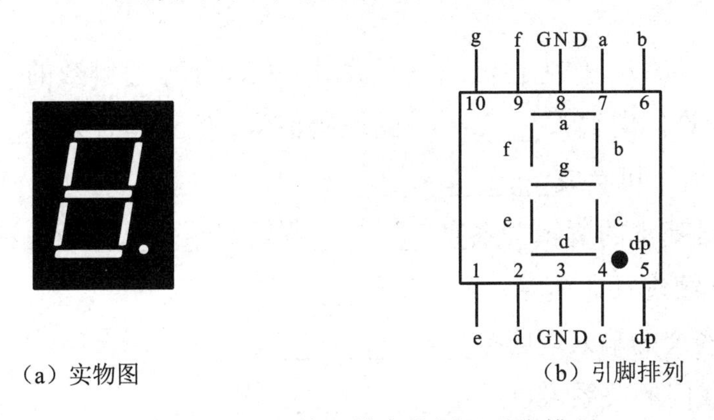

（a）实物图　　（b）引脚排列

图 7-19　BS202 数码管实物图及引脚排列

半导体数码管中各段发光二极管的伏安特性和普通二极管类似，只是正向压降较大，正向电阻也较大。在一定范围内，其正向电流与发光亮度成正比。由于常规的数码管起辉电流只有 1～2lmA，最大极限电流也只有 10～30mA，因此在电压较高的电路中，一定要串联限流电阻；否则，会损坏数码管器件。

Loading 理论测验 <<<<<<<<

一、判断题

1．逻辑变量的取值，1 比 0 大。（ ）

2．因为逻辑表达式 $A+B+AB=A+B$ 成立，所以 $AB=0$ 成立。（ ）

3．在时间和幅度上都断续变化的信号是数字信号，语音信号不是数字信号。（ ）

4．组合逻辑电路的特点是具有记忆功能。（ ）

5．只用与非门不能实现 $Y=A\overline{B}+BC$。（ ）

6．译码显示器既要完成译码功能，还要将译码后的结果或数据显示出来。（ ）

7．优先编码器对同时输入的信号中只对优先级别最高的一个信号编码。（ ）

8．半导体数码管采用共阴极方式时，译码器输出低电平驱动相应的二极管发光。（ ）

9．同或门的逻辑功能是“相同出 0，相异出 1”。（ ）

10．译码器的功能是将二进制数码还原成给定的信息。（ ）

二、填空题

1．有一数码 10010011，作为自然二进制数时，相当于十进制数的________。

2．优先编码器允许同时输入________的编码信号，但工作时只对________的输入信号进行编码，其余的输入信号可看成__________。

3．客观事物的最基本的逻辑关系有________逻辑、________逻辑和________逻辑三种。

4．51 个“1”连续进行非运算，其结果是__________。

5．TTL 与非门多余的输入端应接____________。

6．同或门和异或门的关系可以用____________表示。

7．对 TTL 与非门闲置端不用的处理方法是________________。

8．组合逻辑电路的设计步骤有________、__________、__________、__________。

9．译码显示器是先将输入的____________译码成十进制数的信号，再利用译码输出驱动显示数字。

三、选择题

1．十进制整数转换成二进制整数一般采用（ ）方法。

A．除 2 取整法　　B．除 2 取余法

C．乘 2 取整法　　D．除 10 取余法

2．当 $A=B=0$ 时，能实现 $Y=1$ 的逻辑运算是（ ）。

A．$Y=AB$　　B．$Y=A+B$　　C．$Y=\overline{A+B}$　　D．$Y=\overline{\overline{A}+\overline{B}}$

3．二进制的减法运算法则是（　　）。

A．逢二进一　　B．逢十进一　　C．借一作十　　D．借一作二

4．MOS 或门的多余输入端应（　　）。

A．悬空　　B．接高电平　　C．接低电平　　D．高低电平均可

5．组合逻辑电路应该由哪种器件构成（　　）。

A．触发器　　B．计数器　　C．门电路　　D．振荡器

6．3 位二进制编码器输出与输入端的数量分别为（　　）。

A．3 个和 2 个　　B．3 个和 8 个　　C．8 个和 3 个　　D．2 个和 3 个

7．七段显示译码器，当译码器七个输出端状态为 abcdefg = 0110011 时，高电平有效，输入一定为（　　）。

A．0011　　B．0110　　C．0100　　D．0101

8．下列门电路，不属于基本门电路（　　）。

A．与门　　B．或门　　C．非门　　D．与非门

9．组合逻辑电路的特点为（　　）。

A．电路某时刻的输出只取决于该时刻的输入

B．含有记忆元件

C．输出、输入间有反馈通路

D．电路输出与以前状态有关

10．TTL 逻辑电路是以（　　）为基础的集成电路。

A．三极管　　B．二极管　　C．场效应管　　D．不能确定

四、问答题

1．十进制转换成二进制的具体转换方法是什么？

2．分别描述异或门和同或门的逻辑功能，并说明它们之间的关系。

3．简述图 7-4 中与发光二极管串联电阻的作用，如果将电阻值更换为 100kΩ，则发光二极管还能正常发光吗？为什么？

4．译码的含义是什么？为什么说译码是编码的逆过程？译码器和编码器在电路组成上有什么不同？

项目八 脉冲电路的认知及应用

在电子电路中，电源、放大、振荡和调制电路被称为模拟电子电路，简称模拟电路。模拟电路加工和处理的对象是连续变化的模拟信号。电子电路中另一大类为数字电子电路，简称数字电路。数字电路加工和处理的对象是不连续变化的数字信号。数字电子电路又可分成脉冲电路和数字逻辑电路，它们处理的对象都是不连续的数字信号。脉冲电路是专门用来产生电脉冲和对电脉冲进行放大、变换和整形的电路。家用电器中的定时器、报警器、电子开关、电子钟表、电子玩具，以及电子医疗器具等，都要用到脉冲电路。

本项目通过多谐振荡器、555 触摸延时开关及双色 LED 的安装调试技能实训，引出波形产生电路——单稳态触发器、多谐振荡器、施密特触发器及 555 时基电路的知识。

技能目标

1．能够装配、测试、调整多谐振荡器。

2．能根据电路图安装 555 时基电路构成单稳态触发器、多谐振荡器，施密特触发器。

知识目标

1．理解脉冲信号的概念。

2．了解多谐振荡器、单稳触发器、施密特触发器的功能及基本应用。

3．了解 555 时基电路的引脚功能和逻辑功能。

4．了解 555 时基电路在生活中的应用实例。

5．掌握模/数与数/模转换的性能指标，了解典型转换器芯片。

第一部分　技能实训

技能实训 1　多谐振荡器搭建

多谐振荡器是一种矩形脉冲（矩形波）产生电路，这种电路不需要外加触发信号，便能产生一定频率和一定宽度的矩形脉冲，常用作脉冲信号源。由于矩形波含有丰富的奇次谐波，故称为多谐振荡器。图 8-1 是由 CD4011 集成电路和少许外围阻容元件构成的一种多谐振荡电路。

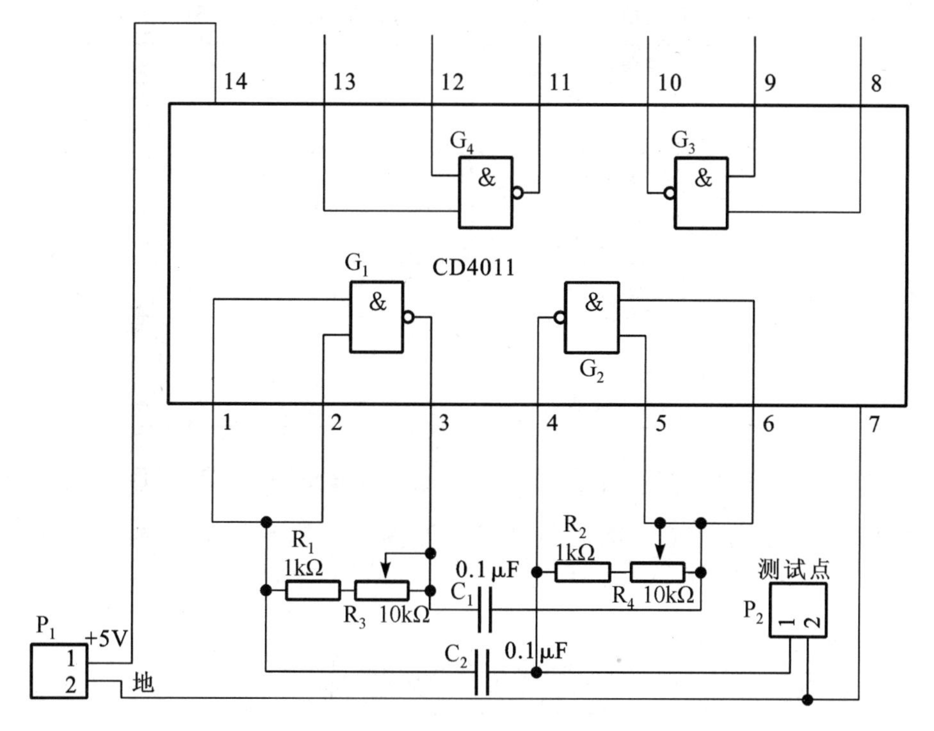

图 8-1　多谐振荡电路原理

一、认识电路

1．电路工作原理

（1）CD4011 的外形、引脚排列与真值表如图 8-2 所示。

（2）CD4011 的引脚介绍（表 8-1）。

（3）工作原理。

原理图如 8-1 所示，它由 CD4011 集成块内部两个与非门和外围两对 R、C 定时元件组成了一个多谐振荡器。

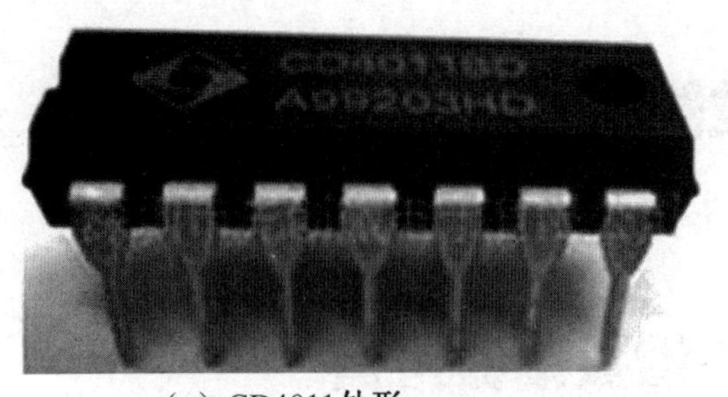

（a）CD4011外形

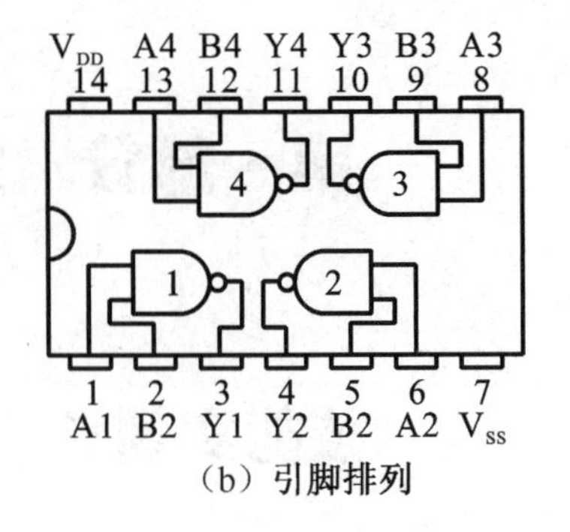

（b）引脚排列

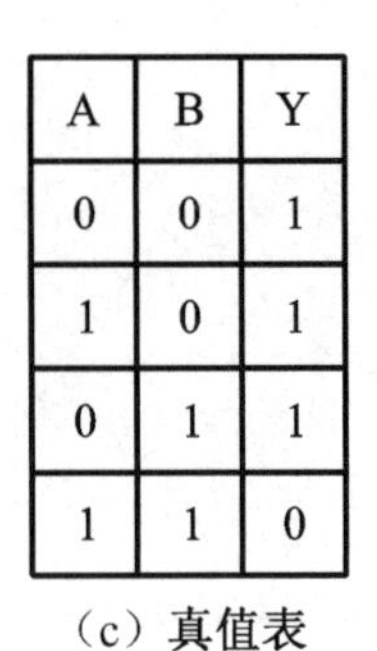

A	B	Y
0	0	1
1	0	1
0	1	1
1	1	0

（c）真值表

图 8-2　CD4011 的外形、引脚排列与真值表

表 8-1　CD4011 的引脚

引脚序号	标　注	功能释义	引脚序号	标　注	功能释义
1	A1	数据输入端	8	A3	数据输入端
2	B1	数据输入端	9	B3	数据输入端
3	Y1	数据输出端	10	Y3	数据输出端
4	Y2	数据输出端	11	Y4	数据输出端
5	B2	数据输入端	12	B4	数据输入端
6	A2	数据输入端	13	A4	数据输入端
7	V_{SS}	接地端	14	V_{DD}	电源正极

电路的工作过程如下：接通电源后，与非门 Q_1 和与非门 Q_2 都工作在放大区，此时只要有一点干扰，就会引起振荡。如干扰信号使 1、2 脚电位略有上升，就会发生以下正反馈过程，即：

$$V_{12}\uparrow\rightarrow V_3\downarrow\rightarrow V_{56}\downarrow\rightarrow V_4\uparrow$$

从而使与非门 Q_1 迅速饱和导通，与非门 Q_2 迅速截止，电路进入一个暂稳态。同时，电容 C_1 开始充电，C_2 开始放电，从而使 5、6 引脚电压上升，1、2 引脚电压下降（V_{12}、V_{56} 均按指数规律升、降）。由于电容 C_1 有两个电流充电，使 5、6 引脚先到阈值电压，从而引起下面正反馈过程，即：

$$V_{56}\uparrow\rightarrow V_4\downarrow\rightarrow V_{12}\downarrow\rightarrow V_3\uparrow$$

因而，与非门 Q_2 迅速导通，与非门 Q_1 迅速截止，电路进入另一个暂稳状态。这时 C_2 充电，C_1 放电，引脚 1、2 电位会较快地升高到阈值电压，并引起下次正反馈过程，使电路重新回到与非门 Q_1 导通，与非门 Q_2 截止的暂稳状态。于是，电路将不停地振荡，就会输出矩形脉冲波。调节电位器，可以得到不同周期（频率）的矩形脉冲。

2．实物图

单孔印制电路板和多谐振荡器装接实例如图 8-3 所示。

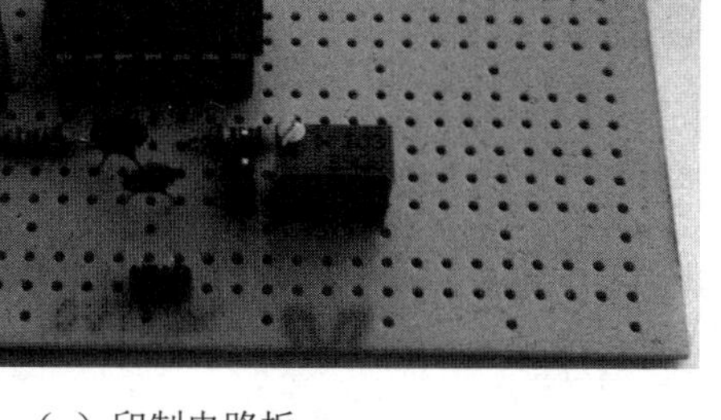

（a）印制电路板　　（b）装接实例

图 8-3　单孔印制电路板和多谐振荡器装接实例

二、元器件的选择与测试

根据电路原理图，从所给元器件袋中选择装配电路所需要的元器件。按要求进行测试，并将测试结果填入表 8-2 中。

（1）用万用表对电阻器进行测量，将测得实际阻值填入“测试结果”栏。

（2）用万用表对电位器进行测量，将测得实际阻值填入“测试结果”栏。

（3）用万用表测试、检查电容器好坏，识读相关参数，将识读结果填入“测试结果”栏。

表 8-2　元器件清单

序　号	名　称	配件图号	测试结果
1	直插电阻	R_1	用万用表测得的实际阻值为________Ω
2	直插电阻	R_2	用万用表测得的实际阻值为________Ω
3	瓷片电容	C_1	识读电容的参数是________________
4	瓷片电容	C_2	识读电容的参数是________________
5	集成电路	U_1	集成块型号是____________________
6	集成电路插座	DIP-8	—
7	电位器	R_3	用万用表测得的实际最大阻值为______Ω
8	电位器	R_4	用万用表测得的实际最大阻值为______Ω
9	电源端子	P_1	—
10	测试端子	P_2	—

三、电路制作与调试

（1）按电路原理图的结构在单孔印制电路板上绘制电路元器件的布局草图。

（2）按工艺要求对元器件的引脚进行成形加工。

（3）按布局图在连孔板上依次进行元器件的排列、插装。

（4）按焊接工艺要求对元器件进行焊接，直到所有元器件连接并焊完为止。

（5）焊接电源输入端子和输出端子。

（6）要求。

① 不漏装、错装，不损坏元器件。

② 无虚焊、漏焊和桥接，焊点表面要光滑、干净。

③ 元器件排列整齐，布局合理，并符合工艺要求。

注意：必须将集成电路插座 DIP-14 焊接在电路板上，再将集成块 U_1 插在插座上；色环电阻器采用水平安装，贴紧印制电路板；电容采用立式安装，底部尽量贴紧印制电路板；电位器采用立式安装，底部尽量贴紧印制电路板。

四、电路测试与分析

装接完毕并检查无误后，将稳压电源的输出电压调整为5V，对电路单元进行通电试验，如有故障应进行排除。先将示波器调好，然后调节 R_3、R_4 的阻值，用示波器观察输出测试点波形，并画出波形图。

1. 画出最大周期波形（表8-3）

表8-3　最大周期波形

P2：记录波形	示　波　器
	时间挡位： 幅度挡位： 峰—峰值： 有效值：

2．画出最小周期波形（表 8-4）

表 8-4　最小周期波形

P2：记录波形	示　波　器
	时间挡位： 幅度挡位： 峰—峰值： 有效值：

3．画出最理想矩形波波形（表 8-5）

表 8-5　最理想矩形波波形

P2：记录形波	示　波　器
	时间挡位： 幅度挡位： 峰—峰值： 有效值：

技能实训 2　555 触摸延时开关制作

555 集成电路，也称 555 时基电路，是一种中规模集成电路。它具有功能强、使用灵活、使用范围宽的特点。通常只需外接少许阻容元件，就可以组成各种不同用途的脉冲电路。可以用作脉冲波的产生和整形，也可以用于定时或延时控制，广泛地用于各种自动控制电路中。

一、认识电路

1．电路工作原理

单稳态触发器电路由 555 定时器和外围阻容元件构成，可以实现触摸延时开关控制，常用于走廊灯控制电路中。电路原理如图 8-4 所示。基本工作原理：在电源接通瞬间，通过 RP_1 和 R_2 向电容 C_1 充电，当电压上升到电源电压的 2/3 时，触发器复位，第 3 引脚输出为低电平，内部放电管导通，电容 C_1 放电，电路进入稳定状态，此时电源指示灯 LED_1 发光，外部三极管 VT_1 截止，灯泡供电线路中的继电器处于非吸合，灯泡不亮；当用手触摸金属触摸点，感应信号电压由 C_2 加至触发输入端，使 555 进入暂稳态，3 引脚输出为高电平，此时，指示灯 LED_1 截止熄灭，工作指示灯 LED_2 导通发光，三极管 VT_1 导通，从而继电器线圈 KM 吸合，灯泡亮，同时电源通过 R_{P1} 和 R_2 向电容 C_1 充电，定时开始；当电容 C_1 的电压上升到电源电压的 2/3 时，555 时基电路第 7 引脚导通，使 C_1 放电，内部触发器复位，使第 3 引脚由高电平变回到低电平，此时工作指示灯 LED_2 截止熄灭、三极管 VT_1 截止，从而继电器释放，灯泡灭，定时结束，同时电源指示灯 LED_1 导通发光，指示电路正常待命。

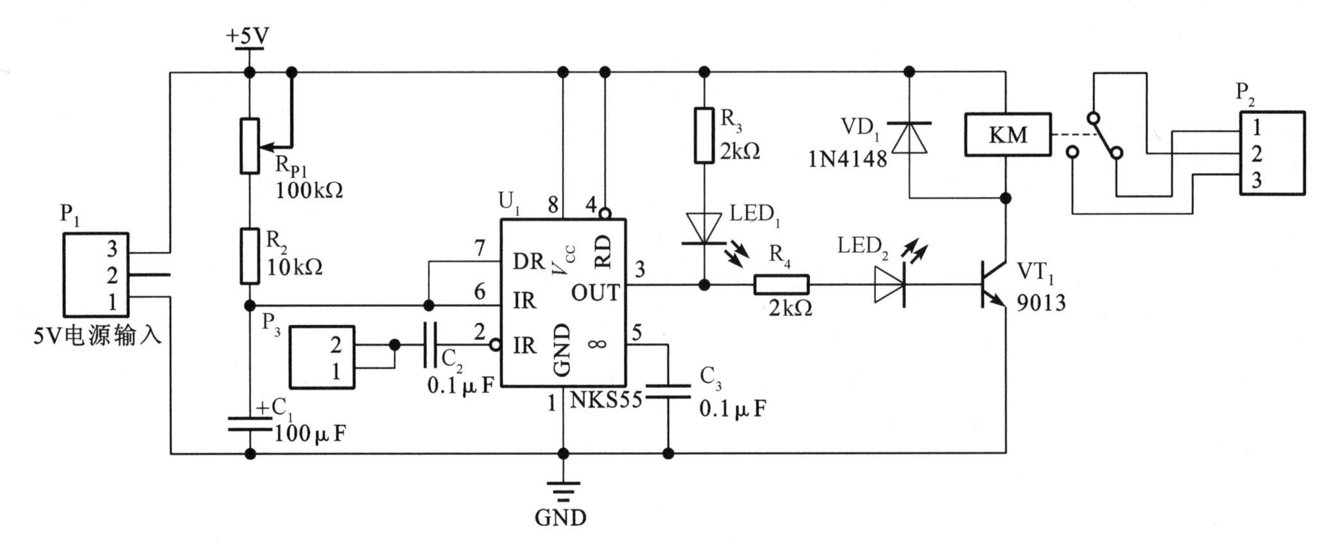

图 8-4　555 触摸延时开关电路原理

2．实物图

555 触摸延时开关电路印制电路板和装接实例如图 8-5 所示。

二、元器件的选择与测试

根据电路原理图，从所给元器件袋中选择装配电路所需的元器件。按要求进行测试，并将测试结果填入表 8-6 中。

① 用万用表对电阻器进行测量，将测得实际阻值填入“测试结果”栏。

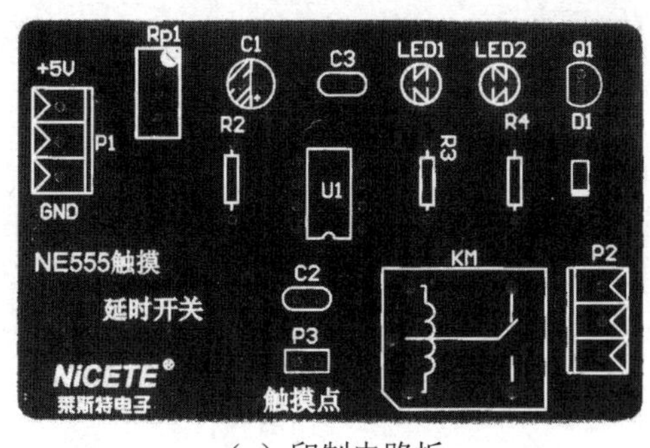

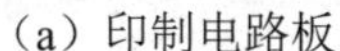
（a）印制电路板

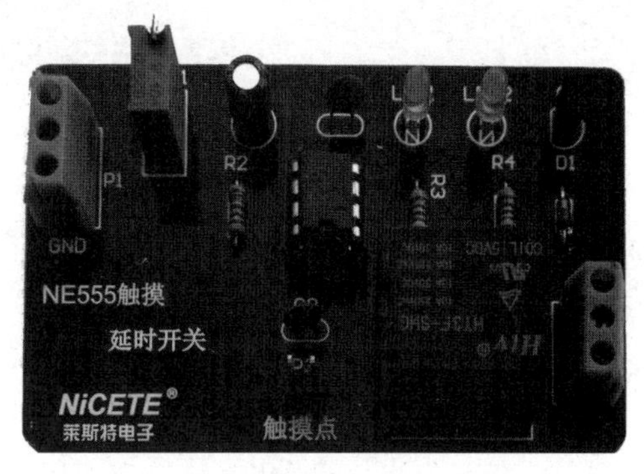

（b）装接实例

图 8-5　555 触摸延时开关电路印制电路板和装接实例

② 用万用表测试、检查电容器（根据长短引脚填写正负极），读出耐压值、容量，将识读结果填入“测试结果”栏。

③ 测试二极管：根据有标志的一端填写正、负极，用万用表测量其导通截止，并注明所用挡位，结果填入“测试结果”栏。

④ 三极管的测试：引脚朝下，面对有文字的一面，从左到右依次为 1、2、3 号引脚，在表中填写 b、e、c，并写出三极管的类型。

表 8-6　元器件清单

序号	名　称	配 件 图 号	测 试 结 果
1	电解电容	C_1	此电容的容量为________，耐压值是________
2	电容	C_2、C_3	此电容的容量为________
3	玻璃二极管	VD_1	正向电阻为________Ω，反向电阻是________Ω
4	继电器	KM	型号为________，工作电压为________，交流负载参数为________
5	发光二极管	LED_1、LED_2	长脚为________极，挡位打到________挡，红表笔接________极，发光二极管发光
6	直插三极管	VT_1	型号为________，1—________，2—________，3—________，此三极管是________型（NPN，PNP）
7	直插电阻	R_2	用万用表测得的实际阻值为________Ω
8	直插电阻	R_3、R_4	用万用表测得的实际阻值为________Ω
9	电位器	RP_1	用万用表测得的实际最大阻值为________Ω
10	NE555	U_1	集成块第一脚的标志是________
11	触摸端子	P3	—
12	接线端子	P1、P2	—

三、电路制作与调试

1．装配工艺

555 触摸延时开关电路的装配工艺卡片如表 8-7 所示。

表 8-7　555 触摸延时开关电路的装配工艺卡片

装配工艺卡片				工序名称	产品名称
				插件及焊接	555 触摸延时开关
					产品型号
工序号	装入件及辅材代号、名称、规格			数量	插装工艺要求
1	R_2	碳膜电阻	RT114-100kΩ±1%	1	卧式安装，水平贴板
2	R_3、R_4	碳膜电阻	RT114-2kΩ±1%	2	卧式安装，水平贴板
3	C_1	电解电容	CC1-16V-100μF±20%	1	立式安装，水平贴板
4	C_2、C_3	瓷片电容	CC1-100V-104P±20%	2	水平安装，引脚高度 3～5mm
5	LED_1、LED_2	发光二极管	LED_#3	2	卧式安装，水平贴板
6	VD_1	直插二极管	1N4148	1	卧式安装，水平贴板
7	VT_1	直插三极管	TO-92A	1	立式安装，引脚高度 3～5mm
8		IC 插座	DIP8	1	双列直插
9	RP_1	电位器	RP_3296	1	水平贴板
10	KM	继电器	RELAY-5	1	水平贴板
11	P3	触摸端子	2-Pin	1	水平贴板
12	P1、P2	接线端子	含螺母	2	水平贴板
13	U_1	集成 IC	NE555	1	贴座插装
焊接工艺要求：符合通用手工焊接规范，焊点整洁、圆润、光滑、无虚焊、漏焊、冷焊等现象。剪脚整齐，引脚末端留存 0.5～1mm					

2．装配注意事项

（1）按电路原理图熟悉印制电路板上电路元器件的布局。

（2）按工艺要求对元器件的引脚进行成形加工。

（3）在印制电路板上依次进行元器件的排列、插装。

（4）按焊接工艺要求对元器件进行焊接，直到所有元器件连接并焊完为止。

（5）焊接电源端子和触摸端子。

（6）要求。

① 不漏装、错装，不损坏元器件。

② 无虚焊、漏焊和桥接，焊点表面要光滑、干净。

③ 元器件排列整齐，布局合理，并符合工艺要求。

四、电路测试与分析

（1）装接完毕，检查无误后，用万用表测量电路的电源两端，若无短路，方可接入+5V 电源。加入电源后，如无异常现象，可开始调试。

（2）加电后观察，先是________灯亮，当用手触摸感应点时，______灯熄灭。______灯点亮，时间大约是________s，调节电位器后的现象是____________________。

Loading 技能实训 3　基于 NE555 的双色 LED 制作

555 定时器主要是与电阻、电容构成充放电电路，并由两个比较器来检测电容器上的电压，以确定输出电平的高低和放电开关管的通断。可方便地构成单稳态触发器、多谐振荡器、施密特触发器等脉冲产生或波形变换电路。

一、认识电路

1. 电路工作原理

基于 NE555 的双色 LED 控制电路原理如图 8-6 所示，是由 555 定时器和外接元件 R_1、R_3、R_7、VD_1、VD_2、C_1 构成多谐振荡器，2 引脚与 6 引脚直接相连。电路没有稳态，仅存在两个暂稳态，电路也不需要外加触发信号，利用电源通过 R_1、VD_1、R_7 向 C_1 充电，以及 C_1 通过 R_7、VD_2、R_3 向放电端放电，使电路产生振荡。电容 C_1 在 $\frac{1}{3}V_{cc}$ 和 $\frac{2}{3}V_{cc}$ 之间充电和放电，调节 R_7 不仅能改变振荡频率，而且对占空比也有影响，从而 3 引脚输出振荡频率和占空比可以调节的波形，通过示波器和 LED 灯的亮暗可以观察到这一现象。

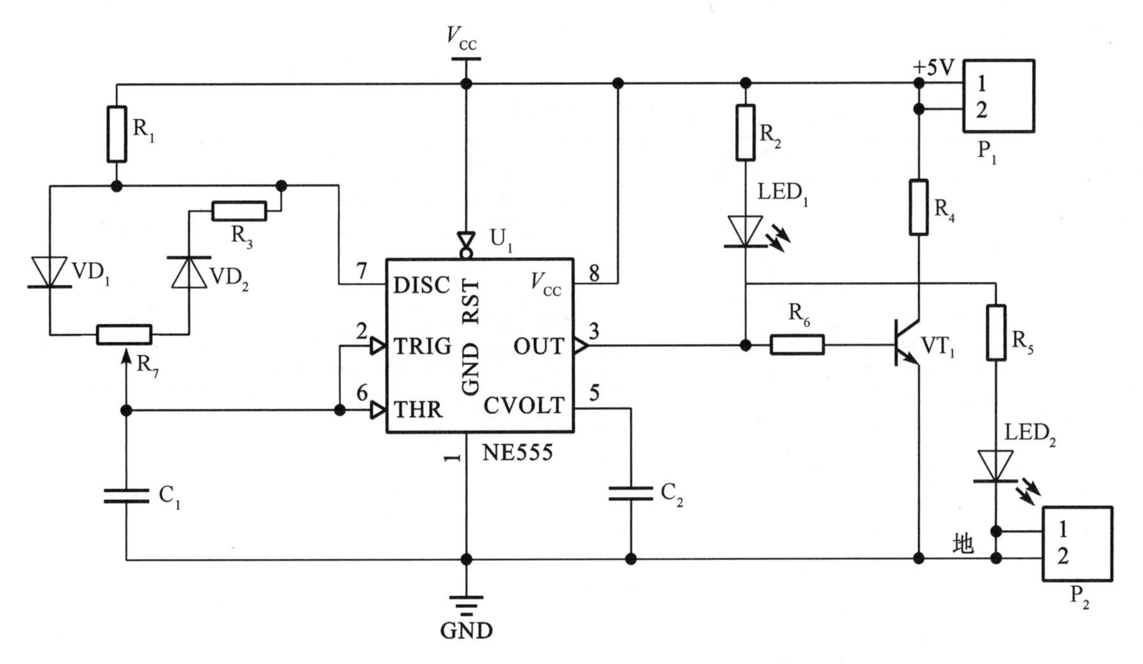

图 8-6　基于 NE555 的双色 LED 控制电路原理

2. 实物图

基于 NE555 的双色 LED 控制电路印制电路板和装接实例如图 8-7 所示。

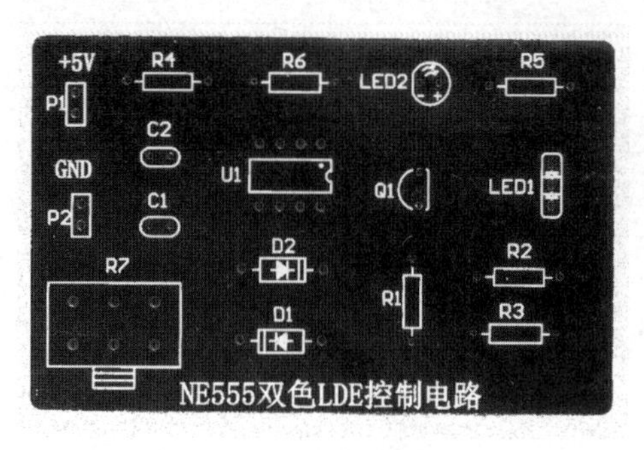

（a）印制电路板

（b）装接实例

图 8-7　基于 NE555 的双色 LED 控制电路印制电路板和装接实例

二、元器件的选择与测试

根据电路原理图，从所给元器件袋中选择装配电路所需的元器件。按要求进行测试，并将测试结果填入表 8-8 中。

① 用万用表对电阻器进行测量，将测得实际阻值填入“测试结果”栏。

② 测试二极管：根据有标志的一端填写正、负极，用万用表测量其导通截止，并注明所用档位，结果填入“测试结果”栏。

③ 三极管的测试：引脚朝下，面对有文字的一面，从左到右依次为 1、2、3 号引脚，在表中填写 b、e、c，并写出三极管的类型。

表 8-8　元器件清单

序　号	名　称	配件图号	测试结果
1	电阻	R_1、R_3	用万用表测得的实际阻值为________Ω
2	电阻	R_2、R_5	用万用表测得的实际阻值为________Ω
3	电阻	R_4	用万用表测得的实际阻值为________Ω
4	电阻	R_6	用万用表测得的实际阻值为________Ω
5	可调电阻	R_7	用万用表测得的实际最大阻值为______Ω
6	瓷片电容	C_1	此电容的容量是________
7	瓷片电容	C_2	此电容的容量是________
8	二极管	VD_1、VD_2	型号为_____，有黑色圈标记的为_____极，正向导通时，红表笔接的是_____极
9	双色二极管	LED_1	公共脚号为_______极，挡位为________，红表笔接脚，二极管发______光，接另外一个脚发______光
10	发光二极管	LED_2	长脚为_______极，挡位为_________，红表笔接极，发光二极管发光
11	直插三极管	VT_1	型号为______，1—______，2—______，3—______，此三极管是______型（NPN，PNP）
12	集成电路	U_1	正面在上，半圆标志口在右，则脚号顺序是从右____（上、下）按_______时钟方向数
13	接线端子	P_1、P_2	—

三、电路制作与调试

1．装配工艺

基于 NE555 的双色 LED 控制电路的装配工艺卡片如表 8-9 所示。

表 8-9　基于 NE555 的双色 LED 控制电路的装配工艺卡片

<table>
<tr><td colspan="4" rowspan="3">装配工艺卡片</td><td colspan="2">工序名称</td><td>产品名称</td></tr>
<tr><td colspan="2" rowspan="2">插件及焊接</td><td>基于 NE555 的双色 LED 控制电路</td></tr>
<tr><td>产品型号</td></tr>
<tr><td>工序号</td><td colspan="3">装入件及辅材代号、名称、规格</td><td>数量</td><td colspan="2">插装工艺要求</td></tr>
<tr><td>1</td><td>R_1</td><td>碳膜电阻</td><td>RT114-1kΩ±1%</td><td>1</td><td colspan="2">卧式安装，水平贴板</td></tr>
<tr><td>2</td><td>R_2</td><td>碳膜电阻</td><td>RT114-100±1%</td><td>1</td><td colspan="2">卧式安装，水平贴板</td></tr>
<tr><td>3</td><td>R_3</td><td>碳膜电阻</td><td>RT114-1kΩ±1%</td><td>1</td><td colspan="2">卧式安装，水平贴板</td></tr>
<tr><td>4</td><td>R_4</td><td>碳膜电阻</td><td>RT114-200±1%</td><td>1</td><td colspan="2">卧式安装，水平贴板</td></tr>
<tr><td>5</td><td>R_5</td><td>碳膜电阻</td><td>RT114-100±1%</td><td>1</td><td colspan="2">卧式安装，水平贴板</td></tr>
<tr><td>6</td><td>R_6</td><td>碳膜电阻</td><td>RT114-22kΩ±1%</td><td>1</td><td colspan="2">卧式安装，水平贴板</td></tr>
<tr><td>7</td><td>VD_1</td><td>玻璃二极管</td><td>1N4148</td><td>1</td><td colspan="2">卧式安装，水平贴板</td></tr>
<tr><td></td><td>VD_2</td><td>玻璃二极管</td><td>1N4148</td><td>1</td><td colspan="2">卧式安装，水平贴板</td></tr>
<tr><td>8</td><td>C_1</td><td>瓷片电容</td><td>CC1-100V-473P±20%</td><td>3</td><td colspan="2">立式安装，引脚高度 3～5mm</td></tr>
<tr><td>9</td><td>C_2</td><td>瓷片电容</td><td>CC1-100V-103P±20%</td><td>3</td><td colspan="2">立式安装，引脚高度 3～5mm</td></tr>
<tr><td>10</td><td>LED_1</td><td>双色二极管</td><td>LED0.1D</td><td>1</td><td colspan="2">立式安装，到限高位</td></tr>
<tr><td>11</td><td>LED_2</td><td>发光二极管</td><td>LED-ϕ3.0</td><td>1</td><td colspan="2">立式安装，到限高位</td></tr>
<tr><td>12</td><td>VT_1</td><td>直插三极管</td><td>TO-92</td><td>1</td><td colspan="2">立式安装，到限高位</td></tr>
<tr><td>13</td><td></td><td>IC 插座</td><td>DIP8</td><td>1</td><td colspan="2">水平贴板</td></tr>
<tr><td>14</td><td>R_7</td><td>可调电阻</td><td>RES-VR　50kΩ</td><td>1</td><td colspan="2">立式安装，水平贴板</td></tr>
<tr><td>15</td><td>P_1、P_2</td><td>接线端子</td><td>3.96mm</td><td>2</td><td colspan="2">水平贴板</td></tr>
<tr><td>16</td><td>U_1</td><td>集成 IC</td><td>NE555</td><td>1</td><td colspan="2">双列直插到座子上</td></tr>
<tr><td colspan="7">焊接工艺要求：符合通用手工焊接规范，焊点整洁、圆润、光滑、无虚焊、漏焊、冷焊等现象。剪脚整齐，引脚末端留存 0.5～1mm</td></tr>
</table>

2．装配注意事项

（1）按电路原理图熟悉印制电路板上电路元器件的布局。

（2）按工艺要求对元器件的引脚进行成形加工。

（3）在印制电路板上依次进行元器件的排列、插装。

（4）按焊接工艺要求对元器件进行焊接，直到所有元器件焊完为止。

（5）焊接接线端子。

（6）要求。

① 不漏装、错装，不损坏元器件。

② 无虚焊、漏焊和桥接，焊点表面要光滑、干净。

③ 元器件排列整齐，布局合理，并符合工艺要求。

注意：必须将集成电路插座 DIP8 焊接在电路板上，再将集成块 U_1 插在插座上。

四、电路测试与分析

装接完毕，检查无误后，将稳压电源的输出电压调整为 5V。对电路单元进行通电试验，如有故障应进行排除。

用示波器观察集成电路 3 引脚的波形，调节电位器使占孔比最大时，______灯最亮，同时，______灯也最暗，将此时的波形画至表格 8-10 中；占孔比最小时，______灯最亮，同时，__________灯也最亮，将此时的波形画至表格 8-11 中；占孔比为 50%时，现象是______________________，将此时的波形画至表 8-12 中。

表 8-10　波形 1

3 引脚：记录波形	示　波　器
	时间挡位： 幅度挡位： 峰—峰值： 有效值：

表 8-11　波形 2

3 引脚：记录波形	示　波　器
	时间挡位： 幅度挡位： 峰—峰值： 有效值：

表 8-12　波形 3

3 引脚：记录波形	示　波　器
	时间挡位： 幅度挡位： 峰—峰值： 有效值：

第二部分　知识链接

知识点 1　常见的脉冲产生电路

脉冲信号是一种离散信号，形状多种多样，与普通模拟信号（如正弦波）相比，波形之间在时间轴不连续（波形与波形之间有明显的间隔），但具有一定的周期性。脉冲信号可以用来表示信息，也可以用来作为载波，例如，脉冲调制中的脉冲编码调制（PCM）、脉冲宽度调制（PWM）等，还可以作为各种数字电路、高性能芯片的时钟信号。脉冲技术是现代技术中一个重要方向，已广泛应用于计算机、自动控制、视听系统、广播雷达、通信等领域中。

一、脉冲信号基础

含有瞬间突然变化、作用时间极短的电压或电流称为脉冲信号，简称为脉冲。脉冲信号是既非直流又非正弦的信号，脉冲技术是电子技术的重要组成部分，应用广泛，常见的脉冲波形如图 8-8 所示。

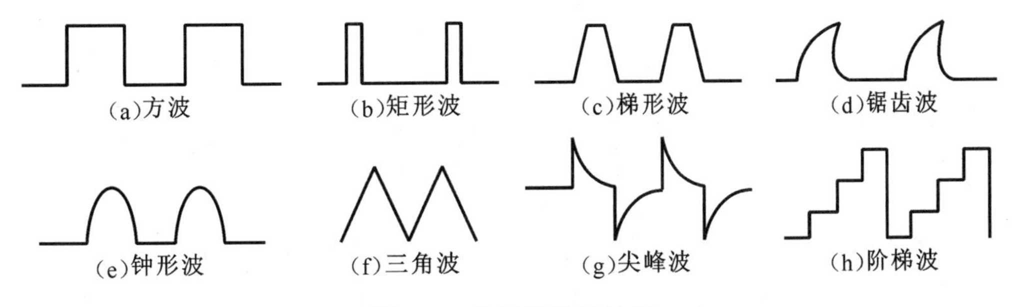

图 8-8　常见的脉冲波形

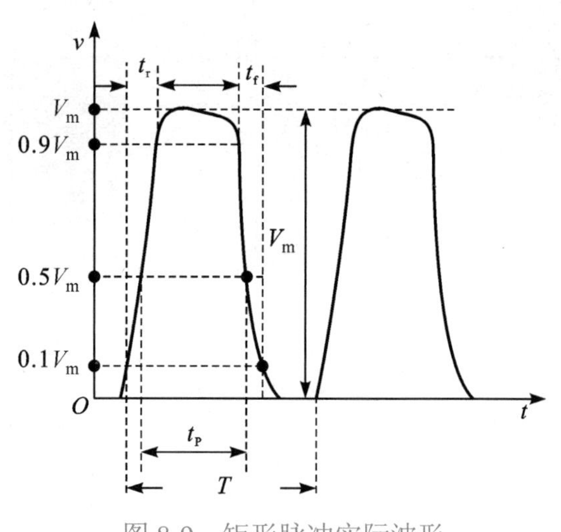

图 8-9 矩形脉冲实际波形

脉冲技术最常用的是矩形脉冲波，简称矩形波。如图 8-8（b）所示。在数字系统中，经常需要各种宽度和幅值的矩形脉冲，如时钟脉冲、各种时序逻辑电路的输入或控制信号等。理想的矩形波都有一个上升沿和下降沿，中间为平顶部分。而实际的矩形波没有那么标准，因为它的上升和下降都会经过一个过程，平顶也不会那么平直，实际的波形如图 8-9 所示。

关于脉冲的几个主要参数如下：

（1）幅度 V_m——脉冲电压变化的最大值。

（2）上升时间 t_r——脉冲从幅度的 10%处上升到幅度的 90%处所需时间。

（3）下降时间 t_f——脉冲从幅度的 90%处下降到幅度的 10%处所需的时间。

（4）脉冲宽度 t_p——定义为前沿和后沿幅度为 50%处的宽度。

（5）脉冲周期 T——对周期性脉冲，相邻两脉冲波对应点间相隔的时间。周期的倒数为脉冲的频率 f，即 $f = \dfrac{1}{T}$。

二、多谐振荡器

在脉冲数字系统中，要经常处理脉冲的产生、延时、整形等问题，多谐振荡器就是实现这些功能的电路之一。多谐振荡器工作时，电路的输出在高、低电平间不停地翻转，没有稳定的状态，所以又称无稳态触发器。多谐振荡器的电路形式颇多，下面介绍一些集成组件所组成的多谐振荡器。

用非门组成的多谐振荡器

如图 8-10 所示是用非门组成的一种实用的环形多谐振荡器。它是将三个非门 G_1、G_2、G_3 串联起来，并将 G_3 的输出端反馈到 G_1 输入端形成环路，从而构成往复振荡多谐振荡器。G_4 是输出脉冲整形门。外围电阻和电容是定时元件，用来调整振荡的频率。

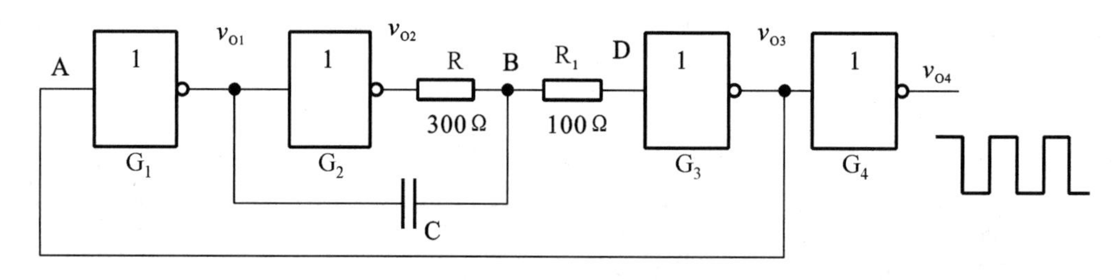

图 8-10 环形多谐振荡器

在实用的多谐振荡器电路中，可以用电位器来代替图 8-10 电路中的 R，便构成频率可调的多谐振荡器；为了提高频率的稳定性，可采用带石英晶体的振荡器。

三、单稳态触发器

单稳态触发器的特点：第一，有一个稳定状态和一个暂稳状态；第二，在外来触发脉冲作用下，能够由稳定状态翻转到暂稳状态；第三，暂稳状态维持一段时间后，将自动返回到稳定状态。暂稳态时间的长短，与触发脉冲无关，仅取决于电路中充放电元器件 RC 的参数。

1. 门电路构成的单稳态触发器

由门电路和 RC 元件组成的单稳态触发器电路形式较多。图 8-11 所示的电路就是微分型单稳态触发器的电路形式之一。电路中，电阻 R 的值小于门电路的关门电阻值，即 $R<R_{OFF}$。

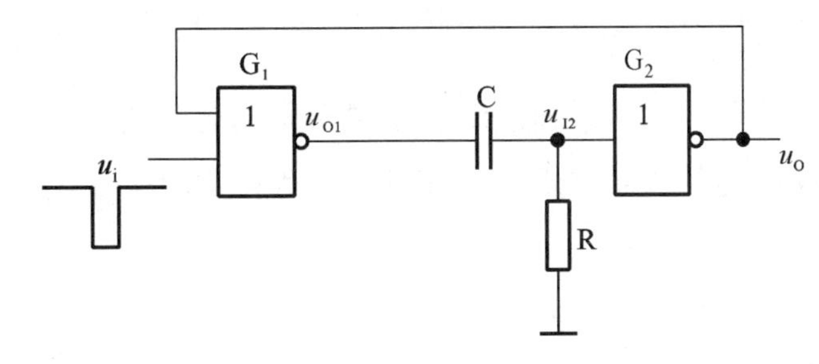

图 8-11　由门电路构成的单稳态触发器

2. 单稳态触发器集成电路简介

由门电路和 RC 元件构成的单稳态触发器电路简单，但输出脉宽的稳定性差，调节范围小，且触发方式单一。因此在数字系统中，广泛使用集成单稳态触发器。目前，使用的集成单稳态触发器有不可重复触发和可重复触发之分，不可重复触发的单稳态触发器一旦被触发进入暂稳态之后，即使再有触发脉冲作用，电路的工作过程也不受其影响，直到该暂稳态结束后，才接受下一个触发而再次进入暂稳态。可重复触发单稳态触发器在暂稳态期间，如有触发脉冲作用，电路会被重新触发，使暂稳态继续延迟一个 t_W 时间。

集成单稳态触发器中，74121、74LS121、74221、74LS221 等是不可重复触发的单稳态触发器。74122、74123、74LS123 等是可重复触发的单稳态触发器。

四、施密特触发器

相关教学资源

施密特触发器是脉冲数字系统中常用的电路，可以由门电路组成，也可以是集成电路。施密特触发器能够把不规则的输入波形变成规则的矩形波。如用正弦波驱动一般的门电路、计数器或其他数字器件，将导致逻辑功能不可靠。这时，可将正弦波通过施密特触发器变换成矩形波输出。

施密特触发器的输出与输入信号之间的关系可用电压传输特性表示，如图 8-12 所示，从图中可见，传输特性的最大特点是该电路有两个稳态：一个稳态输出高电平 V_{OH}，另一个稳态输出低电平 V_{OL}。但是这两个稳态要靠输入信号电平来维持。

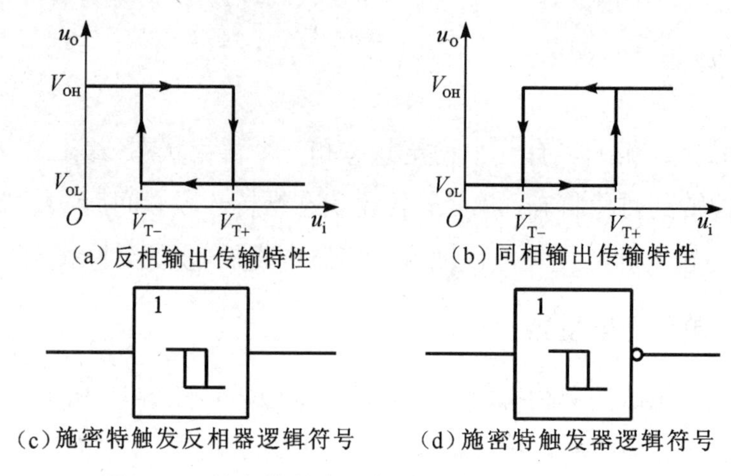

图 8-12 施密特触发器的输出特性及逻辑符号

施密特触发器的另一个特点是输入输出信号的回差特性。当输入信号幅值增大或者减少时，电路状态的翻转对应不同的阈值电压 V_{T+}和 V_{T-}，而且 $V_{T+}>V_{T-}$，V_{T+}与 V_{T-}的差值称为回差电压。

1．施密特触发器的应用

（1）波形变换。

利用施密特触发输入反相器可以把正弦波、三角波等变化缓慢的波形变换成矩形波，如图 8-13 所示。

（2）脉冲整形。

有些信号在传输过程中或放大时往往会发生畸变。通过施密特触发器电路，可对这些信号进行整形，作为整形电路时，如果要求输出与输入相同，则可在上述施密特触发输入反相器之后再接一个反相器。脉冲整形如图 8-14 所示。

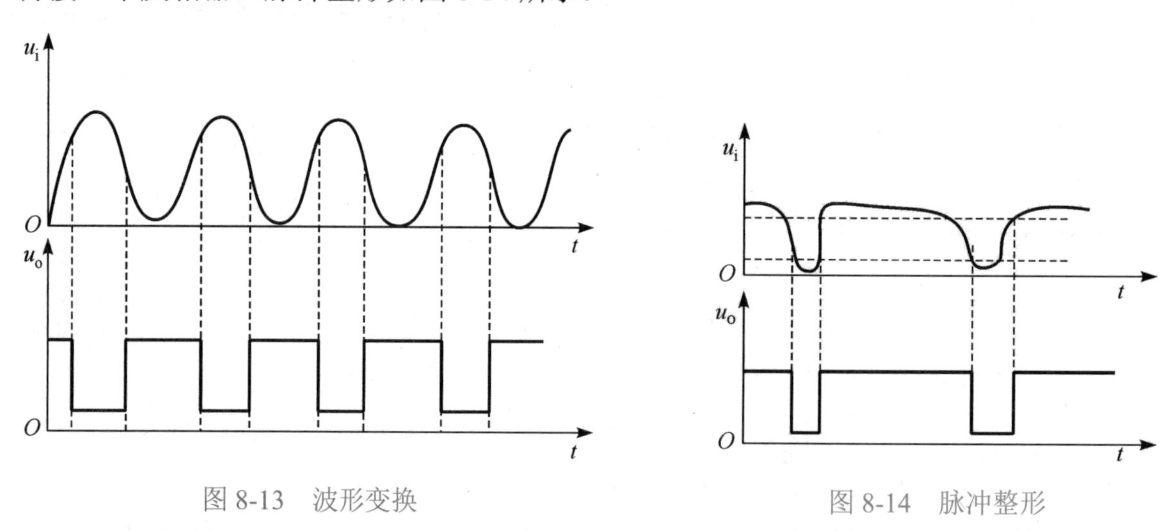

图 8-13 波形变换

图 8-14 脉冲整形

（3）幅度鉴别。

施密特触发器的翻转取决于输入信号是否大于 V_{T+}和是否小于 V_{T-}。利用这一特点可将它作

为幅度鉴别电路。如一串幅度不等的脉冲信号输入到施密特触发器，则只有那些幅度大于 V_{T+}的信号才会在输出形成一个脉冲。而幅度小于 V_{T+}的输入信号则被消去，如图 8-15 所示。

（4）构成多谐振荡器。

图 8-16 给出了由 7414 施密特触发器构成的多谐振荡器。该电路非常简单，仅由两个施密特触发器、一个电阻和一个电容组成。该电路的工作原理如下：

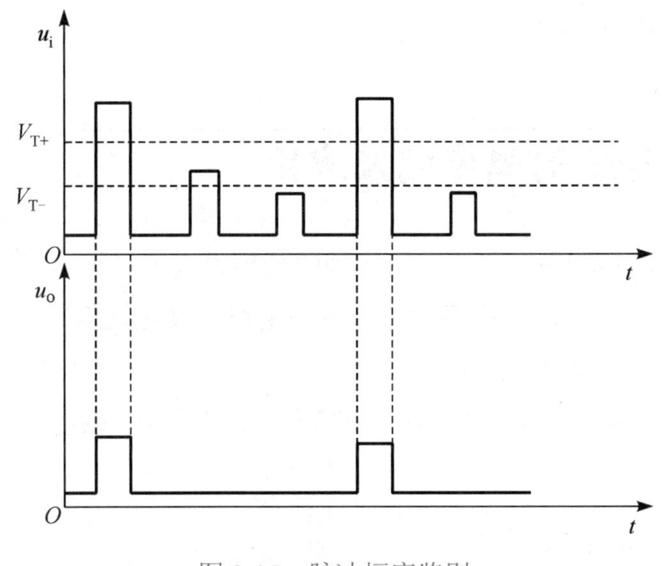

图 8-15　脉冲幅度鉴别

图 8-16　施密特触发器构成的多谐振荡器

接通电源瞬间，电容 C 上的电压为 0，因此输出 u_{o1} 为高电平。此时，u_{o1} 通过电阻 R 对电容 C 充电，电压 u_i 逐渐升高。当 u_i 达到 V_{T+}时，施密特触发器翻转，输出 u_{o1} 为低电平。此后，电容 C 又通过 R 放电，u_i 随之下降。当 u_i 降到 V_{T-}时，触发器又发生翻转。如此周而复始，形成振荡。其输出波形如图 8-17 所示。

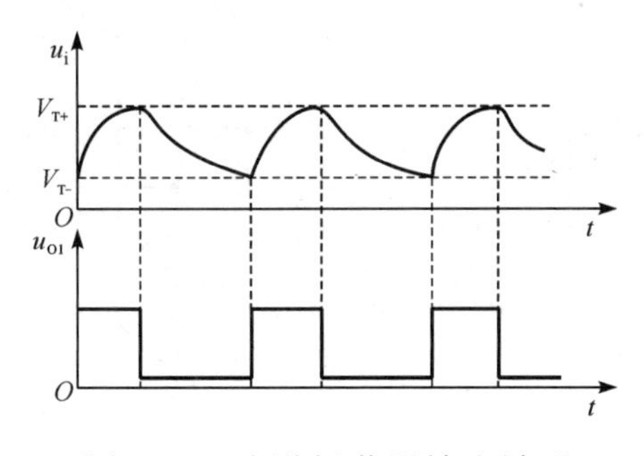

图 8-17　多谐振荡器输出波形

该电路的工作频率由充放电回路的电阻和电容值确定。由于 TTL 反相器具有一定的输入阻抗，它对电容的放电影响较大，因此放电回路的电阻值不能太大，否则，放电电压将不会低于触发器的下限触发电平 V_{T-}。通常，放电回路的电阻取值小于 1kΩ，如果需要改变输出信号的频率，可以通过改变电容值来实现。如图 8-17 所示电路中的第二个施密特触发器主要用于改善输出波形，提高驱动负载的能力，以避免影响振荡器的工作。

2．集成施密特触发器电路简介

由门电路可构成施密特触发器，但其具有阈值电压稳定性差，抗干扰能力弱等缺点，不能满足实际数字系统的需要。而集成施密特触发器以其性能一致性好，触发阈值电压稳定、可靠性高等优点，在实际中得到广泛的应用。TTL 集成施密特触发器有 74LS13、74LS14、74LS132 等。74LS13 为施密特触发的双四输入与非门，74LS14 为施密特触发的六反相器，74LS132 为施密特触发的四两输入与非门。CMOS 集成施密特触发器有 74C14、74HC14 等。

Loading 知识点 2 555 时基电路及应用

555 时基电路又称 555 定时器，是电子工程领域中广泛使用的一种中规模集成电路，它将模拟与逻辑功能巧妙地组合在一起，配以外部元件，可以构成多种实际应用电路，具有结构简单、使用电压范围宽、工作速度快、定时精度高、驱动能力强等优点。广泛应用于产生多种波形的脉冲振荡器、检测电路、自动控制电路、家用电器，以及通信产品等电子设备中。

一、555 定时器电路组成及分类

555 定时器引脚排列及内部功能框图如图 8-18 所示。

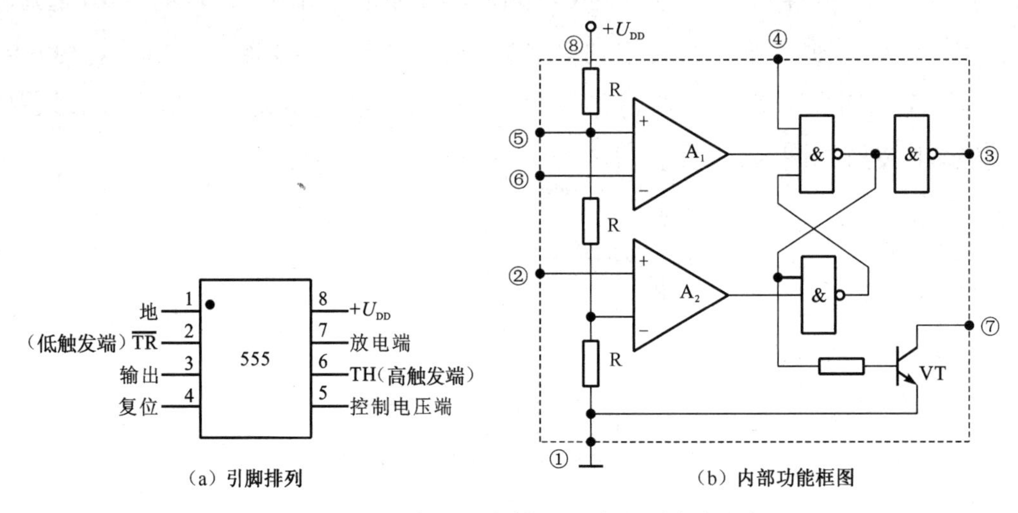

图 8-18 555 定时器引脚排列及内部功能框图

器件的电源电压 U_{DD} 可以是+5～+15V，输出的最大电流可达 200mA，当电源电压为+5V 时，电路输出与 TTL 电路兼容。555 电路能够输出从微秒级到小时级时间范围很广的信号。

555 定时器按照内部元件分有双极型（又称 TTL 型）和单极型两种。双极型内部采用的是晶体管；单极型内部采用的则是场效应管。

555 定时器按单片电路中包括定时器的个数分有单时基定时器和双时基定时器两种。常用

的单时基定时器有双极型定时器 5G555 和单极型定时器 CC7555。双时基定时器有双极型定时器 5G556 和单极型定时器 CC7556。

555 定时器功能表如表 8-13 所示。

表 8-13 555 定时器功能表

输入			输出	
阈值输入（v_{I1}）	触发输入（v_{I2}）	复位	输出（v_O）	放电管
×	×	0	0	导通
$<2U_{DD}/3$	$<U_{DD}/3$	1	1	截止
$>2U_{DD}/3$	$>U_{DD}/3$	1	0	导通
$<2U_{DD}/3$	$>U_{DD}/3$	1	不变	不变

如果在电压控制端施加一个控制电压（其值为 0～U_{DD}），比较器的参考电压发生变化，从而影响定时器的工作状态变化的阈值。

二、555 时基电路的应用

555 定时器的应用非常之广，但最基本的应用或基本工作模式只有三种：单稳态触发器、多谐振荡器和施密特触发器。下面介绍这三种基本应用电路及其工作波形和计算公式。

1. 单稳态触发器

如图 8-19 所示，接通电源→电容 C 充电（至 $2/3U_{DD}$）→RS 触发器置 0→u_O=0，VT 导通，C 放电，此时电路处于稳定状态。当 2 引脚加入 $u_I<1/3U_{DD}$ 时，RS 触发器置“1”，输出 u_O=1，使 VT 截止。电容 C 开始充电，按指数规律上升，当电容 C 充电到 $2/3U_{DD}$ 时，比较器 A_1 翻转，

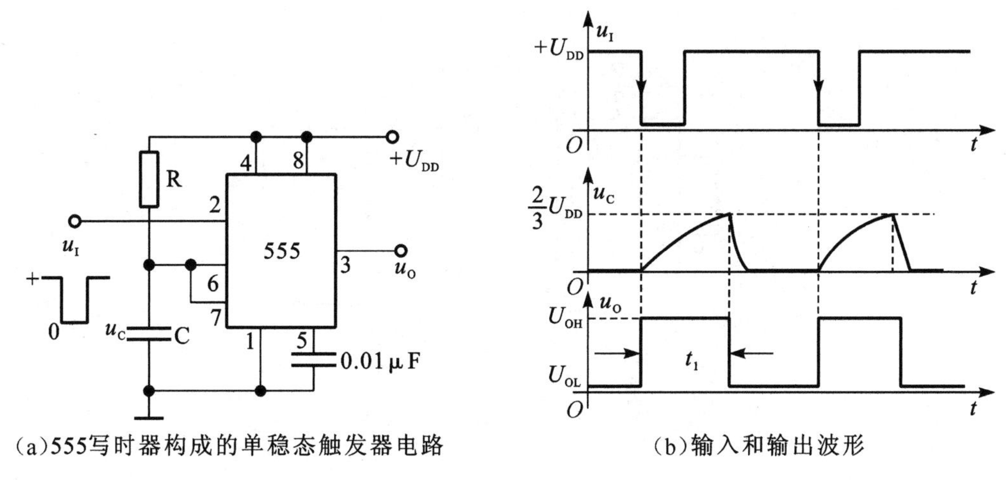

(a)555写时器构成的单稳态触发器电路　(b)输入和输出波形

图 8-19 单稳态触发器电路和波形

使输出 u_O=0。此时 VT 又重新导通，C 很快放电，暂稳态结束，恢复稳态，为下一个触发脉冲的到来做好准备。其中，输出 u_O 脉冲的持续时间 $t_1=1.1RC$，一般取 $R=1\text{k}\Omega$～$10\text{M}\Omega$，$C>1000\text{pF}$。

2. 多谐振荡器

电路由 555 定时器和外接元件 R_1、R_2、C 构成多谐振荡器，2 引脚和 6 引脚直接相连。电路无稳态，仅存在两个暂稳态，也不需要外加触发信号，即可产生振荡。电源接通后，U_{DD} 通过电阻 R_1、R_2 向电容 C 充电。当电容上电 $u_C=2/3U_{DD}$ 时，阈值输入端 6 受到触发，比较器 A_1 翻转，输出电压 $u_O=0$，同时放电管 VT 导通，电容 C 通过 R_2 放电；当电容上电压 $u_C=1/3U_{DD}$ 时，比较器 A_2 工作，输出电压 u_O 变为高电平。C 放电终止、又重新开始充电，周而复始，形成振荡。电容 C 在 1/3 U_{DD}～2/3U_{DD} 充电和放电，其波形见图 8-20 所示。

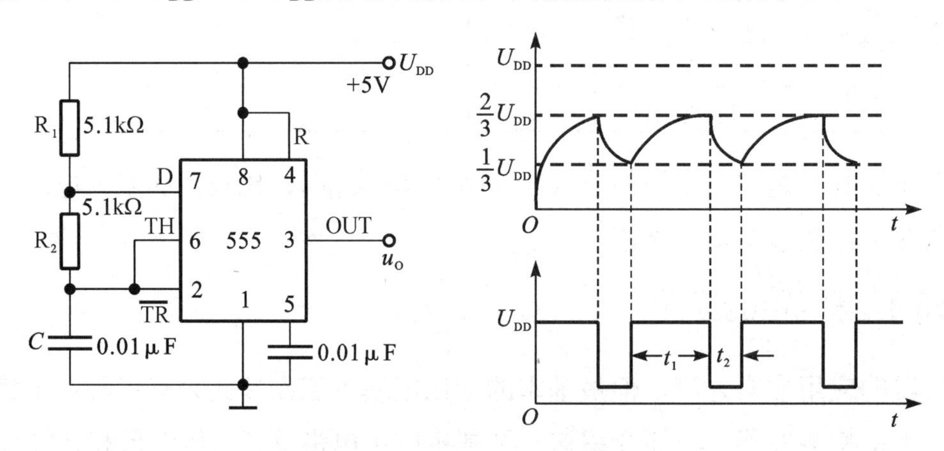

图 8-20 多谐振荡器电路和波形

3. 施密特触发器

施密特触发器电路和电压传输特性如图 8-21 所示，u_S 为正弦波，经 D 半波整流到 555 定时器的 2 引脚和 6 引脚，当 u_i 上升到 2/3U_{DD} 时，u_O 从 1→0；u_i 下降到 1/3U_{DD} 时，u_O 又从 0→1。

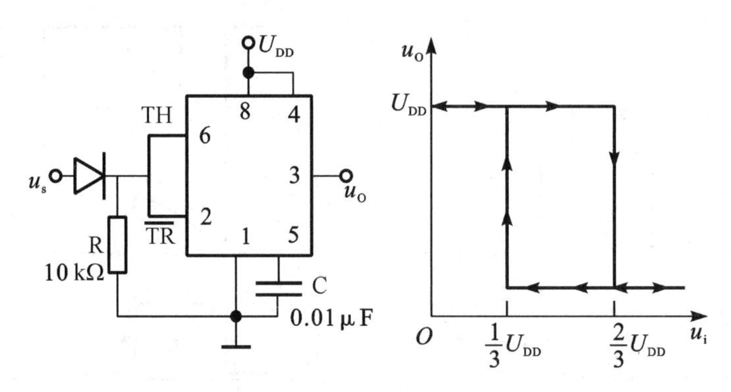

图 8-21 施密特触发器电路和电压传输特性

上限阈值电平：$V_{UT}=\frac{2}{3}U_{DD}$，下限阈值电平：$V_{LT}=\frac{1}{3}U_{DD}$，回差电压：$\Delta u=1/3u_{DD}$。

Loading

知识点 3　AD/DA 转换

电信号分为模拟信号（模拟量）和数字信号（数字量）。模拟量是随时间连续变化的量，数字量是非连续变化的量，所以，传递和处理信号的电路也分为模拟电路和数字电路，它们分别处理模拟信号和数字信号。在实际应用中，常需要对模拟量和数字量进行相互转换。

一、模/数（A/D）转换器

A/D 转换器是用来通过一定的电路将模拟量转变为数字量。模拟量可以是电压、电流等电信号，也可以是压力、温度、湿度、位移、声音等非电信号。但在 A/D 转换前，输入到 A/D 转换器的输入信号必须经各种传感器把各种物理量转换成电压信号。一个完整的 A/D 转换过程必须包括采样、保持、量化、编码四部分电路，在具体实施时，常把这四个步骤合并进行。实现 A/D 转换的方法很多，常用的有逐次逼近型和并联比较型。

1. 模/数转换器（ADC）的主要性能参数

（1）分辨率：表明 A/D 对模拟信号的分辨能力，由它确定能被 A/D 辨别的最小模拟量变化。一般来说，A/D 转换器的位数越多，其分辨率则越高。实际的 A/D 转换器，通常输出的数字信号可以有 8 位、10 位、12 位和 16 位等。

（2）量化误差：在 A/D 转换中由于整量化产生的固有误差。

（3）转换时间：转换时间是 A/D 完成一次转换所需要的时间。一般转换速度越快越好，常见的有高速（转换时间<1μs）、中速（转换时间<1ms）和低速（转换时间<1s）等。

（4）绝对精度：对于 A/D，指的是对应于一个给定量，A/D 转换器的误差，其误差大小由实际模拟量输入值与理论值之差来度量。

（5）相对精度：表示 A/D 实际输出数字量与理想输出数字量之间的差别，常用相对误差的形式给出。A/D 的位数越多，量化单位便越小，分辨率越高，转换精度越高。

2. 典型模/数转换器

ADC0809 是一种普遍使用且成本较低的、由 National 半导体公司生产的 CMOS 材料 A/D 转换器。它具有 8 个模拟量输入通道，可在程序控制下对任意通道进行 A/D 转换，得到 8 位二进制数字量。其引脚排列与内部结构如图 8-22 所示。

其主要技术指标如下：

（1）电源电压：5V。

（2）分辨率：8 位。

（3）时钟频率：640kHz。

（4）转换时间：100μs。

（5）未经调整误差：1/2LSB 和 1LSB。

（6）模拟量输入电压范围：0～5V。

（7）功耗：15mW。

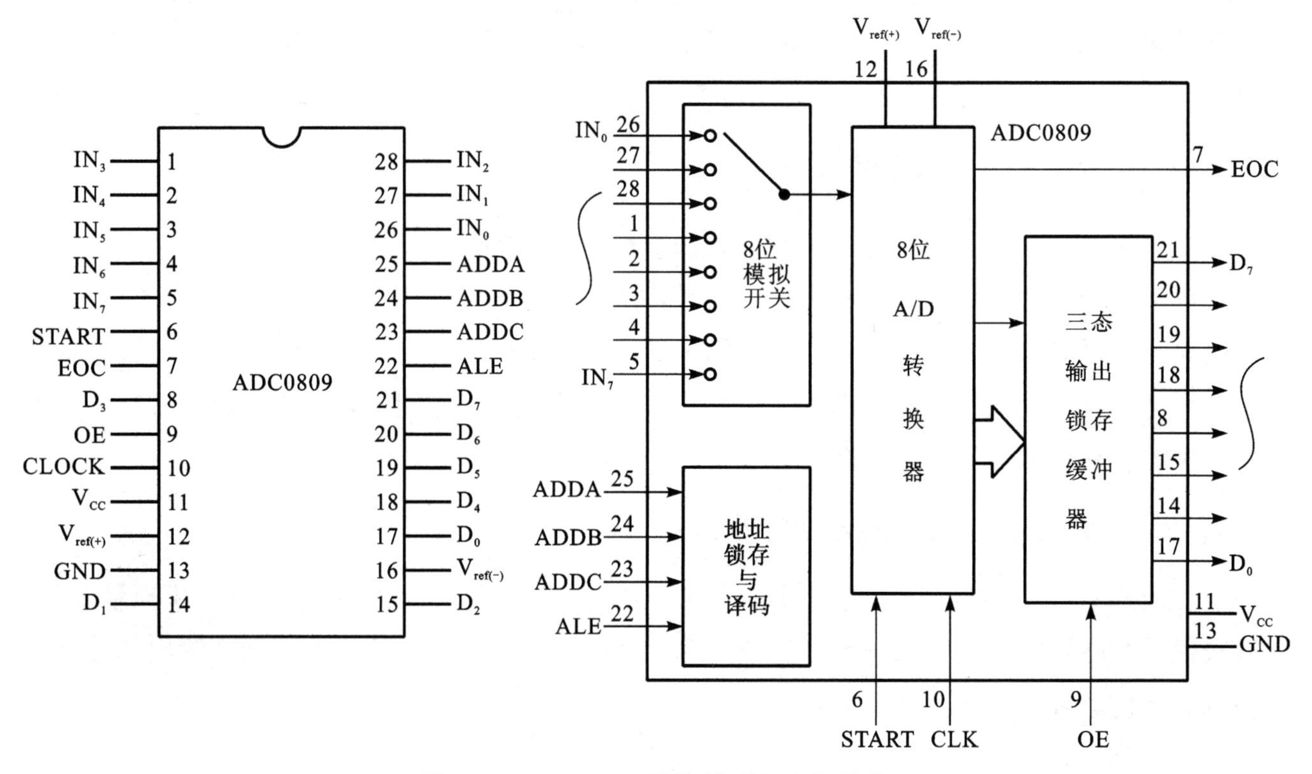

图 8-22　ADC0809 引脚排列与内部结构

二、数/模（D/A）转换器

1. 数/模（D/A）转换器的工作原理

D/A 转换器是指将数字量转换成模拟量的电路。D/A 转换器的输入量是数字量 D，输出量为模拟量 V_0，要求输出量与输入量成正比，即 $V_0=D\times V_R$，其中，V_R 为基准电压。数字量输入的位数有 8 位、12 位和 16 位等，输出的模拟量有电流和电压两种。

数/模转换器（DAC）的主要性能参数如下：

（1）分辨率：表明 DAC 对模拟量的分辨能力，它是最低有效位（LSB）所对应的模拟量，它确定了能由 D/A 产生的最小模拟量的变化。通常用二进制数的位数表示 DAC 的分辨率，如分辨率为 8 位的 D/A 能给出满量程电压的 1/28 的分辨能力，显然，DAC 的位数越多，分辨率越高。

（2）线性误差：D/A 的实际转换值偏离理想转换特性的最大偏差与满量程之间的百分比称为线性误差。

（3）建立时间：这是 D/A 的一个重要性能参数，定义为在数字输入端发生满量程码的变化以后，D/A 的模拟输出稳定到最终值±1/2LSB 时所需要的时间。

（4）温度灵敏度：它是指数字输入不变的情况下，模拟输出信号随温度的变化。一般 D/A 转换器的温度灵敏度为±50PPM/℃（PPM 为百万分之一）。

（5）输出电平：不同型号的 D/A 转换器的输出电平相差较大，一般为 5～10V，有的高压输出型的输出电平高达 24～30V。

2. 典型的数/模转换器

DAC0832 是一种相当普遍且成本较低的数/模转换器，其内部结构与引脚排列如图 8-23 所示。DAC0832 具有双缓冲功能，输入数据可分别经过两个锁存器保存。第一个是保持寄存器，而第二个锁存器与 D/A 转换器相连。DAC0832 中的锁存器的门控端 G 输入为逻辑 1 时，数据进入锁存器；而当 G 输入为逻辑 0 时，数据被锁存。

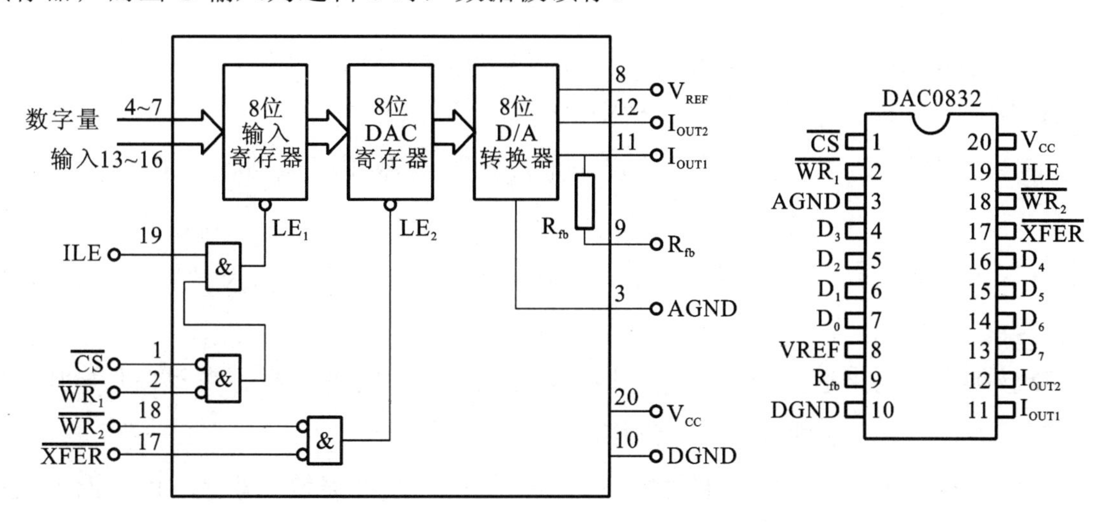

图 8-23　DAC0832 的内部结构与引脚排列

DAC0832 具有一组 8 位数据线 D_0～D_7，用于输入数字量。一对模拟输出端 I_{OUT1} 和 I_{OUT2} 用于输出与输入数字量成正比的电流信号，一般外部连接由运算放大器组成的电流/电压转换电路。转换器的基准电压输入端 V_{REF} 一般在−10～+10V 范围内。

DAC0832 具有以下主要特性：满足 TTL 电平规范的逻辑输入；分辨率为 8 位；建立时间为 1μs；功耗为 20mW；电流输出型 D/A 转换器。

其主要技术指标如下：

（1）电源电压：+5～+15V。

（2）分辨率：8 位。

（3）转换时间：1μs。

（4）满量程误差：±1LSB。

（5）功耗：20mW。

（6）满足 TTL 电平规范的逻辑输入。

Loading

理论测验

<<<<<<<<

一、判断题

1．脉冲技术现在已经广泛应用于电子计算机、自动控制、遥控遥测、电视、雷达和广播通讯等许多领域。（　　）

2．正弦波属于脉冲波的特殊形式。（　　）

3．矩形波是脉冲波的常用波形之一，理想的矩形波都有一个上升边沿和下降边沿，中间为平顶部分。（　　）

4．多谐振荡器输出的信号为正弦波。（　　）

5．单稳态触发器的由暂稳态返回稳态，必须有外加触发信号作用。（　　）

6．A/D 转换是将模拟量信号转换成数字量信号。（　　）

7．多谐振荡器是一种能自动反复输出矩形脉冲的自激振荡电路，并且含有丰富的多次谐波。（　　）

8．施密特触发器广泛用于连续变化的波形，如三角波、正弦波等变换成矩形波。（　　）

9．A/D 转换器是用来通过一定的电路将模拟量转变为数字量。模拟量可以是电压、电流等电信号，也可以是压力、温度、湿度、位移、声音等非电信号。（　　）

10．数/模转换器（DAC）的主要性能参数是分辨率、线性误差、建立时间、温度灵敏度和输出电平。（　　）

二、填空题

1．触发脉冲作用下，单稳态触发器从__________转换到________后，依靠自身电容的放电作用，可自行回到____________。

2．施密特触发器有__________个稳态，它的状态的保持和翻转由_________决定，两个稳态翻转的触发电平不同，存在________________。

3．A/D 转换是把__________信号转换为______________信号；D/A 转换是把_____________信号转换为____________信号。

4．触发器的两种输出状态是______电平或_______电平，如果其中一个是稳定状态而另一个是暂稳状态，这种触发器称为____________。

5．常用的集成施密特触发器有两种类型，一种是__________施密特触发器；另一种是_________施密特触发器。

6．单稳态触发器不仅能用于延时电路，而且可以把不规则的波形转换成____________和____________都相等的脉冲形。

7．多谐振荡器工作时，不需要外加触发信号，电路的输出状态会在__________电平两种状态间反复不停地翻转，没有稳定的状态，所以又称__________电路。

三、选择题

1．脉冲数字系统中，经常要处理脉冲的产生、延时、整形等问题，而实现这些功能的电路有（　　）。

A．多谐振荡器　　B．单稳态触发器

C．施密特触发器　　D．正弦波发生器

2．下列集成电路中属于单稳态触发器的是（　　）。

A．CT74121　　B．CT74LS123　　C．CT74122　　D．NE555

3．下列集成电路属于 CMOS 型施密特触发器组件的是（　　）。

A．CC40106　　B．CT74LS132　　C．CT7414　　D．CC4093

4．把经过计算机分析处理的数字信号转换成模拟信号，去控制执行机构的器件，称为数模转换器，即（　　）转换器。

A．A/D　　B．D/A　　C．TTL　　D．CMOS

5．A/D 转换后，输出的数字信号可以有（　　）等。

A．8 位　　B．10 位　　C．12 位　　D．16 位

6．555 定时器是一种数字与模拟混合型的中规模集成电路，应用广泛。外加电阻、电容等元件可以构成（　　）等典型电路。

A．多谐振荡器　　B．单稳电路　　C．施密特触发器　D．稳压器

7．单稳态触发器暂态持续时间由什么因素决定（　　）。

A．触发电平大小　　B．定时元件 R_C　　C．电源电压　　D．三极管的 β 值

8．单稳态触发器的工作过程为（　　）。

A．稳态+暂态+稳态　　B．第一暂态+第二暂态

C．第一稳态+第二暂态　　D．第一暂稳态-第二暂稳态

四、问答题

1．什么是脉冲信号？矩形波的主要参数是什么？

2．简述 555 定时器引脚功能。

3．555 定时器可以构成的常见电路是哪三种，各有什么特点？

4．A/D 和 D/A 转换各是什么意思？

项目九 时序逻辑电路的认知及应用

组合逻辑电路没有记忆功能，实际中很多电路需要具有记忆功能，如时钟、计数器等，本项目介绍具有记忆功能的时序逻辑电路，包括计数器、移位寄存器的安装调试技能实训及触发器的相关知识。

● 技能目标

1．掌握集成触发器的逻辑功能测试方法。
2．能利用触发器安装电路，实现所要求的逻辑功能。
3．能根据电路图安装典型时序逻辑电路，如计数器、移位寄存器等。

● 知识目标

1．了解时序逻辑电路的特点。
2．了解基本 RS 触发器的电路组成，掌握 RS 触发器所能实现的逻辑功能。
3．了解同步 RS 触发器的特点、时钟脉冲的作用，了解逻辑功能。
4．熟悉 JK 触发器的电路符号，了解 JK 触发器的逻辑功能和边沿触发方式。
5．了解寄存器的功能、基本构成和常见类型，了解典型集成移位寄存器的应用。
6．了解计数器的功能及计数器的类型，掌握二进制、十进制等典型集成计数器的特性及应用。

第一部分　技能实训

Loading 技能实训 1　无抖动开关与普通开关搭建

开关（按键）是电气设备人机交互的指令器件。开关的形式多种多样，从计算机键盘按键的弹性触点到机床上的按钮开关，所有此机械式开关（普通开关）的共同特性是弹性触点在接触或断开的过程有抖动的现象，即在持续几毫秒内重复地通、断。普通开关的抖动性会造成控制系统的不稳定性，带来误动作。具有防抖功能的开关称为无抖动开关。

一、认识电路

1. 电路工作原理

无抖动开关和抖动开关的对比实验板电路如图 9-1 所示。

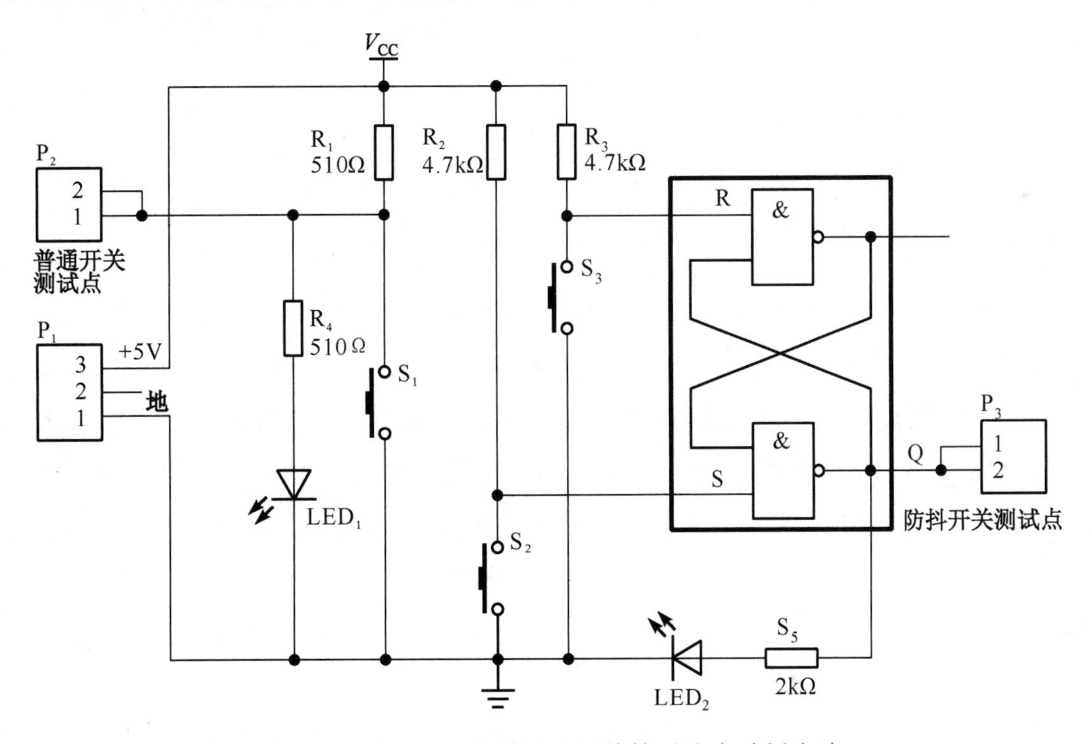

图 9-1　无抖动开关和抖动开关的对比实验板电路

（1）CD4011 简介。

CD4011 的外形为双列直插式 14 引脚，如图 9-2（a）所示，内部包含 4 个与非门，如图 9-2（b）所示（图中编号为 A、B、C、D），引脚排列如图 9-2（c）所示。

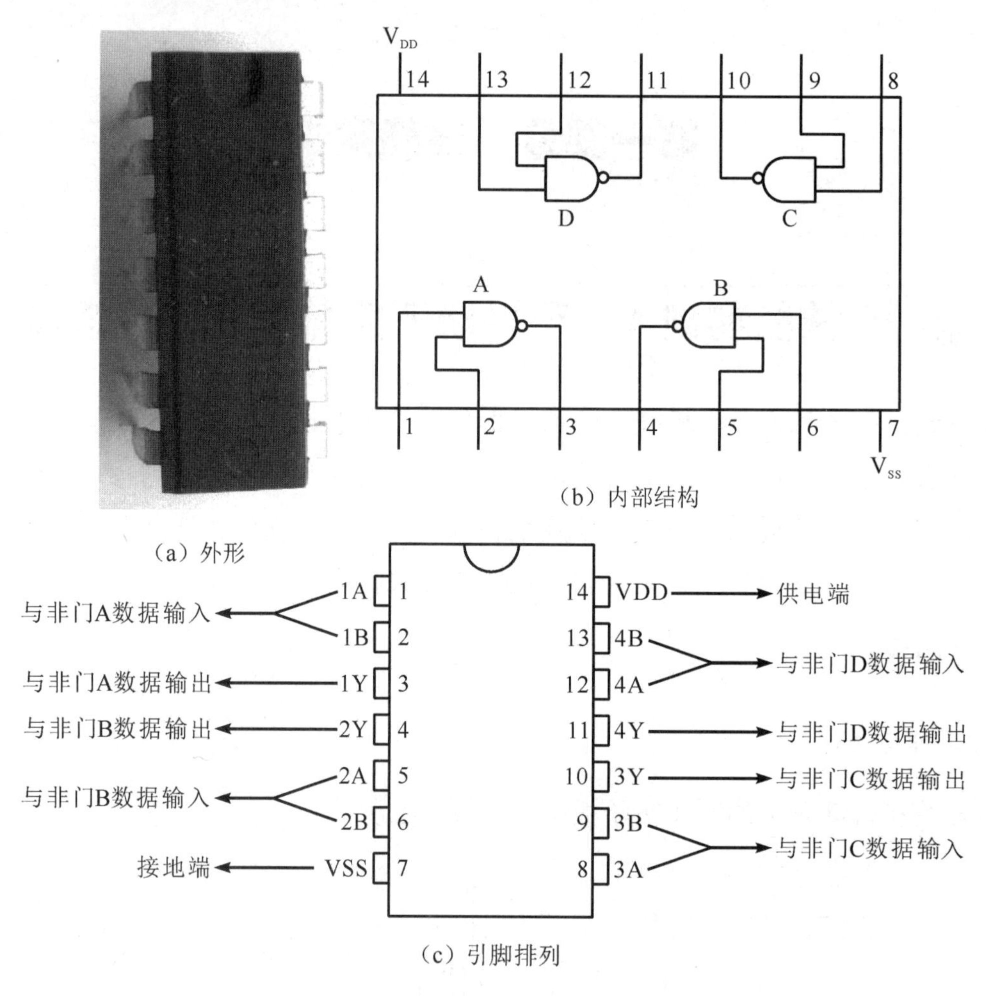

（a）外形 （b）内部结构 （c）引脚排列

图 9-2 CD4011 外形、内部结构与引脚排列

（2）工作原理。

用集成块 CD4011 内部的两个与非门连接成一个基本 RS 触发器，当按钮开关 S_3、S_2 闭合时，可使 RS 触发器复位端 R 和置位端 S 的电平变为 0，断开时，可使 R、S 的电平变为 1。通过 S_3、S_2 可给 RS 触发器设置输入状态，从而决定输出状态。当 S_3 闭合、S_2 断开时，R=0，S=1，触发器的输出端 Q=0，LED_2 不会点亮；当 S_3 断开、S_2 闭合时，R=1，S=0，触发器的输出端 Q=1，LED_2 点亮；当 S_3、S_2 都断开时，R=S=1，触发器的输出端 Q 保持原来的状态（R=S=1 之前的状态），输出端 Q 的电平变化，相当于开关的闭合和断开。这种闭合与断开是无抖动的（可用示波器在测试点 P_3 观察 Q 端的电平变化，是矩形波）。按键 S_2、S_3、CD4011 等构成了一个无抖动开关。

S_1 是普通开关，有抖动性。按下 S_1 的过程，测试点 P_1 的电平会由 5V 变为 0，使 LED_1、R_4 被短路，LED_1 熄灭，释放 S_1 的过程，P_1 的电平会由 0 变为 5V，LED_1 点亮，但变化过程具有抖动性（可用示波器观察测试点 P_1 的电平变化、不标准的矩形波）。

2. 实物图

无抖动开关和抖动开关的对比实验板装接实例如图 9-3 所示。

图 9-3　无抖动开关和抖动开关的对比实验板装接实例

二、元器件的选择与测试

根据电路原理图，从所给元器件袋中选择装配电路所需的元器件。按要求进行测试，并将测试结果填入表 9-1 中。

（1）用万用表对电阻器进行测量，将测得实际阻值填入“测试结果”栏。

（2）测试发光二极管：用万用表测量其正、反向电阻，判断正、负极，将测量挡位和测量结果填入“测试结果”栏。

（3）用万用表分别测量按键没按下和按下后引脚间的电阻值，将测量结果填入“测试结果”栏。

表 9-1　元器件清单

序　号	名　称	配 件 图 号	测 试 结 果
1	发光二极管（红）$\phi 3$	LED_1	用万用表测得的实际最大阻值为________Ω
2	发光二极管（绿）$\phi 3$	LED_2	此电容的容量是______
3	3-Pin	P_1	此电容的容量是______
4	2-Pin	P_2、P_3	此电容的容量是______
5	直插电阻	R_1、R_4、510Ω	用万用表测得的实际阻值为________Ω
6	直插电阻	R_2、R_3、4.7kΩ	—
7	直插电阻	R_5、2kΩ	—
8	轻触按键		—
9	含座子	CD4011	—
10	连孔板		—

三、电路制作与调试

（1）按电路原理图的结构在单孔印制电路板上绘制电路元器件的布局草图。

（2）按工艺要求对元器件的引脚进行成形加工。

（3）按布局图在实验印制电路板上依次进行元器件的排列、插装。

（4）按焊接工艺要求对元器件进行焊接。

① 利用 CD4011 内部的两个与非门，通过外部连接，制作一个基本 RS 触发器。确定 RS 触发器的输入端子$\overline{R_D}$、$\overline{S_D}$，输出端子 Q。

② 将各元件按原理图连接成完整的电路。

（5）要求。

① 不漏装、错装，不损坏元器件。

② 无虚焊、漏焊和桥接，焊点表面要光滑、干净。

③ 元器件排列整齐，布局合理，并符合工艺要求。

注意：必须将集成电路插座焊接在电路板上，再将集成块 4011 插在插座上，电源和地不要太靠近，焊接发光二极管时，不要过热，以免损坏元件。

四、电路测试与分析

（1）检测有无明显故障。如果电路正常，表现出的现象如下：

① 装接完毕，检查电源 V_{CC} 和地之间的电阻，若无短路，则可以将稳压电源的输出电压调整为 5V。对电路单元进行通电，上电后两个 LED 均应发光，按下 S_1，LED_1 熄灭，释放 S_1，LED_1 点亮。是什么原因？

② 按下 S_3（不按 S_2），LED_2 熄灭，释放 S_3 后 LED_2 仍处于熄灭状态，是什么原因？

③ 按下 S_2（不按 S_3），LED_2 点亮，释放 S_2 后 LED_2 仍处于点亮状态，是什么原因？

如有故障，可从故障故障现象入手查找原因。

（2）普通开关的抖动性测试不按用示波器测。

用示波器测量按下 S_1 的过程，测试点 P_2 的波形变化。观察到的波形图示为________。

（3）无抖动开关的电平变化测试。过程如下：

用示波器测量按下、再释放 S_3 的过程（不按 S_2），测试点 P_3 的波形变化。观察到的波形图示为________。

再观察按下、再释放 S_2 的过程（不按 S_3），测试点 P_3 的波形变化。观察到的波形图示为________。

Loading

技能实训 2　秒计数器制作

一、认识电路

1. 电路工作原理

图 9-4 所示为由 555 时基集成电路、四位同步加法计数器（74LS161）、BCD 锁存/七段译码/驱动器（CD4543）构成的秒计数器电路原理图。其电路简洁、精确度可调、性能稳定，能够对

时间从 0 秒计到 59 秒，再周期性地重复。

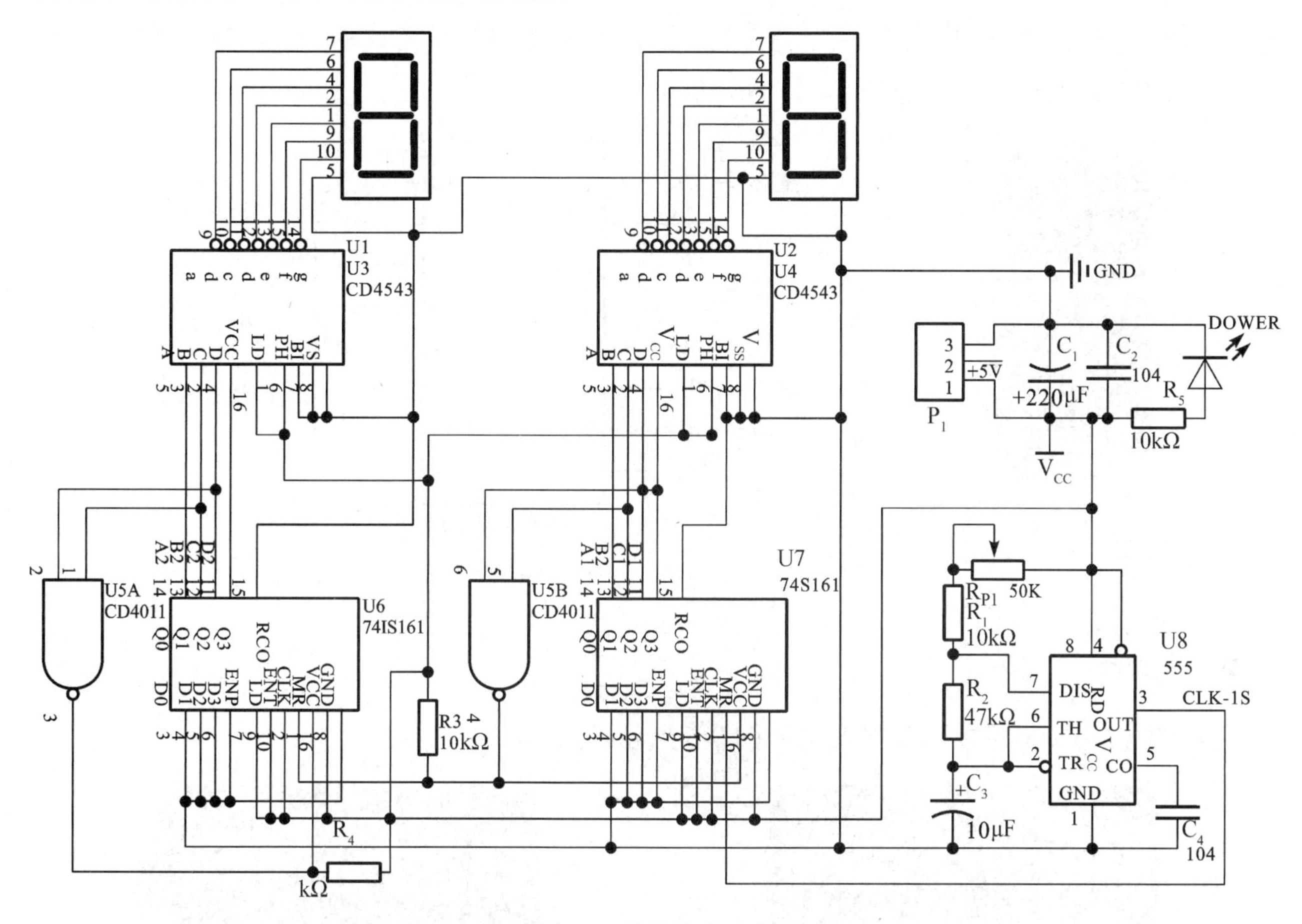

图 9-4　秒计数器电路原理

555 集成电路开始是作定时器应用的，所以称为 555 定时器或 555 时基电路。但后来经过开发，它除了作定时延时控制外，还可用于调光、调温、调压、调速等多种控制及计量检测等。在秒计数器产品中，555 时基集成电路和外接的电阻、电容共同工作，产生 1Hz（周期为 1s）的时钟脉冲（方波），传给 74LS161，使 74LS161 对秒脉冲计数。555 外接的电阻、电容决定输出时钟脉冲的频率。调节电位器 R_{P1}，可以将时钟信号的频率校准为 1Hz。

CD4543 是 BCD 锁存/七段译码/驱动器，可方便地驱动 LCD 和数码管。其外形与引脚排列如图 9-5 所示。

在图 9-4 中，U6 和 U7 经外部连接均呈计数功能 。由 555 时基集成电路 3 引脚输出的时钟脉冲信号传到 U7（74LS161）的 2 引脚，74LS161 对时钟脉冲计数，所计的脉冲个数（秒的数值）以二进制数的形式（Q_3、Q_2、Q_1、Q_0）从 11、12、13、14 引脚输出传给 CD4543（U4），Q_3 为高位。CD4543 的 4、2、3、5（按从高位到低排列）收到二进制数后，从 9、10、11、12、13、14、15 引脚输出相应的电平（0 或 1），驱动数码管 U2 相应的段点亮，显示与计数相对应的十进制数（个位）。当 U2 显示从 0 变到 9 时刻，U7 的 Q_3、Q_2、Q_1、Q_0 的值为 1010，与非门（U5B）输出端由 1 变为 0，U7 的 MR（1 引脚）变为低电平，实现了 U7 计数的清零（以后从

0 开始计数）。同时，U6（LS161）的 CLK（2 引脚）电平由 1 变为 0，U7 的计数加 1，并通过 U3 驱动数码管 U1 显示计数的十位。当 U1 的计数为 5 时，U6 的 Q_3、Q_2、Q_1、Q_0 的值为 0110，与非门（U5A）输出端由 1 变为 0，使 U6 清零。

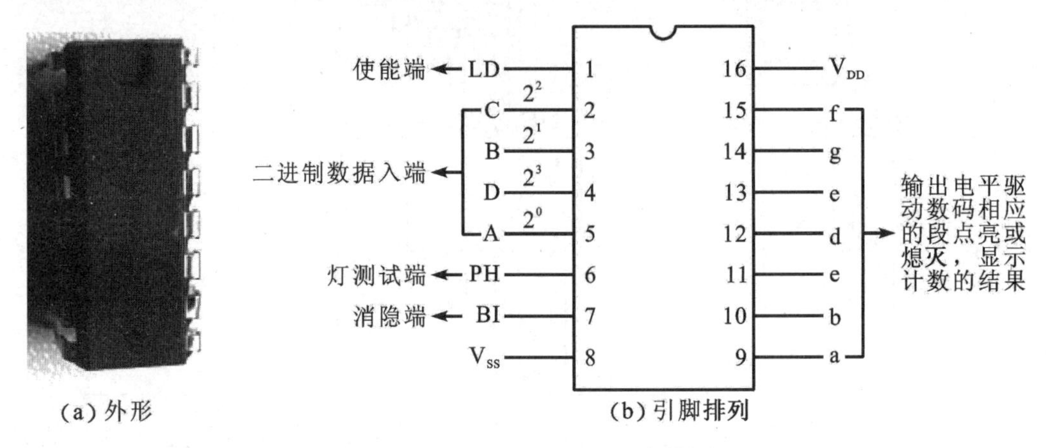

（a）外形　　（b）引脚排列

图 9-5　CD4543 外形与引脚排列

2. 实物图

秒计数器印制电路板和装接实例如图 9-6 所示。

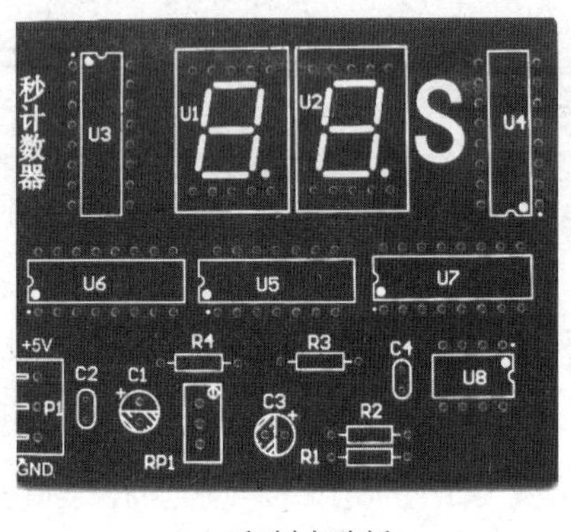

（a）印制电路板

（b）装接实例

图 9-6　秒计数器印制电路板和装接实例

二、元器件的选择与测试

根据电路原理图，从所给元器件袋中选择装配电路所需的元器件。按要求进行测试，并将测试结果填入表 9-2 中。

（1）用万用表对电阻器进行测量，将测得实际阻值填入“测试结果”栏。

（2）测试二极管：根据有标志的一端填写正、负极，用万用表测量其导通截止，并注明所用挡位，结果填入“测试结果”栏。

表 9-2　元器件清单

序　　号	名　　称	配 件 图 号	测 试 结 果
1	电阻	R_1、R_3、R_4、R_5	用万用表测得的实际阻值为________Ω
2	电阻	R_2	用万用表测得的实际阻值为________Ω
3	电容器	C_1	
4	电容器	C_2	
5	电容器	C_3	
6	电容器	C_4	
7	数码管	U1、U2	为共_______型，公共极为_________，公共极与 1 引脚之间的正向电阻为_______，反向电阻为_________
8	555 时基集成电路	U8	—
9	计数器（74LS161）	U6、U7	—
10	译码驱动器（CD4543）	U3、U4	
11	与非门（CD4011）	U5A、U5B	
12	电位器	R_{P1}	
13	接线端子	P1	

三、电路制作与调试

1. 装配工艺

秒计数器电路的装配工艺卡片如表 9-3 所示。

表 9-3　秒计数器电路的装配工艺卡片

装配工艺卡片				工序名称	产品名称
				插件及焊接	秒计数器电路
					产品型号
工序号	装入件及辅材代号、名称、规格			数量	插装工艺要求
1	R_1、R_3、R_4、R_5	10kΩ 碳膜电阻	AXIAL-0.4	4	卧式安装，水平贴板
2	R_2	47kΩ 碳膜电阻	AXIAL-0.4	1	卧式安装，水平贴板
3	R_{P1}	3296 电位器（50kΩ）	VR5	1	直插式安装，水平贴板
4	U1、U2	一位共阴数码管	7SEG-1		直插式安装，水平贴板
5	U3、U4	共阴数码管驱动（CD4543）	DIP-16	1	直插式安装，水平贴板
6	U5	与非门 CD4011（含插座）	DIP-14	1	直插式安装，水平贴板
7	U6、U7	计数器 74ls161（含插座）	DIP-16	2	直插式安装，水平贴板
8	U8	时基集成电路 NE555（含插座）	DIP-8	1	直插式安装，水平贴板
焊接工艺要求：符合通用手工焊接规范，焊点整洁、圆润、光滑、无虚焊、漏焊、冷焊等现象。剪脚整齐，引脚末端留存 0.5～1mm					

2. 装配注意事项

（1）按电路原理图熟悉印制电路板上电路元器件的布局。

（2）按工艺要求对元器件的引脚进行成形加工。

（3）在印制电路板上依次按先小后大、先矮后高的顺序分批进行元器件的排插装、焊接剪去多余的引脚。

（4）焊接电源输入线（或端子）。

（5）要求。

① 不漏装、错装，不损坏元器件。

② 无虚焊、漏焊和桥接，焊点表面要光滑、干净。

③ 元器件排列整齐，布局合理，并符合工艺要求。

注意：必须将所有的集成电路插座焊接在电路板上，再将集成块插在相应的插座上。

四、电路测试与分析

（1）装接完毕，检查接线 P1 的+5V 接线端子对地电阻，确认无短路后，将稳压电源的输出电压调整为 5V，加在 P1 上，观察计时效果，应能从 0～59s，再从 0～59s 周期性地计时。若功能不正常，则应有针对性地检测、排除。

（2）用示波器观察 555 时基电路 3 引脚输出的脉冲波形，为____________________。读出周期、频率。

（3）调节电位器 R_{P1}，使 3 引脚输出的脉冲频率为 1Hz。

Loading 技能实训 3　移位寄存器制作 <<<<<<<

移位寄存器除了寄存器的功能外，还具有将所存的数码在移位脉冲的作用下依次移位的功能。移位寄存器有单向移位（含左移或右移）寄存器和双向移位寄存器。现在通过一款双向移位寄存器实验板的装配和测量，来掌握移位寄存器的工作原理和工作过程。

一、认识电路

1. 电路工作原理

如图 9-7 所示是双向移位寄存器实验板的电路原理。

如图 9-7 所示是实验板中的核心元件 74HC194，是由 D 触发器构成的四位双向移位寄存器，由四位拨码开关 S_2 设置数码（1 或 0 的组合），由拨动开关 S_5 和 S_6 设置移位方向，按键 S_7 按下后，可实现寄存器清零，按键 S_1 每按下一次，可给 CLK 端送入一个脉冲的上升沿，数据就会移动一位，可以看见 LED 相应地移动点亮。

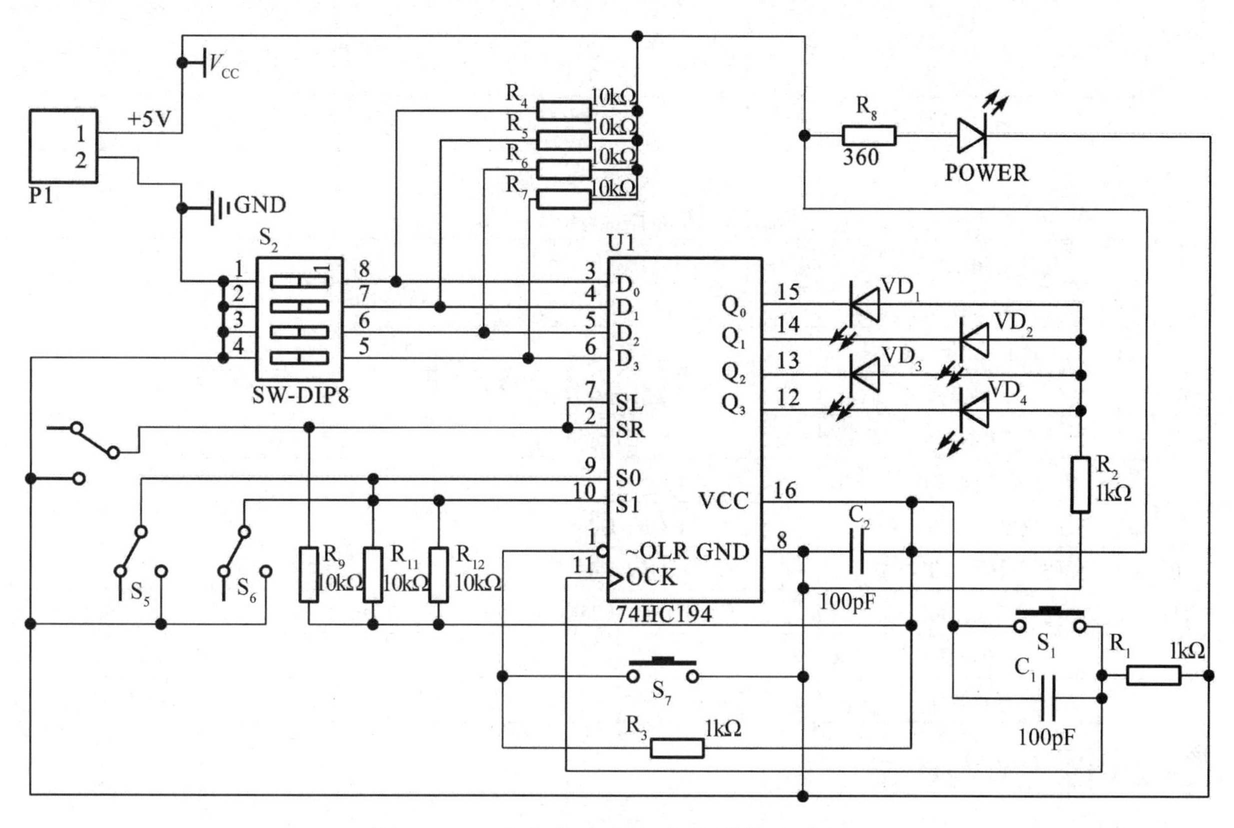

图 9-7　双向移位寄存器实验板的电路原理

2. 实物图

双向移位寄存器印制电路板和装接实例如图 9-8 所示。

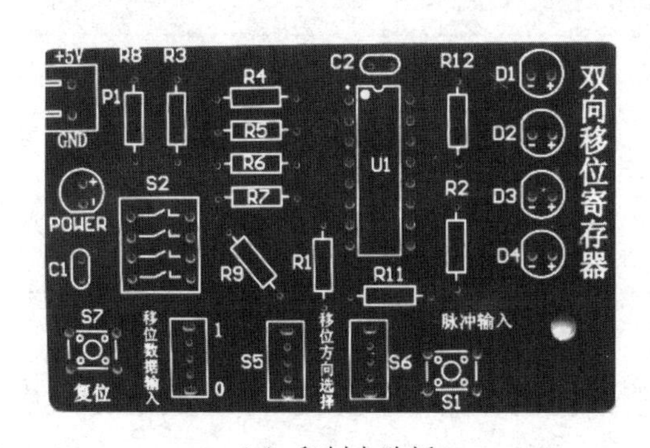

（a）印制电路板

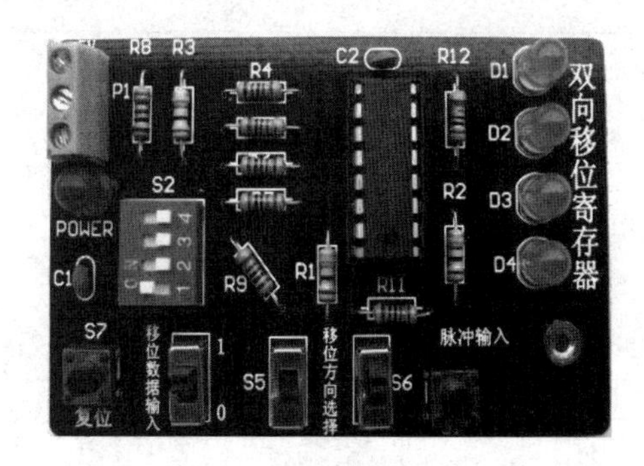

（b）装接实例

图 9-8　双向移位寄存器印制电路板和装接实例

二、元器件的选择与测试

根据电路原理图，从所给元器件袋中选择装配电路所需的元器件。按要求进行测试，并将测试结果填入表 9-4 中。

表 9-4　元器件清单

序　号	名　称	配件图号	测试结果
1	电阻	R_1、R_2、R_3	
2	电阻	R_4、R_5、R_6、R_7、R_9、R_{11}、R_{12}	
3	电阻	R_8	
4	轻触按键	S_1、S_7	
5	4 位拨码开关	S_2	
6	拨动开关	S_4（移位数据输入），S_5、S_6	
7	74HC194	U1	
8	接线座 3.0		—
9	计数器（74LS161）	U6、U7	—
10	译码驱动器（CD4543）	U3、U4	
11	与非门（CD4011）	U5A、U5B	
12	电位器	R_{P1}	
13	接线端子	P_1	

三、电路制作与调试

1. 装配工艺

双向移位寄存器电路的装配工艺卡片如表 9-5 所示。

表 9-5　双向移位寄存器电路的装配工艺卡片

装配工艺卡片				工序名称	产品名称
				插件及焊接	双向移位寄存器实验板电路
					产品型号
工序号	装入件及辅材代号、名称、规格			数量	插装工艺要求
1	R_1、R_2、R_3	1kΩ 碳膜电阻	Res_AXIAL0.4	3	卧式安装，水平贴板
2	R_4、R_5、R_6、R_7、R_9、R_{11}、R_{12}	10kΩ 碳膜电阻	Res_AXIAL0.4	1	卧式安装，水平贴板
3	R_8	360Ω 碳膜电阻	Res_AXIAL0.4	1	卧式安装，水平贴板
4	S_2	4 位拨码开关	Switch_DIP8	1	直插式安装
5	S_1、S_7	轻触按键	Switch_DIP4	2	直插式安装
6	S_5、S_6	拨动开关	Switch_单刀双掷_立（0.33×0）	1	直插式安装
7	U1	74HC194（含插座）	DIP-16	1	直插式安装
8		接线座 3.0		1	直插式安装
焊接工艺要求：符合通用手工焊接规范，焊点整洁、圆润、光滑、无虚焊、漏焊、冷焊等现象。剪脚整齐，引脚末端留存 0.5～1mm					

2. 装配注意事项

（1）按电路原理图熟悉印制电路板上电路元器件的布局。

（2）按工艺要求对元器件的引脚进行成形加工。

（3）在印制电路板上依次按先小后大、先低后高的顺序分批进行元器件的排插装、焊接剪去多余的引脚。

（4）焊接电源输入线（或端子）。

（5）要求。

① 不漏装、错装，不损坏元器件。

② 无虚焊、漏焊和桥接，焊点表面要光滑、干净。

③ 元器件排列整齐，布局合理，并符合工艺要求。

注意：必须将所有的集成电路插座焊接在电路板上，再将集成块插在相应的插座上。

四、电路测试与分析

（1）装接完毕，检查电源输入接线的+5V 接线端子对地电阻，确认无短路后，将稳压电源的输出电压调整为+5V，加在电路上，观察效果。

① 刚上电时，4 个 LED 都不亮，按下 S_7（复位）后，4 个 LED 都能点亮。

② 检测并行输入和并行输出功能：用拨码开关 S_2 设置输入数据，按如表 9-5 所示的数据拨动 S_5、S_6，使 S_0=S_1=1，按下 S_1 时（产生移位脉冲），数据传到输出端，相应的 LED 会点亮。

③ 检测串行移位功能：按如表 9-5 所示的数据，用拨码开关 S_2 设置输入数据。拨动 S_4、S_5、S_6，设置成左移或右移，按下 S_1 时，数据会串行移动，相应的 LED 会点亮。

若有故障，应针对性地排除。

（2）将实验板设置串行左移，设置输入数据为 $D_3D_2D_1D_0$=1010，在连续点按 S_1 的过程，用示波器观察 U1 的 12 引脚（Q_3）的波形，波形图为________________________。

（3）为什么会出现该波形？

第二部分　知识链接

Loading　知识点 1　RS 触发器 <<<<<<<<

数字电路通常分为组合逻辑电路和时序逻辑电路两大类。组合逻辑电路的特点输出的状态仅取决于当前的输入变量，与输入/输出的原始状态无关，而时序电路是一种输出不仅与当

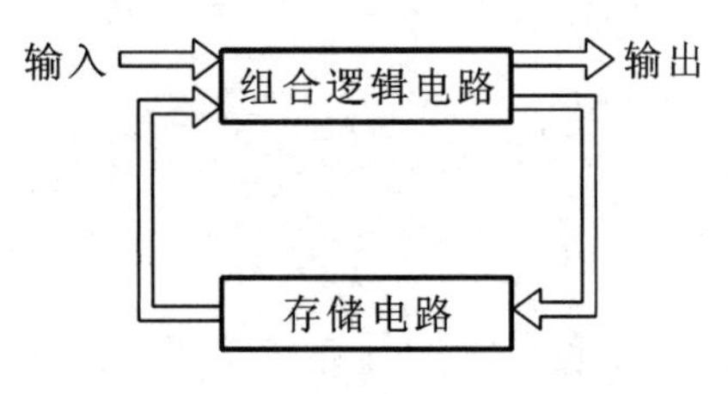

图 9-9 时序逻辑电路的结构

前的输入有关，而且与其输出端的原始状态有关，相当于在组合逻辑的输入端加上了一个反馈输入，在其电路中有一个存储电路，其可以将输出的状态保持住，其结构如图 9-9 所示。

典型的时序逻辑电路有计数器和寄存器，计数器普遍用于数字电子测量仪器中，如数字计时器、数字频率计、数字电压表等，寄存器常用于信息或指令的接收、暂存和传递。

触发器（Flip Flop，FF）是数字电路中具有记忆功能的单元电路，其特点是有两个稳态，可分别表示二进制数码 0 和 1，无外触发时可维持稳态；在外触发作用下，两个稳态可相互转换（称翻转），已转换的稳定状态可长期保持下来，这就使得触发器能够记忆二进制信息，常用作二进制存储单元。

现在使用量最大的是集成触发器，而各种触发器的基础是基本 RS 触发器。

基本 RS 触发器可由两个与非门连接而成（这一类称为与非门 RS 触发器），也可以由两个或非门触发器连接而成（这一类称为或非门 RS 触发器）。它的输入端有两个：复位端（Rest）和置位端（Set）。输出端也有两个：Q 和 $\overline{Q}$。Q 和 $\overline{Q}$ 的状态在任何时刻都是相反的，Q 的工作状态定义为触发器的工作状态，称为触发器的“0”状态和“1”状态。

一、与非门 RS 触发器

相关教学资源

1. 电路结构和电路逻辑符号

与非门 RS 触发器由两个与非门的输入和输出交叉连接而成，如图 9-10 所示。$\overline{R}_D$ 和 $\overline{S}_D$ 分别为复位信号输入端和置位信号输入端，低电平有效（逻辑符号中的小圆圈表示低电平有效）。

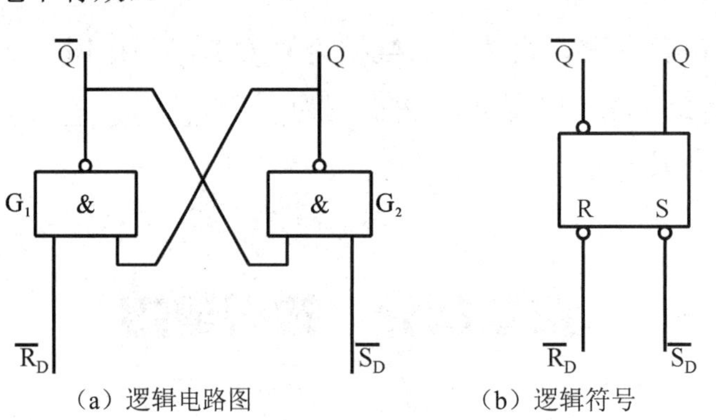

图 9-10 与非门 RS 触发器

2. 逻辑功能

与非门 RS 触发器的真值表如表 9-6 所示。

表 9-6　与非门 RS 触发器的真值表

$\bar{R}_D$	$\bar{S}_D$	Q	功能说明
0	1	0	置 0（触发器处于 0 态）
1	0	1	置 1（触发器处于 1 态）
1	1	不变	保持原状态（$Q_{n+1}=Q_n$）
0	0	不定	不允许（因为此时触发器的输出端 $Q=\bar{Q}=1$，既不是置 0 状态。也不是置 1 状态。并且 $\bar{R}_D$ 和 $\bar{S}_D$ 要立即由 0 变为 1，由于 G_1 和 G_2 在性能上的差异性，使输出无法确定

注：触发器有两个稳定状态，这两个稳定状态可在触发信号的作用下相互转化。Q_n 为触发器的原状态（现态），即触发信号输入前的状态；Q_{n+1} 为触发器的新状态（次态），即触发信号输入后的状态。

二、或非门触发器

1. 电路结构和电路逻辑符号

或非门 RS 触发器由两个或非门的输入和输出交叉连接而成，如图 9-11 所示。图中，R_D 和 S_D 分别为复位信号输入端和置位信号输入端，高电平有效。

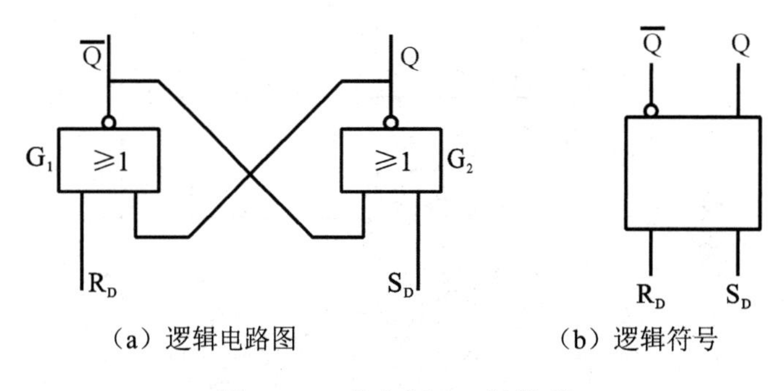

（a）逻辑电路图　（b）逻辑符号

图 9-11　或非门 RS 触发器

2. 逻辑功能

或非门 RS 触发器的真值表如表 9-7 所示。

表 9-7　或非门 RS 触发器的真值表

R_D	S_D	Q	功能说明
1	0	0	置 0
0	1	1	置 1
0	0	不变（$Q_{n+1}=Q_n$）	保持
1	1	不定	不允许

三、同步 RS 触发器

1. 同步触发器

基本 RS 触发器的触发方式是由输入信号 $\bar{R}_D$ 和 $\bar{S}_D$ 直接控制，该方式称为电平直接触发。在实际工作中，经常需要触发器按一定的节拍进行触发、翻转。采用的措施是给触发器加入时钟控制端 CP，触发器按 CP 节拍进行状态翻转（触发器的状态改变与时钟脉冲同步）。这种具有时钟脉冲 CP 控制的触发器称为同步触发器。同步触发器根本特点：翻转时刻受 CP 控制，翻转到何种状态由输入信号 $\bar{R}_D$ 和 $\bar{S}_D$ 决定。

2. 同步 RS 触发器

（1）电路结构和电路符号。

给基本 RS 触发器的输入端加上两个与非门，按照如图 9-12（a）所示进行连接，构成了同步 RS 触发器。

图中，$\overline{R_D}$、$\overline{S_D}$ 是直接置 0、置 1 端，用来设置触发器的初始状态。

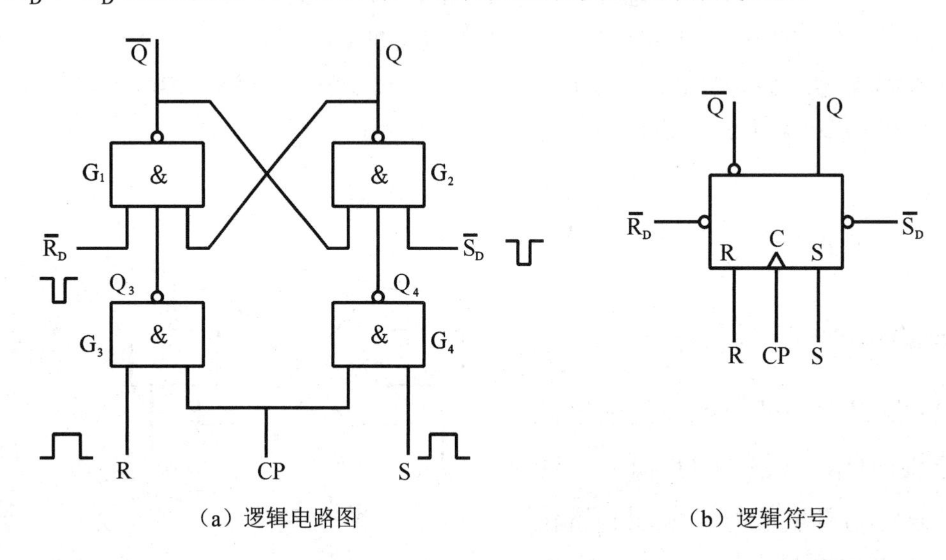

（a）逻辑电路图　　（b）逻辑符号

图 9-12　同步 RS 触发器

（2）逻辑功能。

当 CP=1 时，控制门 G_3、G_4 关闭，触发器的状态保持不变。当 CP=1 时，G_3、G_4 打开，其输出状态由 R、S 端的输入信号决定。即同步 RS 触发器的状态转换由 CP 和 RS 共同控制，其中，R、S 决定状态的转换趋势（由什么状向什么状态转换），CP 控制转换时刻。

同步 RS 触发器的逻辑功能基本 RS 触发器相同，其真值表如表 9-8 所示。

表 9-8　同步 RS 触发器（由与非门构成）真值表

时钟信号 CP	R	S	Q	功 能 说 明
0	X	X	不变	禁止
1	0	0	不变	保持原状态（$Q_{n+1}=Q_n$）
1	0	1	1	置 1
1	1	0	0	置 0
1	1	1	不定	不允许

由于在 CP=1 期间，G_3，G_4 门都是开着的，都能接收 R、S 信号。所以，如果在 CP=1 期间 R、S 发生多次变化，则触发器的状态也可能发生多次翻转。在一个时钟脉冲周期中，触发器发生多次翻转的现象称为空翻。由于存在空翻现象，因此同步触发器抗干扰能力变差。

Loading

知识点 2　JK 和 D 触发器

<<<<<<<<

由于触发器的输入端直接控制输出端的状态，在 R=S=1 时，会出现不确定状态，即 R 和 S 之间存在约束。且存在空翻现象，抗干扰性能较差，不能满足绝大多数电子产品对触发器的要求。为了克服 RS 触发器的缺点，人们研制出了 JK 触发器、D 触发器等性能优越、通用性强的触发器。

一、主从 JK 触发器

相关教学资源

1. 电路结构

主从 JK 触发器可由两个同步 RS 触发器组成，下面接受输入信号的为主触发器，上面的为从触发器，如图 9-13 所示。

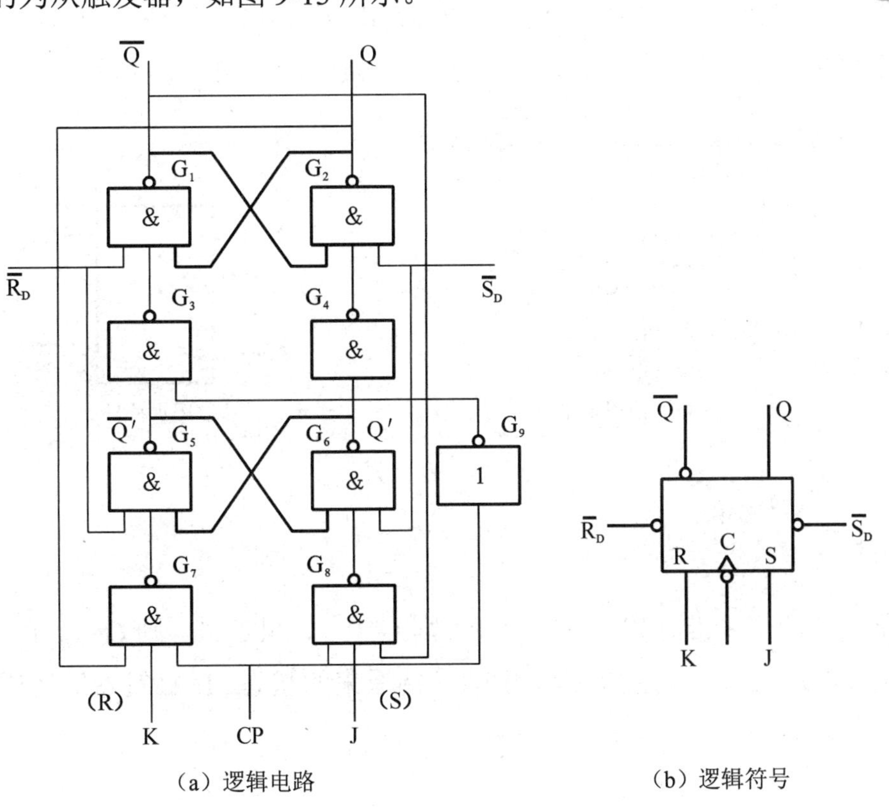

（a）逻辑电路　　（b）逻辑符号

图 9-13　主从 JK 触发器

2. 逻辑功能

主从 JK 触发器的触发翻转分为两个节拍：

① 当 CP＝1 时，$\overline{CP}$＝0，从触发器被封锁，保持原来的状态。主触发器工作，根据输入信号 J、K 的值 Q 主的状态随之变化。

② 当 CP 由 1 变 0 时刻为第二阶段，主触发器被封锁，从触发器打开，接收主触发器送来的信号，并根据逻辑关系决定输出端 Q 的状态。由以上分析可知，一个 CP 脉冲期间，主从触发器的状态仅改变一次，称为一次翻转现象，克服了空翻现象。

主从 JK 触发器的真值表如表 9-9 所示。

表 9-9 主从 JK 触发器的真值表

J	K	Q_{n+1}	J	K	Q_{n+1}
0	0	Q_n	0	1	0
1	0	1	1	1	$\overline{Q_n}$

二、D 触发器

1. 电路结构

在 JK 触发器的基础上，增加一个与非门把 J、K 两个输入端合为一个输入端 D，CP 为时钟脉冲输入端。这样，就把 JK 触发器转换成了 D 触发器，如图 9-14 所示。

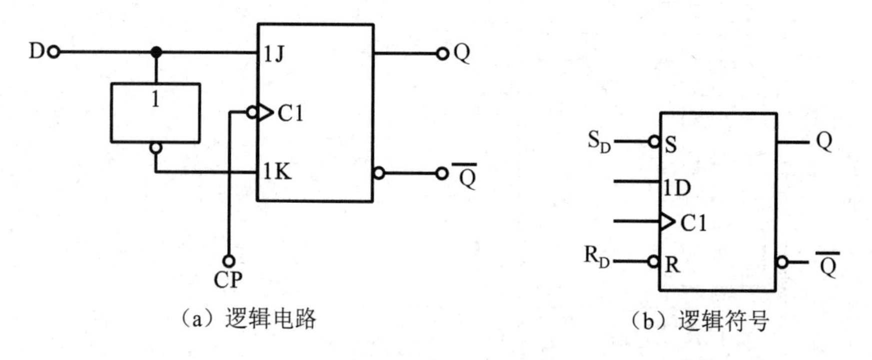

（a）逻辑电路　（b）逻辑符号

图 9-14 D 触发器

2. 逻辑功能

在时钟脉冲 CP 的下降沿时刻，如果 D=0，则 Q=0；如果 D=1，则 Q=1。在脉冲 CP 的非下降沿时刻，不管 D 取什么值，触发器的输出端维持原来的状态。D 触发器的逻辑功能如表 9-10 所示。

表 9-10 D 触发器的逻辑功能

CP 脉冲	D	Q	说　明
0	X	不变	当 CP=0 时，D 的值不影响输出端的状态
1	0	0	当 CP=1 时，输出端的状态与输入端的状态相同
1	1	1	

知识点 3　计数器

一、计数器基本知识

统计输入脉冲个数的功能称为计数，能实现计数操作的电路称为计数器。计数器在数字电路中不仅用来计数，还可以用来定时、分频、测量等，用途十分广泛。

计数器的种类很多。按照时钟脉冲的引入方式，计数器可分为同步计数器和异步计数器。按照计数过程中计数变化的趋势，分为加法计数器、减法计数器和可逆计数器。根据进位制的不同，计数器又可分为二进制计数器、十进制计数器和 N 进制计数器。

在数字集成产品中，通用的计数器是二进制和十进制计数器。按计数长度、有效时钟、控制信号、置位和复位信号的不同有不同的型号。

二、二进制计数器 74161（74LS161）

74161 是集成 TTL 四位二进制同步计数器，其外形和引脚排列分别如图 9-15（a）、（b）所示，表 9-11 是引脚功能表，表 9-12 是逻辑功能表。

（a）外形

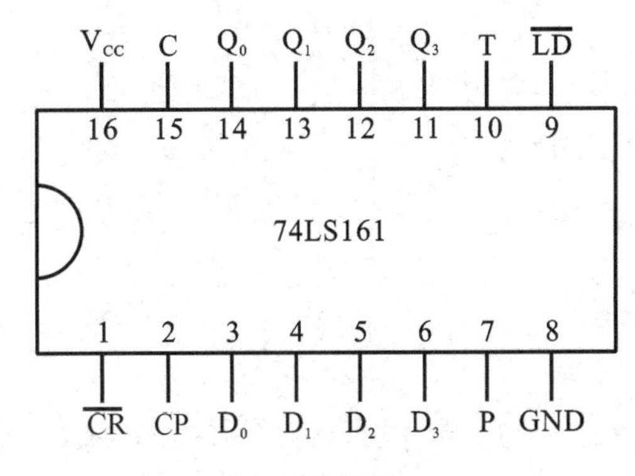

（b）引脚排列

图 9-15　集成 4 位二进同步计数器 74LS161

表 9-11　74LS161 集成电路引脚功能表

引脚序号	标　注	功能释义	引脚序号	标　注	功能释义
1	MR 或 $\overline{CR}$	清零端	9	$\overline{LD}$	预置数据控制端
2	CLK 或 CP	时间脉冲输入端	10	ENT 或 T	计数控制端
3、4、5、6	D_0、D_1、D_2、D_3	预置数据并行输入端	11、12、13、14	Q_3、Q_2、Q_1、Q_0	状态输出端
7	ENP 或 P		15	RCO 或 C	进位输出
8	GND	接地端	16	V_{CC}	电源端

74LS161 的逻辑功能（如表 9-12 所示的各状态）说明。

（1）异步清零功能。

当 MR=$\overline{CR}$=0 时，不管其他输入端的状态如何（包括时钟信号 CP），输出全为 0。

（2）并行预置数功能。

在 MR=$\overline{CR}$=1 的条件下，当$\overline{LD}$=0 且有时钟脉冲 CP 的上升沿作用时，从 D_3、D_2、D_1、D_0 输入的数据将分别传给 Q_3～Q_0。

（3）保持功能。

在 MR=$\overline{CR}$=$\overline{LD}$=1 的条件下，当 ENT=ENP=0 时，不管有无 CP 脉冲作用，计数器都将保持原有状态不变（停止计数）。

（4）同步二进制计数功能。

当$\overline{CR}$=$\overline{LD}$=ENP=ENT=1 时，74LS161 处于计数状态，电路从 0000 状态开始，连续输入 16 个计数脉冲后，电路将从 1111 状态返回到 0000 状态。

（5）进位输出 RCO。

当计数控制端 ENT=1，且触发器全为 1 时，进位输出为 1；否则，为 0。

表 9-12　74LS161 集成电路逻辑功能表

输　入										输　出			
状态编号	CP	MR	$\overline{LD}$	ENP	ENT	D3	D2	D1	D0	Q3	Q2	Q1	Q_0
1	X	0	X	X	X	X	X	X	X	0	0	0	0
2	↑	1	0	X	X	d	c	b	a	d	c	b	a
3	X	1	1	0	X	X	X	X	X	保持原状态			
4	X	1	1	X	0	X	X	X	X	保持原状态			
5	↑	1	1	1	1	X	X	X	X	计数			

三、二—五—十进制计数器 74LS290

图 9-16 是 74LS290 型二—五—十进制计数器的外引脚排列和逻辑符号。表 9-13 所示为功能表。

R_{0A} 和 R_{0B} 是清零输入端，由表 9-13 可知，当两端全为“1”时，计数器清零；S_{9A} 和 S_{9B} 是置“9”输入端，当两端全为“1”时，$Q_3Q_2Q_1Q_0$=1001，即表示十进制数 9。清零时，S_{9A} 和 S_{9B} 中至少有一端为“0”，以保证清零可靠进行。74LS290 有两个时钟脉冲输入端 CP_1 和 CP_1。下面按二、五、十进制三种情况进行分析。

（1）只输入计数脉冲 CP_0，由 Q_0 输出，$Q_3Q_2Q_1$ 无输出，为二进制计数器。

（2）只输入计数脉冲 CP_1，由 $Q_3Q_2Q_1$ 端输出，为五进制计数器。

（3）将 Q_0 端与 CP_1 端连接，输入计数脉冲 CP_0，如图 9-17 所示。其状态表如表 9-14 所示，

构成十进制计数器。

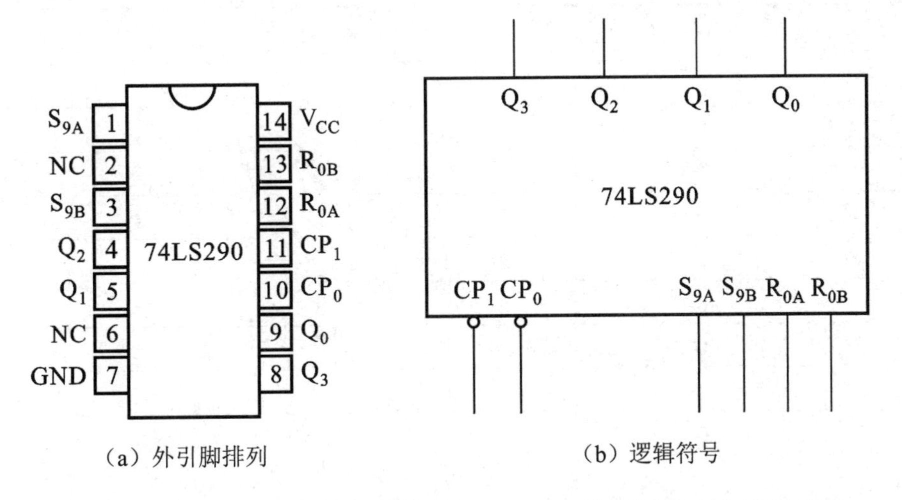

（a）外引脚排列　　（b）逻辑符号

图 9-16　二一五一十进制计数器的 74LS290 外引脚排列和逻辑符号

表 9-13　74LS290 功能表

输　入					输　出		功　能
$R_{0A}\cdot R_{0B}$	$S_{9A}\cdot S_{9B}$	CP			$Q_3Q_2Q_1$	Q_0	
		CP_0	CP_1	顺　序			
1	0	X	X	—	0 0 0	0	异步置 0
X	1	X	X	—	1 0 0	1	异步置 9
0	0	↓	↓	0	0 0 0	0	二一五进制计数
				1	0 0 1	1	
				2	0 1 0	0	
				3	0 1 1		
				4	1 0 0		
				5	1 0 1		

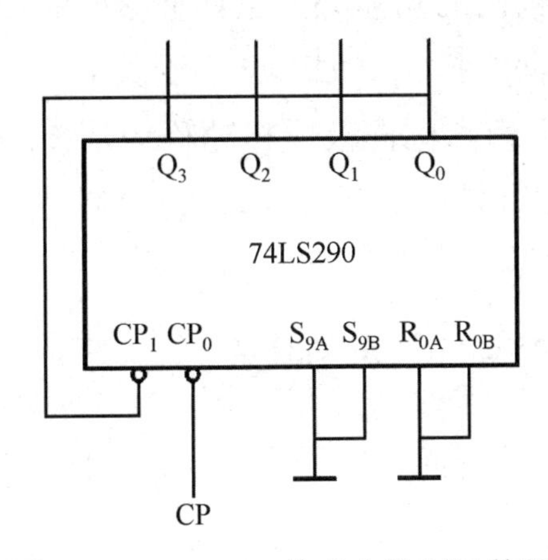

图 9-17　74LS290 构成十进制计数器

表 9-14 8421 码十进制计数器状态表

计　　数	计数器状态			
顺　　序	Q_3	Q_2	Q_1	Q_0
0	0	0	0	0
1	0	0	0	1
2	0	0	1	0
3	0	0	1	1
4	0	1	0	0
5	0	1	0	1
6	0	1	1	0
7	0	1	1	1
8	1	0	0	0
9	1	0	0	1
10	0	0	0	0

知识点 4　移位寄存器

一、寄存器与移位寄存器

一个触发器能存储一位二进制数，n 位二进制数则需 n 个触发器来存储。当 n 位数据同时出现时称为并行数据，而 n 位数据按时间先后一位一位地出现时称为串行数据。串行数据需要一个时钟信号来分辨每一个数据位。用 n 个触发器组成的 n 位移位寄存器用来寄存 n 位串行数据，既可以实现串行数据到并行数据的转换，也可实现并行数据到串行数据的转换。

移位寄存器除了具有寄存数码的功能外，还具有移位的功能。在寄存器中存储的数据由低位向高位移动一位时，即数据右移。例如，二进制数 0011 向高位移动一位变成 0110，二进制数由 3 变为 6。同理，数据由高位向低位移动称为左移。因此，移位寄存器有左移寄存器和右移寄存器之分。也有可逆移位寄存器，即在控制信号作用下，既可实现右移，也可实现左移。

二、集成移位寄存器 74194（74194LS）

集成移位寄存器 74194 是四位双向移位寄存器，有并行寄存、左移寄存、右移寄存和保持四种工作模式。

74194 的引脚和引脚功能方框符号如图 9-18 所示。其中，$\overline{CR}$ 为低电平有效的清零端，D_{SR} 为右移串行输入端，D_{SL} 为左移串行输入端，$D_3D_2D_1D_0$ 为并行输入端。$Q_3Q_2Q_1Q_0$ 为输出端，寄

存器工作于何种模式由 M_1M_0 端信号确定。

集成移位寄存器 74194 的功能表如表 9-15 所示。

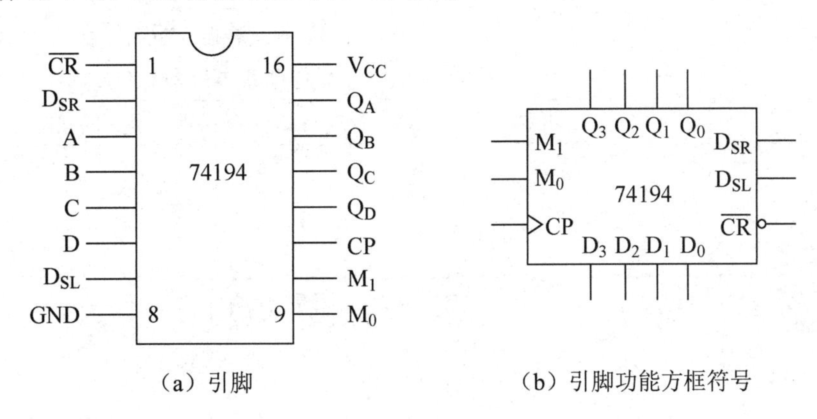

（a）引脚　　（b）引脚功能方框符号

图 9-18　四位双向移位寄存器 74194

表 9-15　74LS194 功能表

$\overline{CR}$	M_1	M_0	D_{SL}	D_{SR}	CP	D_3	D_2	D_1	D_0	Q_3	Q_2	Q_1	Q_0
0	×	×	×	×	×	×	×	×	×	0	0	0	0
1	×	×	×	×	×	×	×	×	×	Q_3	Q_2	Q_1	Q_0
1	1	1	×	×	↑	A	B	C	D	A	B	C	D
1	1	0	1	×	↑	×	×	×	×	Q_2	Q_1	Q_0	1
1	1	0	0	×	↑	×	×	×	×	Q_2	Q_1	Q_0	0
1	0	1	×	1	↑	×	×	×	×	1	Q_3	Q_2	Q_1
1	0	1	×	0	↑	×	×	×	×	0	Q_3	Q_2	Q_1
1	0	0	×	×	×	×	×	×	×	Q_3	Q_2	Q_1	Q_0

其中，D_0、D_1、D_2、D_3 为并行输入端；Q_0、Q_1、Q_2、Q_3 为并行输出端；SR 为右移串行数据输入端，SL 为左移串行数据输入端；S_1、S_0 为操作模式控制端（控制移位方向）；CR 为清零端；CP 为时钟脉冲输入端。

74LS194 有 5 种不同工作模式：并行送数寄存，右移（方向由 Q_0 至 Q_3），左移（方向由 Q_3 至 Q_0），保持及清零，如表 9-16 所示。

表 9-16　74LS194 的工作模式

CP 或 CLK	CR 或 CLR	S_1	S_0	功　能	$Q_0Q_1Q_2Q_3$
X	0	X	X	清零	当 CR=0 时，可使 $Q_0Q_1Q_2Q_3$=0000，寄存器工作正常时，$\overline{CR}$=1
↑	1	1	1	进行	在 CP 上升沿时刻，数码由 $D_3D_2D_1D_0$ 并行输入到寄存器，由 $Q_3Q_2Q_1Q_0$ 并行输出（D_3、Q_3 为高位），此时，串行数据 S_R、S_L 被禁止
↑	1	0	1	右移	串行数据送到右移输入端 S_R，在一个 CP 上升沿时刻，寄存器输出 $Q_3Q_2Q_1Q_0$ 右移变为 $S_R Q_3Q_2Q_1Q_0$ 溢出

续表

CP 或 CLK	CR 或 CLR	S_1	S_0	功　能	$Q_0Q_1Q_2Q_3$
↑	1	1	0	左移	串行数据送到左移输入端 S_L，在一个 CP 上升沿时刻，寄存器输出 $Q_3Q_2Q_1Q_0$ 左移变为 $Q_2Q_1Q_0S_2Q_3$ 溢出
↑	1	0	0	保持	Q_3、Q_2、Q_1、Q_0 保持前一时刻的状态

理论测验

一、判断题

1．触发器属于组合逻辑电路。（　　）

2．触发器具有两个状态，一个是现态，另一个是次态。（　　）

3．时钟脉冲的作用是使触发器翻转。（　　）

4．主从 JQ 触发器和边沿 JK 触发器的逻辑功能相同。（　　）

5．基本 RS 触发器可以由两个或非门交叉耦合构成。（　　）

6．即使电源关闭，移位寄存器中的内容也可以保持下去。（　　）

7．所有的触发器都能用来构成计数器和移位寄存器。（　　）

8．移位寄存器 74LS194 可串行输入并行输出，但不能串行输入串行输出。（　　）

9．同步计数器的计数速度比异步计数器快。（　　）

10．移位寄存器只能串行输入。（　　）

二、填空题

1．基本 RS 触发器，当 $\overline{R}$、$\overline{S}$ 都接高电平时，该触发器具有__________功能。

2．同步 RS 触发器状态的改变与______________________________同步。

3．时序电路通常包括____________和________________两个组成部分。

4．主从触发器是一种能防止__________________的触发器。

5．D 触发器是由____组成的。

6．仅具有“置 0”“置 1”功能的触发器称为________。

7．时序电路的次态输出不仅与即时输入有关，而且与______有关。

8．在一个 CP 脉冲作用期间，触发器状态产生二次或多次翻转称为____________现象。

9．JK 触发器的逻辑功能为__________、____________、____________和__________。

10．将 JK 触发器的两个输入端接在一起，就构成了____________触发器，其逻辑功能为____________和____________________。

三、选择题

1．R-S 型触发器不具有（　　）功能。

A．保持　　B．翻转　　C．置 1　　D．置 0

2．触发器的空翻现象是指（　　）。

A．一个时钟脉冲期间，触发器没有翻转

B．一个时钟脉冲期间，触发器只翻转一次

C．一个时钟脉冲期间，触发器发生多次翻转

D．每 2 个时钟脉冲，触发器才翻转一次

3．下列触发器中不能用于移位寄存器的是（　　）。

A．D 触发器　　B．JK 触发器

C．基本 RS 触发　　D．负边沿触发 D 触发器

4．触发器是一种（　　）。

A．单稳态电路　　B．双稳态电路

C．无稳态电路

5．下面 4 种触发器中，抗干扰能力最强的是（　　）。

A．同步 D 触发器　　B．主从 JK 触发器

C．边沿 D 触发器　　D．同步 RS 触发器

6．对于 JK 触发器，若希望其状态由 0 转变为 1，则所加激励信号是（　　）。

A．JK=0X　　B．JK=X0

C．JK=X1　　D．JK=1X

7．仅具有保持和翻转功能的触发器是（　　）。

A．JK 触发器　　B．RS 触发器

C．D 触发器　　D．T 触发器

8．对于 JK 触发器，输入 J=0，K=1，CP 时钟脉冲作用后，触发器的 Q_{n+1} 应为（　　）。

A．0　　B．1

C．可能为 0，也可能为 1　　D．与 Q_n 有关

四、问答题

1．怎样实现普通机械式开关的防抖功能？

2．怎样由 JK 触发器构成 D 触发器？

3．什么是触发器的空翻现象？

4．查阅资料，画出用 D 触发器构成一个 4 位右移寄存器的原理图，并说明工作过程。

项目十 综合实训

电子整机装联又称电子整机组装，是电子或电器产品在制造中所采用的电气连接和装配的工艺过程，即根据设计要求（装焊图或电原理图）将电子元器件（无器件、有源器件或接插件等）准确无误装焊到基板（PCB）上焊盘表面的工艺过程，同时保证各焊点符合标准规定的物理特性和电子特性的要求。本项目根据模拟和数字两部分内容，设计了收音机及数字万用表整机装联内容，以了解不同的电子产品组装与调试的方法与技能。

技能目标

1. 能根据装配工艺卡片完成收音机、数字万用表整机装联。
2. 能完成收音机的调测。
3. 能完成数字万用表的总装、测试、校准。
4. 能识读收音机、数字万用表所用的特殊元器件。

知识目标

1. 了解超外差收音机电路组成、工作原理。
2. 了解收音机整机调测步骤。
3. 了解数字万用表的电路组成、工作原理。
4. 了解数字万用表的总装、测试、校准方法。

综合实训 1　超外差收音机的组装与调试

广播电台发送的无线电波信号，我们看不到也摸不着，但为什么一台小小的收音机会把它接收下来，变成我们听得到的美妙音乐呢？通过组装和调试一台超外差收音机，让我们对这方面的知识有个全面的学习和了解。

NT-7B 七管收音机为 3V 全硅管超外差式收音机，具有安装调试简单、工作稳定、声音洪亮、耗电少等优点。它包含的功能电路较多，元器件数量适中，种类较全，是一个非常适合电子专业初学者进行综合电子技能训练的项目。

Loading　任务一　收音机的装配 <<<<<<<<

要想装配好一台收音机整机，首先应该学会识别和检测各个元器件，保证各个元器件是合格的；其次依据电路图和 PCB 上的位号图对元器件正确的插装整形；最后对每个焊点可靠地焊接，这样才可能装配好一台合格的整机。图 10-1 所示为 NT-7B 七管收音机装配效果。

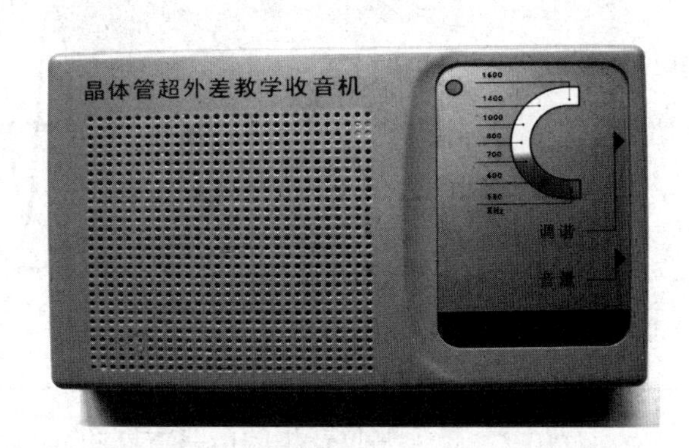

图 10-1　NT-7B 七管收音机装配效果

所需的实训器材清单如表 10-1 所示。

表 10-1　实训器材清单

实训器材	数　量	实训器材	数　量
NT-7B 七管收音机套件	1 套	吸锡及焊接辅助工具	1 套
MF-47 型万用表	1 套	斜口钳	1 把
示波器	1 台	尖嘴钳	1 把
音频信号发生器	1 台	镊子	1 把
高频信号发生器	1 台	小刀	1 把
稳压电源	1 台	起子	1 套
毫伏表	1 块	热塑枪	1 把
电烙铁	1 把	碱性 5 号电池	1 对

知识点

一、超外差收音机电路组成

1. 框图及波形

超外差收音机的电路方框图如图 10-2 所示。

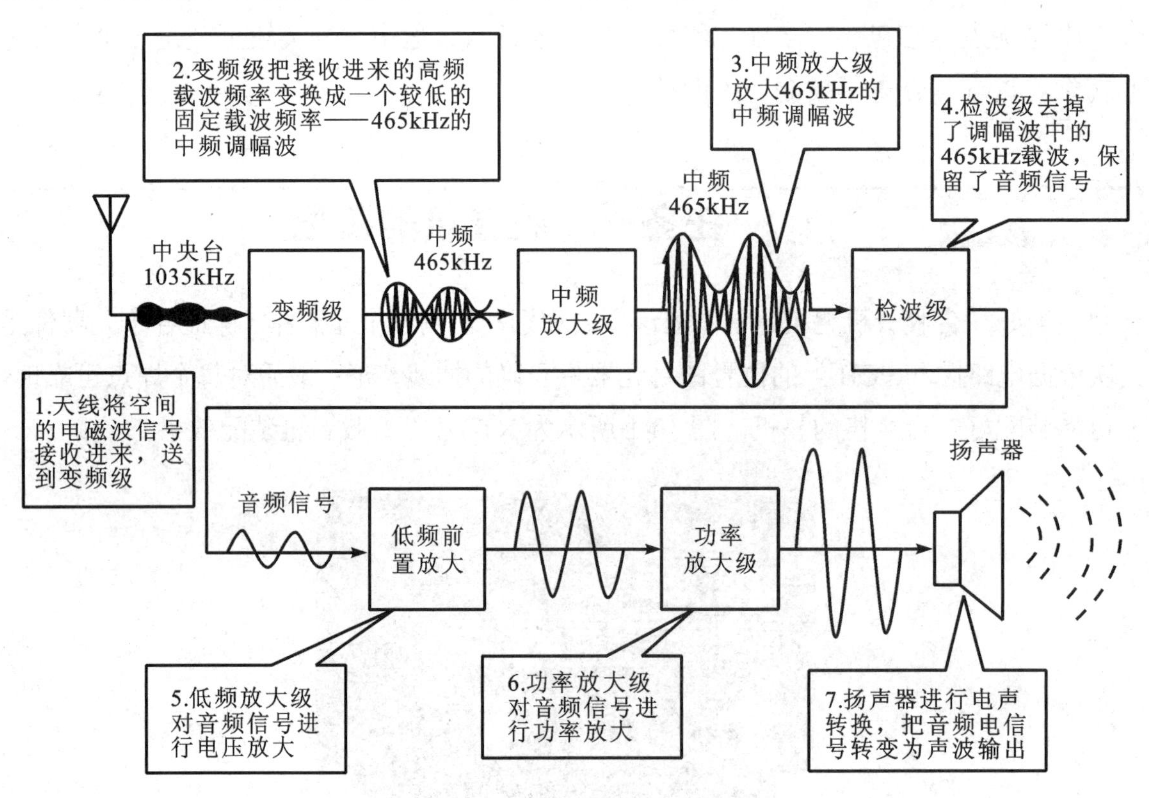

图 10-2　超外差收音机的电路方框图

2. NT-7B 七管收音机电路原理

NT-7B 七管收音机电路原理如图 10-3 所示。

3. NT-7B 七管收音机电路工作原理

NT-7B 七管收音机电路工作原理框图如图 10-4 所示。

由输入回路、高放混频级、一级中放、二级中放、前置低放兼检波级、低放级和功放级等部分组成。接收频率范围为 535～1065kHz 的中段。

（1）输入调谐电路：输入调谐电路由双连可变电容器的 CA 和 T_1 的初级线圈组成，构成并联谐振电路，T_1 是磁性天线线圈，从天线接收进来的高频信号，通过输入调谐电路的谐振选出需要的电台信号，当改变 CA，就能收到不同频率的电台信号。

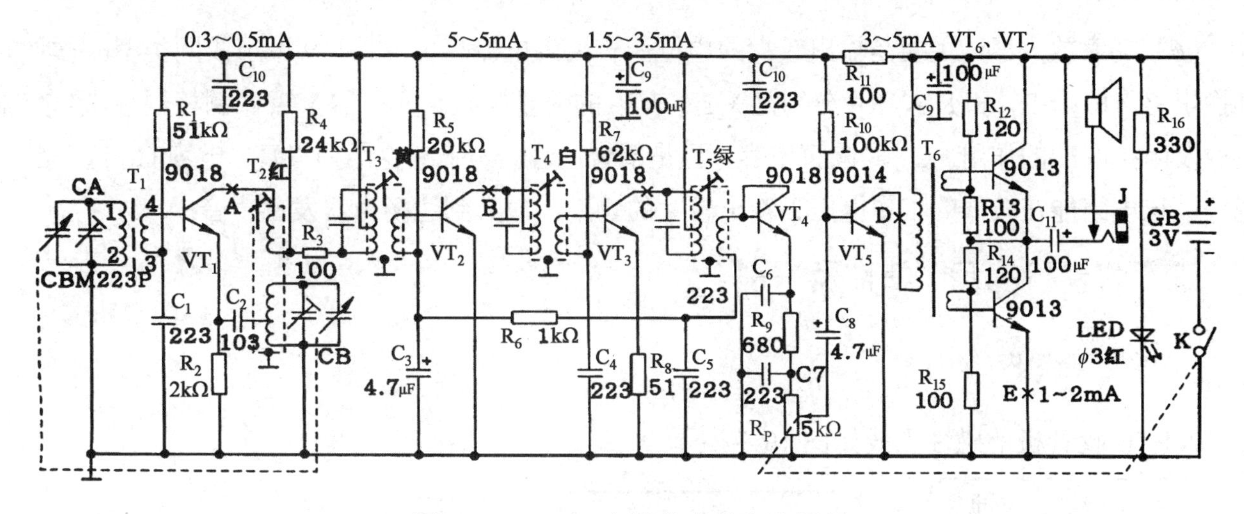

图 10-3　NT-7B 七管收音机电路原理

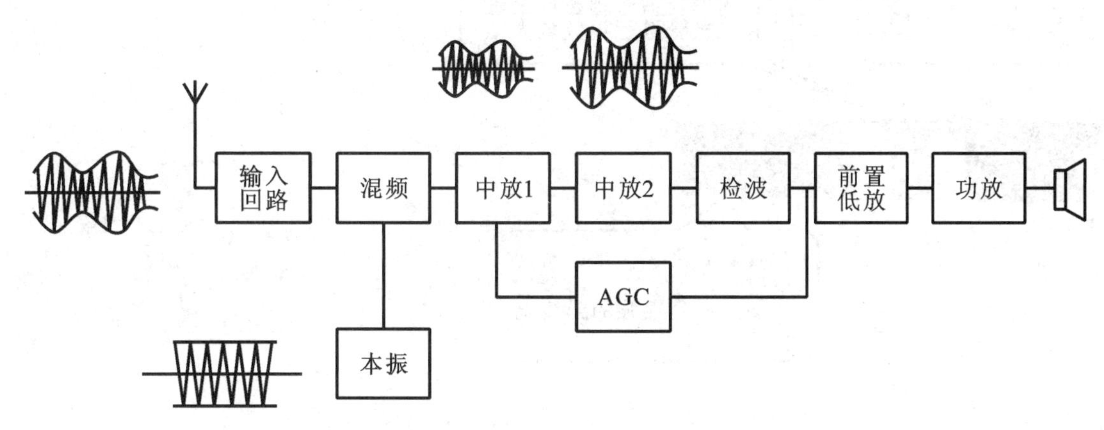

图 10-4　NT-7B 七管收音机电路工作原理框图

（2）变频电路：本机振荡和混频合起来称为变频电路。变频电路以 VT_1 为中心，它的作用是把通过输入调谐电路收到的不同频率电台信号变换成固定的 465kHz 的中频信号。VT_1、T_2、CB 等元件组成本机振荡电路，它是产生一个比输入信号频率高 465kHz 的等幅高频振荡信号。混频电路由 VT_1、VT_3 的初级线圈等组成，其结果是产生各种频率的信号。

（3）中频放大和 AGC 电路：主要由 VT_2、VT_3 组成的两级中频放大器，R_6 为中放的 AGC 电阻。VT_3、VT_4、VT_5 为中周，既是放大器的交流负载又是中频选频器，灵敏度、选择性等指标靠中频放大器保证。

（4）检波电路：中频信号经二级中频放大后由 VT_5 耦合到检波管 VT4（发射—基极结用作检波）。检波级的主要任务是把中频调幅信号还原成音频信号，C_5、C_6、C_7 起滤去残余中频成分的作用。

（5）前置低放电路：检波后的音频信号由电位器 R_P 送到前置低放管 VT_5，经过低放可将音频信号电压放大几十倍到几百倍，但是音频信号经过放大后带负载能力还很差，不能直接推动扬声器工作，还需进行功率放大。旋转电位器 R_P 可以改变 VT_5 的基极对地的信号电压的大小，可达到控制音量的目的。

（6）功率放大器：主要是输出较大的电压和较大的电流。由 VT_6、VT_7 组成同类型晶体管的推挽电路，R_{12}、R_{13} 和 R_{14}、R_{15} 分别是 VT_6、VT_7 的偏量电阻。变压器 VT_6 做倒相耦合，起交流负载及阻抗匹配的作用。C_{11} 是隔直电容，也是耦合电容。为了减少低频失真，电容 C_{11} 选得越大越好。该电路能在较低的工作电压下输出较大的功率，最后到达扬声器发出声音。

二、收音机的元件特性及识别

1. 磁性天线 T_1

NT-7B 收音机的磁性天线如图 10-5 所示。

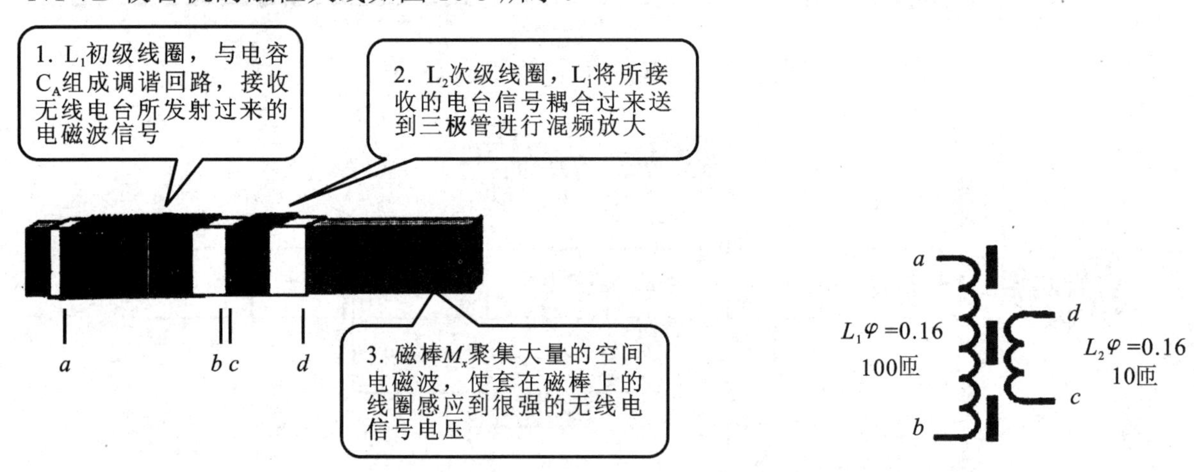

图 10-5 NT-TB 收音机的磁性天线

2. 中频变压器及振荡变压器

中频变压器也称中周，是超外差式收音机中的重要元件，它主要起到选频作用，在很大程度上决定了整机灵敏度、选择性和通频带。中周电路符号及外形如图 10-6 所示。

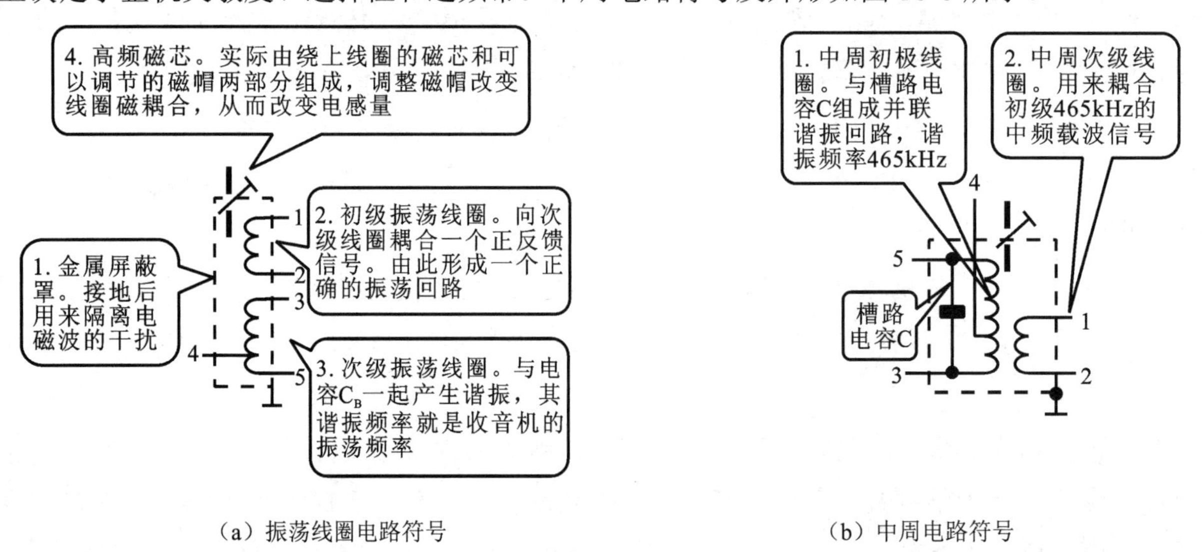

（a）振荡线圈电路符号　　（b）中周电路符号

图 10-6 中周电路符号及外形

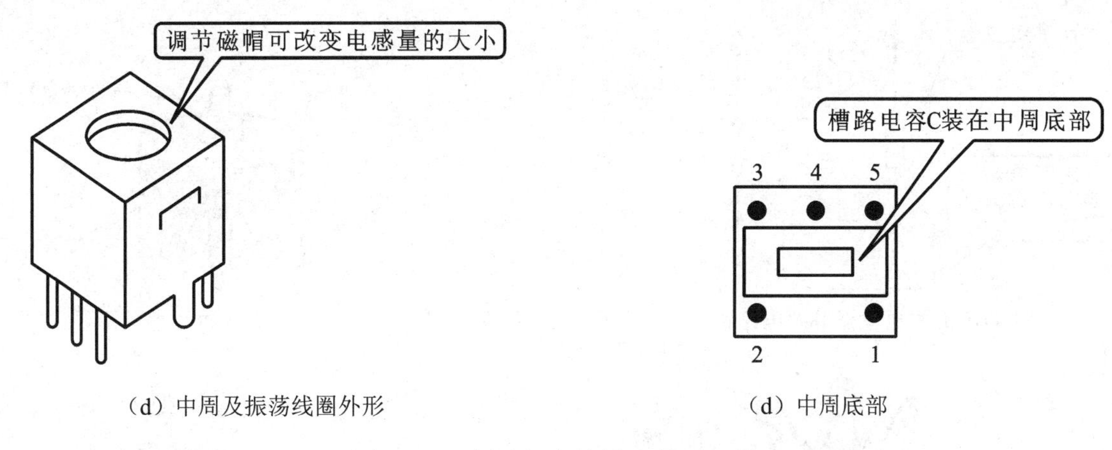

（d）中周及振荡线圈外形　　（d）中周底部

图 10-6　中周电路符号及外形（续）

中频变压器常用的有国产小型成套 TTF 型，中频变压器和振荡器的内部结构如图 10-7 所示。

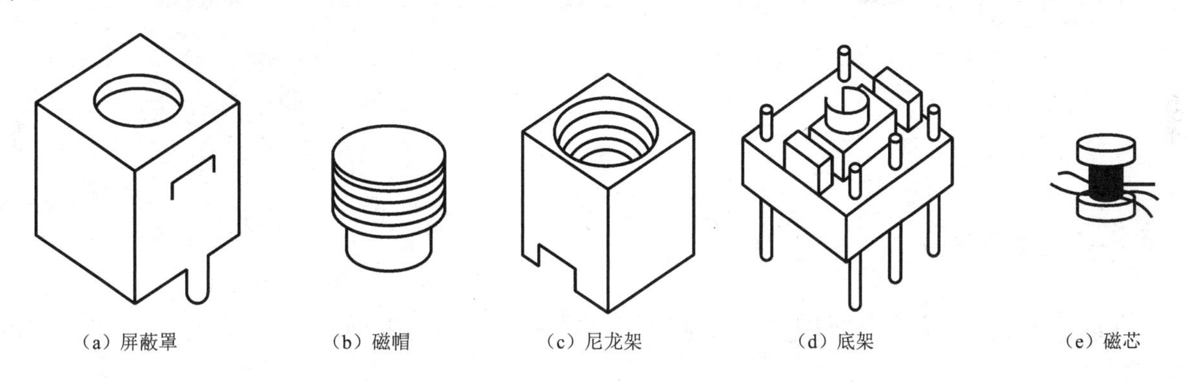

（a）屏蔽罩　（b）磁帽　（c）尼龙架　（d）底架　（e）磁芯

图 10-7　中频变压器和振荡器的内部结构

3. 有机密封双连可变电容器

半导体收音机中，当我们调节刻度盘搜索电台时，实际上就是在调谐双连可变电容器。在有机器时双连可变电容器中一般做四个电容器，如图 10-8 所示。

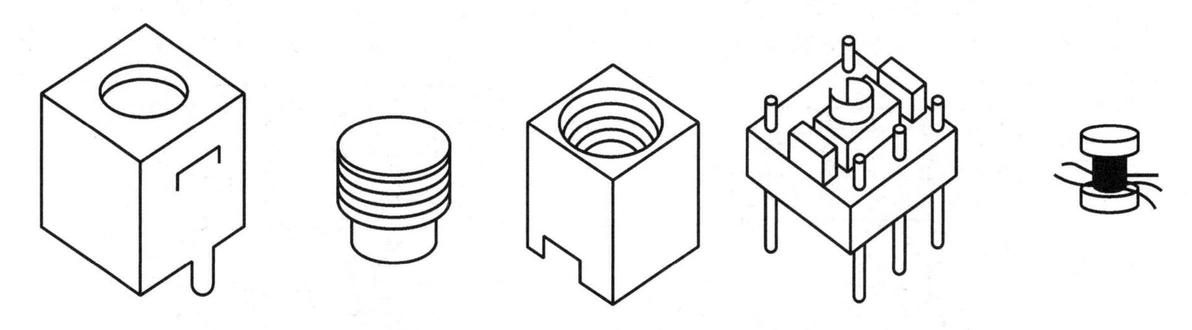

图 10-8　有机密封双连可变电容器

4. 开关电位器

开关电位器如图 10-9 所示，它将开关和电位器制作在同一个元件上。

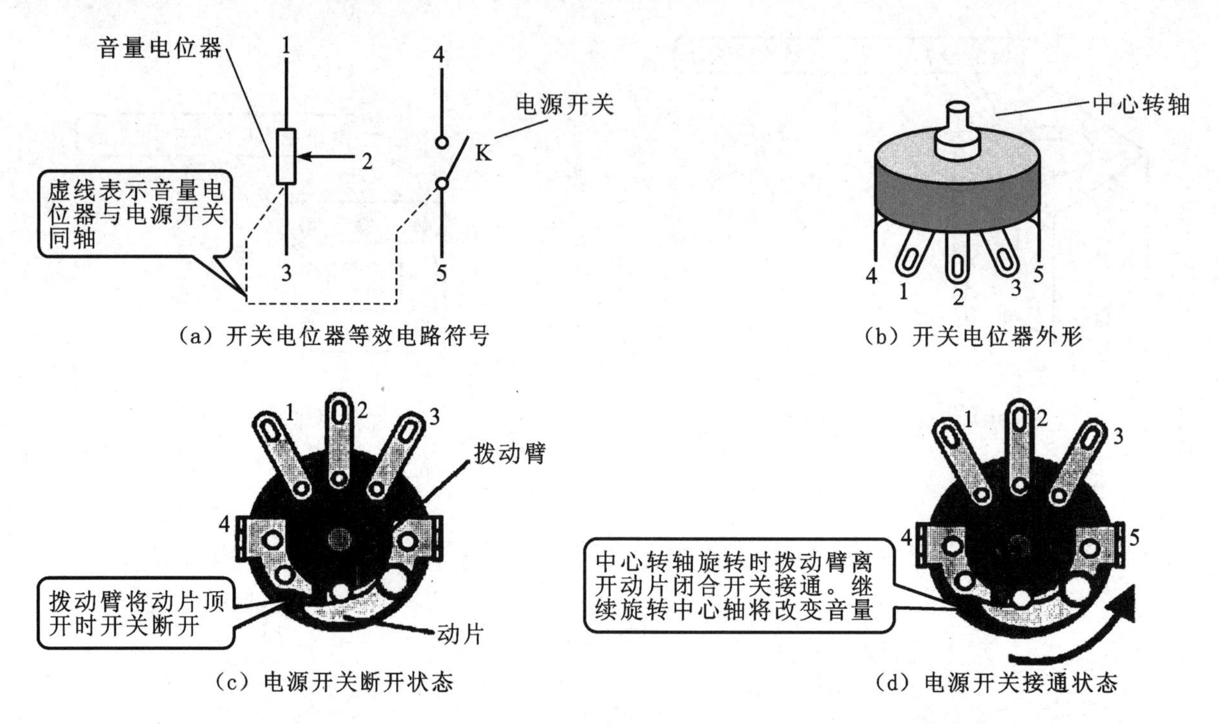

图 10-9 开关电位器

5. 耳机插座

耳机插头插入时有两个作用：一是将扬声器断开；二是接通耳机，耳机插座如图 10-10 所示。

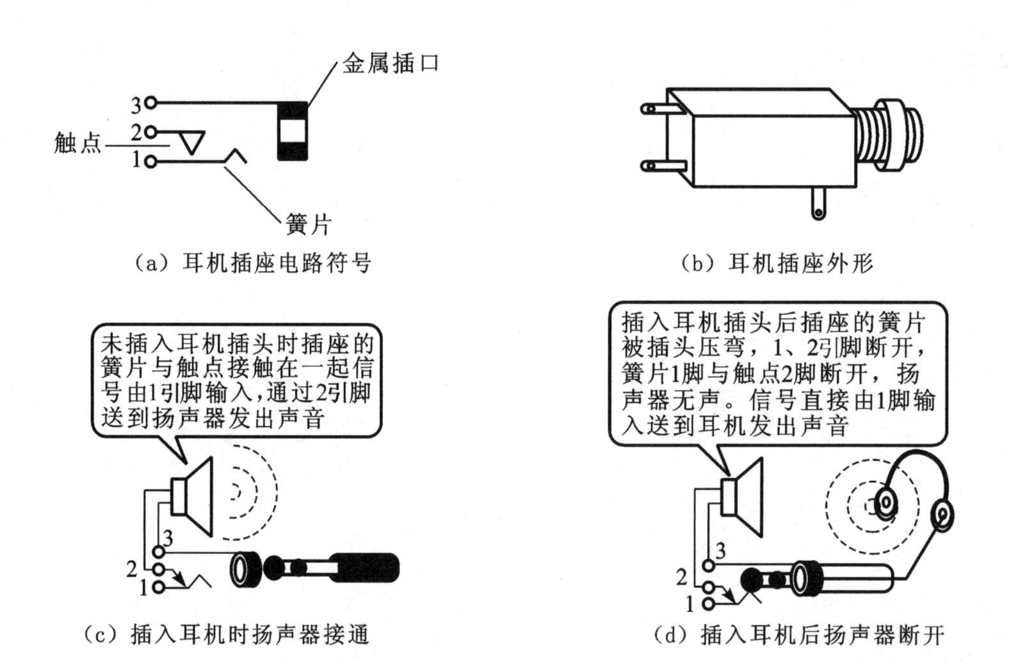

图 10-10 耳机插座

任务实施

1. 清点材料

（1）请按元器件清单一一对应，将元器件放在一个盒子内，识别所有的元器件，NT-7B 收音机所有元件如图 10-11 所示。元器件清单如表 10-2 所示。

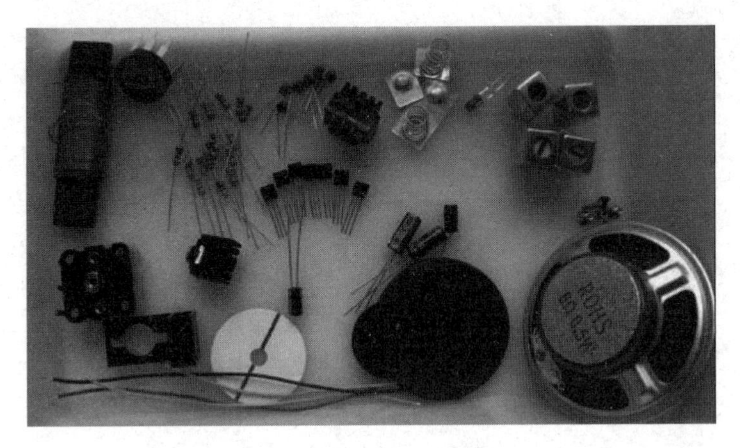

图 10-11　NT-7B 收音机所有元件

表 10-2　元器件清单

序　号	名　称	型号规格	位　号	数　量
1	三极管	9018	VT_1、VT_2、VT_3、VT_4	4 只
2	三极管	9014	VT_5	1 只
3	三极管	9013H	VT_6、VT_7	2 只
4	发光二极管	ϕ3 红	LED	1 只
5	磁棒线圈		VT_1	1 套
6	中周	红、黄、白、绿	VT_2、VT_3、VT_4、VT_5	4 个
7	输入变压器		VT_6	1 个
8	扬声器	ϕ58mm、8Ω	BL	1 个
9	电阻器	51Ω	R_8	1 只
10	电阻器	100Ω	R_3、R_{11}、R_{13}、R_{15}	4 只
11	电阻器	120Ω	R_{12}、R_{14}	2 只
12	电阻器	330Ω	R_{16}	1 只
13	电阻器	680Ω	R_9	1 只
14	电阻器	1kΩ	R_6	1 个
15	电阻器	2kΩ、20kΩ、24kΩ	R_2、R_5、R_4	各 1 只
16	电阻器	51kΩ、62kΩ、100kΩ	R_1、R_7、R_{10}	各 1 只
17	电位器	5kΩ	R_P	1 只
18	电解电容	4.7μF	C_3、C_8	2 只

续表

序号	名称	型号规格	位号	数量
19	瓷片电容	100μF	C_9、C_{11}、C_{12}	3只
20	瓷片电容	103	C_2	1只
21	瓷片电容	223	C_1、C_4、C_5	3只
22	瓷片电容	223	C_6、C_7、C_{10}	3只
23	双联电容		C_1	1只
24	收音机前盖			1个
25	收音机后盖			1个
26	频率刻度板及指针不干胶			各1块
27	双联及电位器拨盘			各1个
28	耳机插座			1个
29	磁棒支架			1个
30	印制电路板			1块
31	套件说明书			1份
32	电池极片	三件		1套
33	连接导线			4根
34	双联及拨盘螺丝			3粒
35	电位器拨盘螺丝			1粒
36	自攻螺丝	固定电路板		1粒

（2）打开时请小心，不要将塑料袋撕破，以免零件丢失。

（3）清点材料时请将机壳后盖当容器，将所有的东西都放在里面。

（4）清点完后请将暂时不用元器件、材料放回塑料袋备用。

（5）弹簧和螺丝要小心滚落。

2. 元器件的选择与测试

根据电路原理图，从所给元器件袋中选择装配电路所需的元器件，按要求进行测试。

（1）识读电阻并用万用表对电阻器进行测量。

（2）用万用表测试、检查电容器（电解电容根据长短引脚判别正、负极），读出耐压值、容量。

（3）测试二极管：根据有标志的一端判别正、负极，用万用表测量其导通截止。

（4）三极管的测试：引脚朝下，面对有文字的一面，从左到右依次为1、2、3号引脚，判别b、e、c，并判别三极管的类型。

3. 焊接前的准备工作

（1）元器件读数、测量。动手焊接前，请用万用表将各个元器件测量一下，做到心中有数。

（2）清除元器件引脚表面的氧化层。左手捏住电阻或其他元器件的本体，右手用锯条轻刮元件脚的表面，左手慢慢地转动，直到表面氧化层全部去除。新元器件免去此项。

（3）元件整形和插装。用镊子夹住元件根部，按元器件安装位置要求将元件引脚弯制成形。立式插法的元器件只要弯一边，不要太短。

4. 元器件焊接与安装

（1）NT-7B 七管收音机的焊盘图、丝印图、印制板图、PCB 图如图 10-12 所示。

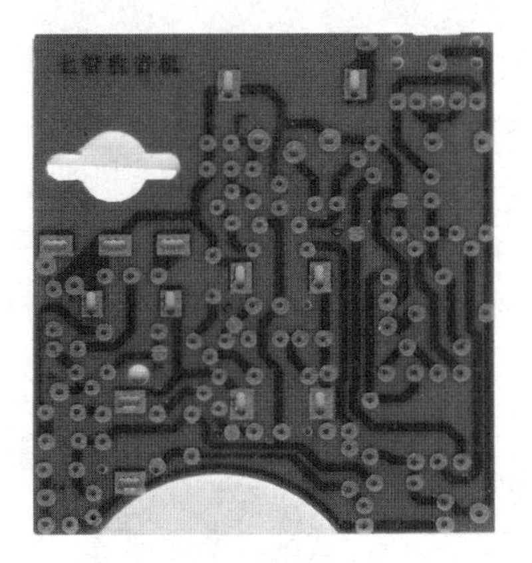

（a）焊盘图

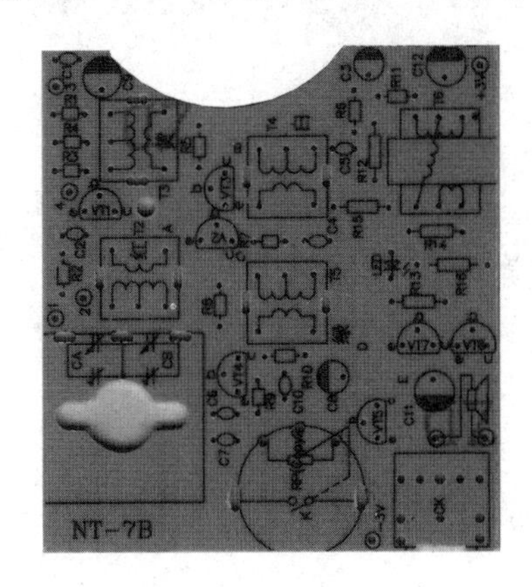

（b）丝印图

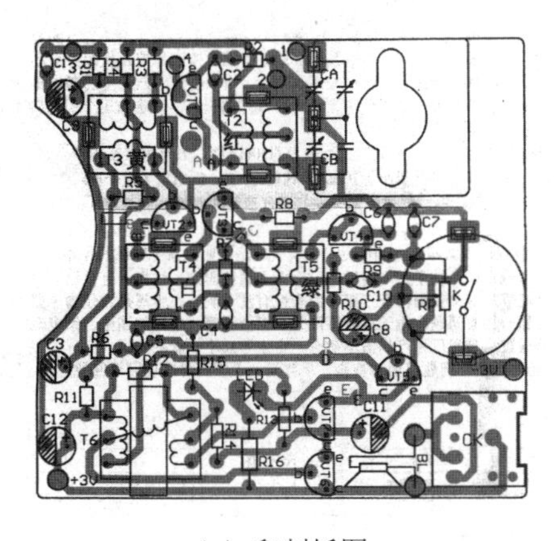

（c）印制板图

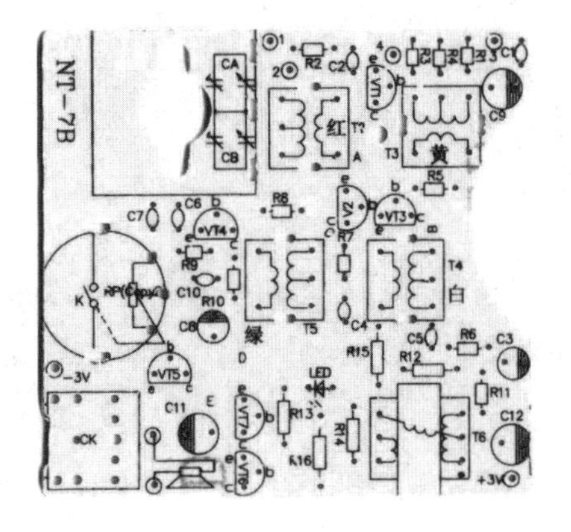

（d）PCB 图

图 10-12　NT-7B 七管收音机的焊盘图、丝印图、印制板图、PCB 图

（2）收音机装配工艺如表 10-3～表 10-10 所示。

表 10-3　工艺流程图

<table>
<tr><td rowspan="3">工艺流程图</td><td colspan="2">产 品 名 称</td></tr>
<tr><td rowspan="2">超外差七管
调幅收音机</td><td>产品型号</td></tr>
<tr><td>NT-7B</td></tr>
<tr><td colspan="3">收音机的实习过程包括七大步骤，下面详细说明：
（1）核对 HOM（Bill of Materials），即核对产品物料清单。
（2）PCB 装配（即印制电路板装配）
① 色环电阻，16PCS。
② 瓷片电容，7PCS。
③ 三极管，7PCS。
④ 电解电容，5PCS。</td></tr>
</table>

续表

工艺流程图	产品名称	
	超外差七管调幅收音机	产品型号
		NT-7B

⑤ 中周 4PCS，输入变压器 1PCS，电位器 1PCS，双联电容 1PCS。
⑥ 发光二极管 1PCS；耳机插座 1PCS 的成型及焊接。
（3）导线安装。
① 1 根导线接电池两端。
② 1 根导线接扬声器。
（4）PCB 调试（即电路板调试）。
① 断点电流测量。
② 断点连接。
（5）整机装配。
① 磁棒天线焊接。
② 各拨盘安装。
（6）整机调试

表 10-4 装配工艺卡片

装配工艺卡片				工序名称	产品名称
				电阻插件及安装	产品型号
					NT-7B
工序号	装入件及辅材代号、名称、规格			数量	插装工艺要求
1	R_{13}	碳膜电阻	RT114-100Ω±5%	1	卧式安装，水平贴板
2	R_{16}	碳膜电阻	RT114-330Ω±5%	1	卧式安装，水平贴板
3	R_{14}	碳膜电阻	RT114-120Ω±5%	1	卧式安装，水平贴板
4	R_{15}	碳膜电阻	RT114-100Ω±5%	1	卧式安装，水平贴板
5	R_{12}	碳膜电阻	RT114-120Ω±5%	1	卧式安装，水平贴板
6	R_2	碳膜电阻	RT114-2kΩ±5%	1	立式安装，水平贴板
7	R_3	碳膜电阻	RT114-100Ω±5%	1	立式安装，水平贴板
8	R_4	碳膜电阻	RT114-24kΩ±5%	1	立式安装，水平贴板
9	R_1	碳膜电阻	RT114-51kΩ±5%	1	立式安装，水平贴板
10	R_8	碳膜电阻	RT114-51Ω±5%	1	立式安装，水平贴板
11	R_5	碳膜电阻	RT114-20kΩ±5%	1	立式安装，水平贴板
12	R_9	碳膜电阻	RT114-680Ω±5%	1	卧式安装，水平贴板
13	R_{10}	碳膜电阻	RT114-100kΩ±5%	1	卧式安装，水平贴板
14	R_7	碳膜电阻	RT114-62kΩ±5%	1	卧式安装，水平贴板
15	R_6	碳膜电阻	RT114-1kΩ±5%	1	卧式安装，水平贴板
16	R_{11}	碳膜电阻	RT114-100Ω±5%	1	卧式安装，水平贴板

续表

<table>
<tr><td>

作业要求：
1．请将电阻的阻值（参照电阻值计算示意图）选择好后根据两孔的距离弯曲电阻引脚，立式或卧式插装在电路板上进行安装，高度统一；
2．在PCB上，电阻的误差环统一向右，或向下，整版保持一致</td></tr>
<tr><td>焊接工艺要求：符合通用手工焊接规范，焊点整洁、圆润、光滑、无虚焊、漏焊、冷焊等现象。剪脚整齐，引脚末端留存0.5～1mm</td></tr>
</table>

表10-5　装配工艺卡片

<table>
<tr><td colspan="4" rowspan="4">装配工艺卡片</td><td colspan="2">工序名称</td><td>产品名称</td></tr>
<tr><td colspan="2" rowspan="3">电容插件及焊接</td><td>七管收音机</td></tr>
<tr><td>产品型号</td></tr>
<tr><td>NT-7B</td></tr>
<tr><td>工序号</td><td colspan="3">装入件及辅材代号、名称、规格</td><td>数量</td><td colspan="2">插装工艺要求</td></tr>
<tr><td>1</td><td>C_7</td><td>瓷片电容</td><td>CC1-100V-223pF±20%</td><td>1</td><td colspan="2">立式安装，引脚高度为3～5mm</td></tr>
<tr><td>2</td><td>C_6</td><td>瓷片电容</td><td>CC1-100V-223pF±20%</td><td>1</td><td colspan="2">立式安装，引脚高度为3～5mm</td></tr>
<tr><td>3</td><td>C_{10}</td><td>瓷片电容</td><td>CC1-100V-223pF±20%</td><td>1</td><td colspan="2">立式安装，引脚高度为3～5mm</td></tr>
<tr><td>4</td><td>C_2</td><td>瓷片电容</td><td>CC1-100V-103pF±20%</td><td>1</td><td colspan="2">立式安装，引脚高度为3～5mm</td></tr>
<tr><td>5</td><td>C_4</td><td>瓷片电容</td><td>CC1-100V-223pF±20%</td><td>1</td><td colspan="2">立式安装，引脚高度为3～5mm</td></tr>
<tr><td>6</td><td>C_5</td><td>瓷片电容</td><td>CC1-100V-223pF±20%</td><td>1</td><td colspan="2">立式安装，引脚高度为3～5mm</td></tr>
<tr><td>7</td><td>C_1</td><td>瓷片电容</td><td>CC1-100V-223pF±20%</td><td>1</td><td colspan="2">立式安装，引脚高度为3～5mm</td></tr>
<tr><td>8</td><td>C_{11}</td><td>电解电容</td><td>CC1-25V-2200μF±20%</td><td>1</td><td colspan="2">立式安装，水平贴板</td></tr>
<tr><td>9</td><td>C_8</td><td>电解电容</td><td>CC1-25V-2200μF±20%</td><td>1</td><td colspan="2">立式安装，水平贴板</td></tr>
<tr><td>10</td><td>C_9</td><td>电解电容</td><td>CC1-25V-100μF±20%</td><td>1</td><td colspan="2">立式安装，水平贴板</td></tr>
<tr><td>11</td><td>C_3</td><td>电解电容</td><td>CC1-16V-1000μF±20%</td><td>1</td><td colspan="2">立式安装，水平贴板</td></tr>
<tr><td>12</td><td>C_{12}</td><td>电解电容</td><td>CC1-25V-100μF±20%</td><td>1</td><td colspan="2">立式安装，水平贴板</td></tr>
</table>

续表

作业要求：

1. 瓷片电容采用水平式立式安装，标称值统一向下或者向右，遇有紧邻元件遮挡时，向外；

2. 电解电容紧贴电路板立式安装焊接，太高会影响后盖的安装。注意引脚的正、负极，长引脚为正极，要安装正确

焊接工艺要求：符合通用手工焊接规范，焊点整洁、圆润、光滑、无虚焊、漏焊、冷焊等现象。剪脚整齐，引脚末端留存0.5～1mm

表 10-6　装配工艺卡片

<table>
<tr><td colspan="4" rowspan="4">装配工艺卡片</td><td colspan="2">工序名称</td><td>产品名称</td></tr>
<tr><td colspan="2" rowspan="3">三极管插件及焊接</td><td>七管收音机</td></tr>
<tr><td>产品型号</td></tr>
<tr><td>NT-7B</td></tr>
<tr><td>工序号</td><td colspan="3">装入件及辅材代号、名称、规格</td><td>数量</td><td colspan="2">插装工艺要求</td></tr>
<tr><td>1</td><td>VT$_5$</td><td>三极管</td><td>9014</td><td>1</td><td colspan="2">立式安装，引脚高度为3～5mm</td></tr>
<tr><td>2</td><td>VT$_4$</td><td>三极管</td><td>9018</td><td>1</td><td colspan="2">立式安装，引脚高度为3～5mm</td></tr>
<tr><td>3</td><td>VT$_7$</td><td>三极管</td><td>9013H</td><td>1</td><td colspan="2">立式安装，引脚高度为3～5mm</td></tr>
<tr><td>4</td><td>VT$_6$</td><td>三极管</td><td>9013H</td><td>1</td><td colspan="2">立式安装，引脚高度为3～5mm</td></tr>
<tr><td>5</td><td>VT$_2$</td><td>三极管</td><td>9018</td><td>1</td><td colspan="2">立式安装，引脚高度为3～5mm</td></tr>
<tr><td>6</td><td>VT$_1$</td><td>三极管</td><td>9018</td><td>1</td><td colspan="2">立式安装，引脚高度为3～5mm</td></tr>
<tr><td>7</td><td>VT$_3$</td><td>三极管</td><td>9018</td><td>1</td><td colspan="2">立式安装，引脚高度为3～5mm</td></tr>
</table>

续表

作业要求： 1. 采用水平式安装，三极管下端与PCB间距为3mm，要求高度保持一致； 2. 三极管的b、c、e引脚安装必须正确； 3. VT_6、VT_7为9013属中功率三极管，VT_1、VT_2、VT_3、VT_4选用9018超高频三极管，VT_5为9014，它们的外形和引脚排列都一样，不要相混淆
焊接工艺要求：符合通用手工焊接规范，焊点整洁、圆润、光滑、无虚焊、漏焊、冷焊等现象。剪脚整齐，引脚末端留存0.5～1mm

表10-7　装配工艺卡片

装配工艺卡片				工序名称		产品名称
				中周等大件插件及焊接		七管收音机
						产品型号
						NT-7B
工序号	装入件及辅材代号、名称、规格			数量	插装工艺要求	
1	CA-CB	双联电容		1	卧式安装，水平贴板	
2	RP	电位器	5kΩ	1	卧式安装，水平贴板	
3	CK	耳机插座		1	卧式安装，水平贴板	
4	VT_2	中周	红色	1	卧式安装，水平贴板	
5	VT_5	中周	黄色	1	卧式安装，水平贴板	
6	VT_3	中周	白色	1	卧式安装，水平贴板	
7	VT_4	中周	绿色	1	卧式安装，水平贴板	
8	VT_6	变压器		1	卧式安装，水平贴板	

作业要求：

1. 中频变压器（简称中周）4只为一套，其接线图见印制板图。中周的不同颜色一定要分辨清楚，对照其位号安装正确；

2. 4只中周出厂前均已调在规定的频率上，装好后只需微调甚至不调，请不要调乱。中周外壳除起屏蔽作用外，还起导线连接作用，所以中周外壳必须可靠接地；

3. 变压器的骨架上凸点为初级，应与PCB上的白色标记相对应

焊接工艺要求：符合通用手工焊接规范，焊点整洁、圆润、光滑、无虚焊、漏焊、冷焊等现象。剪脚整齐，引脚末端留存0.5～1mm

表 10-8　装配工艺卡片

<table>
<tr><td colspan="2" rowspan="4">装配工艺卡片</td><td colspan="2">工序名称</td><td>产品名称</td></tr>
<tr><td colspan="2" rowspan="3">天线、电源线
及扬声器插件及焊接</td><td>七管收音机</td></tr>
<tr><td>产品型号</td></tr>
<tr><td>NT-7B</td></tr>
<tr><td>工序号</td><td>装入件及辅材代号、名称、规格</td><td>数量</td><td colspan="2">插装工艺要求</td></tr>
<tr><td colspan="5">
作业要求：
1．磁棒线圈的 4 根引线头不用刮削打磨，可以直接搪锡，采用通孔插入焊接方式，焊接在电路板①、②、③、④对应的位置；
2．扬声器的采用两根同色导线，不分正、负极，采用通孔插入焊接方式，两端焊接牢固；
3．红黑两根电源线，采用通孔插入焊接方式，分别焊接在电路板上+3V、-3V 位置。另一端红色电源线接电源正极片，黑色接带弹簧的负极片</td></tr>
<tr><td colspan="5">焊接工艺要求：符合通用手工焊接规范，焊点整洁、圆润、光滑、无虚焊、漏焊、冷焊等现象。剪脚整齐，引脚末端留存 0.5～1mm</td></tr>
</table>

表 10-9　装配工艺卡片

<table>
<tr><td colspan="2" rowspan="4">装配工艺卡片</td><td colspan="2">工序名称</td><td>产品名称</td></tr>
<tr><td colspan="2" rowspan="3">缺口电流测量</td><td>七管收音机</td></tr>
<tr><td>产品型号</td></tr>
<tr><td>NT-7B</td></tr>
<tr><td>工序号</td><td>装入件及辅材代号、名称、规格</td><td>数量</td><td colspan="2">插装工艺要求</td></tr>
<tr><td colspan="5">E
D
C
B
A</td></tr>
</table>

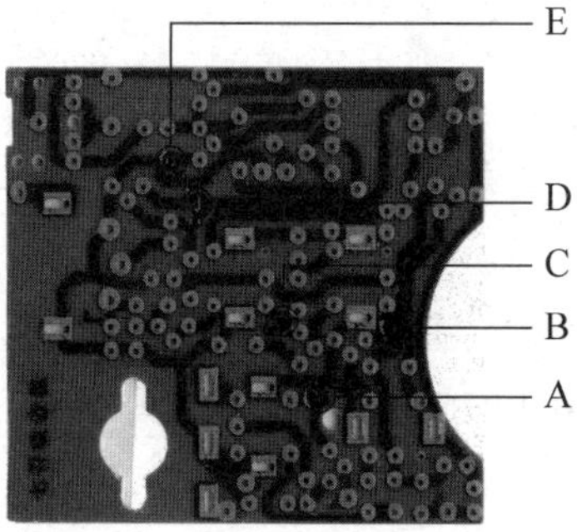

续表

作业要求： 1. 安装两节1.5V电池，打开收音机开关，此时发光二极管应发红光； 2. 测量电流，电位器开关断开，装上电池（注意正负极）用万用表的50mA挡，表笔跨接在电位器开关的两端（黑表笔接开关的另一端）若电流指示小于10mA（这时，A、B、C、D、E五个电流缺口均未连上，连上时总静态电流为15～18mA），则说明可以通电，将电位器开关打开（音量旋至最小即测量静态电流）用万用表分别依次测量E、D、B、A五个电流缺口，若被测量的数字在规定（请参考电路原理图）的参考值左右即可用电烙铁将这五个缺口依次连通，再把音量开到最大，调双连盘即可收到电台； 3. 当测量不在规定电流值左右请仔细检查三极管的极性有没有装错，中周是否装错位置，以及虚假错焊等，若测量哪一级电流不正常则说明那级有问题

表 10-10　装配工艺卡片

<table>
<tr><td colspan="2" rowspan="4">装配工艺卡片</td><td colspan="2">工序名称</td><td>产品名称</td></tr>
<tr><td colspan="2" rowspan="3">整机装配</td><td>七管收音机</td></tr>
<tr><td>产品型号</td></tr>
<tr><td>NT-7B</td></tr>
<tr><td>工序号</td><td>装入件及辅材代号、名称、规格</td><td>数量</td><td colspan="2">插装工艺要求</td></tr>
<tr><td colspan="5">
作业要求：
1. 确认调试成功后，将5个测试点A、B、C、D、E搭焊，即可开始总装了；
2. 整机总装时，应先装好音量和调谐拨盘，并在调谐拨盘上粘贴好指针不干胶，让后将焊接好的电路板放入后盖，上好紧固螺钉，然后把电源正负极片插入后盖相应位置，放置好扬声器，整理好各类导线；
3. 最后再一次的调谐和调试，确认成功后，即可在天线、扬声器、电源极片等易松动位置，用热胶做好固定，然后就可以盖前盖了</td></tr>
</table>

任务二　收音机的调试

任务分析

一台收音机安装完毕后，应仔细检查元件是否有错焊、虚焊及漏焊。特别是晶体管引脚、中频变压器的级序、磁性天线的极性等，检查无误后就可进行测试了。

知识点

对于一个成熟的产品该有明确的检测标准、良好的检测设备和严格的检测手段，一般收音机的整机调测步骤如下：

1．调测工作点电流和试听。

2．调整各中频变压器，使谐振频率至465kHz（一般调中频变压器的磁帽），通常称为调中频或校中周。

3．统调外差跟踪。

一般检测收音机的性能指标的常用设备有高频信号发生器、低频信号发生器、示波器、低频毫伏表、万用表、环形天线、中频扫频仪、失真度测试仪等。

任务实施

1．各级晶体管工作点的调测

为了测量的需要，在收音机的印制电路板上，设计有专为检测集电极电流而断开的A、B、C、D、E五个检测点，如图10-13所示。收音机安装好以后，需要测量各级电流是否在规定的范围内，若不在，则可能安装错误，需要检修。只有确认各级电流在规定的范围内，才能将此点用焊锡接通。

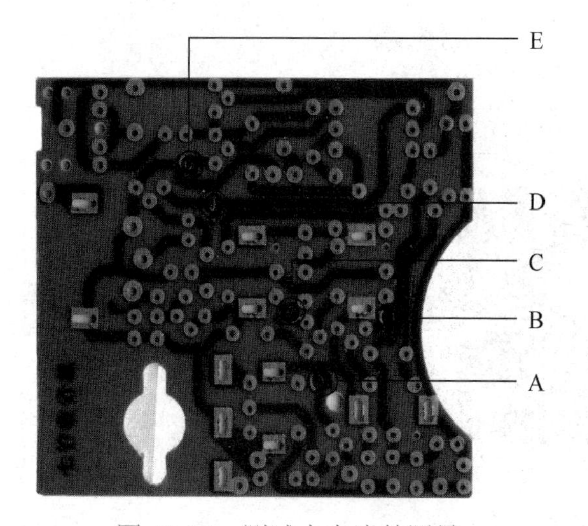

图10-13　测试点电流的测量

调偏流时应当注意以下几点：

（1）调整偏流就是调整晶体管的静态工作电流，所以调整或检测偏流的顺序应该由末级开始逐级向前级进行，以免前级有信号输入，后级已经在动态工作，而误将动态电流认为是静态电流。

（2）当D、C、B、E这4点电流测试完后，焊接磁性天线的4个引线，最后检测*A*点电流并记录表10-11中。全部正确后不要忘了用焊锡接通集电极电流的检测点。

表10-11　各三极管集电极工作电流值

元件编号	型号及标识	电路	被测电流点	静态参考电流	实测电流
VT_1	9018	变频级	A	0.3～0.5mA	
VT_2	9018	中放	B	3～5mA	
VT_3	9018	中放	C	1.5～3.5mA	
VT_5	9014	低放	D	3～5mA	
VT_6、VT_7	9013	功放	E	1～2mA	

2．465kHz中频调试

当收音机以超外差的形式接收到电台后，便可以开始调中频变压器了。

一般中频变压器在出厂前均已调过，通常不需要再调整。但有时装上收音机后还需要

调整，这是由于它底板的布线和元器件均存在大小不等的分布电容，这些因素会使中频变压器失谐。另外，一些使用已久的收音机，若其中频变压器的磁芯老化，元件变质，则原来调好的中频变压器也会失谐，所以，仔细调中频变压器是装配和修理收音机时不可缺少的一项工作。

调整中频变压器的目的是将中频变压器都调在规定的 465kHz 的中频频率，以符合原设计的要求，从而使收音机达到最高的灵敏度、最好的选择性。因此，调得好不好，对收音机的影响是很大的。

在没有仪器的情况下，只能把它们统一调到近于 465kHz 的某一频率。这样虽然较难知道具体的中频频率指标，但是，如果调整得好，也能够获得较好的收听效果。但由于这种调试不是根据某一标准频率进行的，因此，只能将几个中频变压器统一调谐到某一个频率。

打开收音机，随便收到一个电台，最好远离 465kHz 的高频端的一个电台。先用镊子将双连电容振荡联的两端短路一下，若声音突然停止或显著减小，说明本振荡电路工作正常，收到的电台经过了变频，此时调中周才有意义。否则，收到的电台是串进去的，中周会越调越乱。

在变频正常的情况下，边听声音边调整中周磁帽，使声音最大。调整时先调后级中周 VT_4 再调前级中周 VT_3，反复调整，当调到最响后可把音量电位器关小一些再调，或改收一个较弱的电台，再继续调试到最响，反复几次就基本上可以调好了。注意，调整时要尽量减少旋转的次数，用力不要过猛；否则，中周容易调松调坏。

3. 统调

外差跟踪的调试实际上是通过校准频率刻度和调补偿完成的。将环形天线接到高频信号发生器，高频信号发生器应设置在调幅输出，调制深度为 30%。毫伏表和示波器接在功放电路的输出端。把已装配好的收音机放在离环形天线 0.6m 处的位置。

1）频率刻度的校准

打开收音机电源开关，将音量电位器调至最大，把收音机刻度盘对准 600kHz。调节高频信号发生器输出 600kHz 的调幅信号，此时，扬声器中可听到 1000Hz 音频信号。用无感起子调节振荡中周 VT_2 的磁帽，观察毫伏表和示波器，使其幅度为最大。然后把收音机刻度盘对准 1600kHz，调节高频信号发生器输出 1600kHz 的调幅信号，用无感起子调节振荡连补偿电容 C_{B2}，同样，观察毫伏表和示波器使其幅度为最大，重复多次直至调准。

注意：

（1）调节过程中，若示波器中的正弦波波形出现非线性失真时，应减小高频信号发生器的输出幅度，保证所有调试在不失真的情况下进行。

（2）若开始收不到信号，应调节高频信号发生器的频率搜索，当收音机收到信号后，边调节边靠拢，直到频率对准为止。

2）调整频率补偿

调整时，仪器的连接和调整的方法与调频率覆盖一样，低端的 600kHz 调节的是磁性天线的线圈，如图 10-14 所示；高端的 1500kHz 跟踪点调的是天线连的补偿电容 C_{A2}。

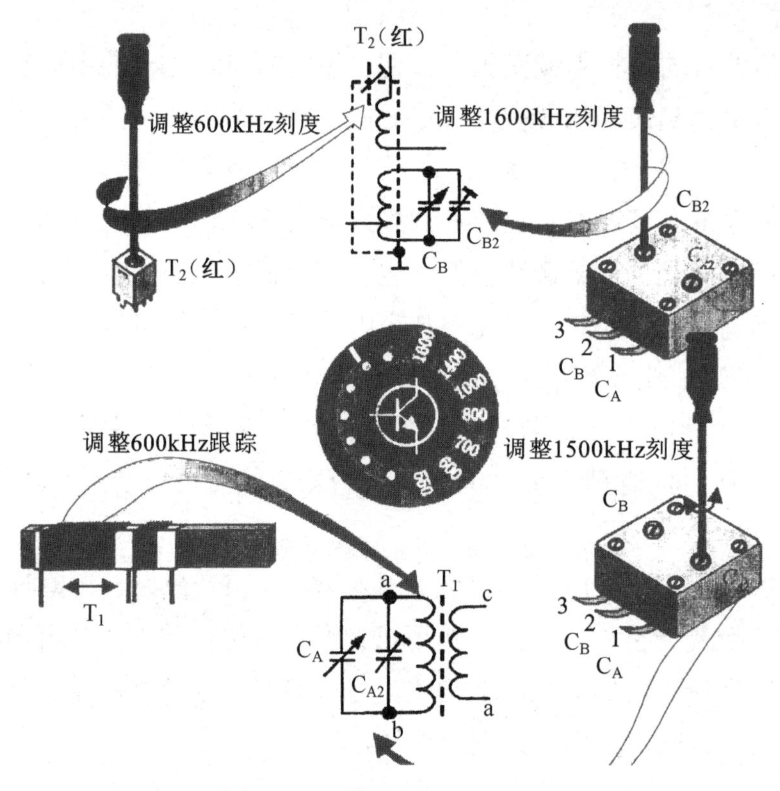

图 10-14　统调外差跟踪方法

注意：

（1）调整磁性天线时，左右移动天线与磁芯的相对位置，调整完后用蜡固定。

（2）调整时，所有元器件必须装配到位，特别是扬声器必须固定好。

综合实训 2　贴片数字万用表的组装与调试

数字万用表也称为数字多用表，简称 DMM（Digtial Multimeter）。它是采用数字化测量技术，把连续的模拟量转化成不连续、离散的数字形式并加以显示的仪表。目前，由各种单片机芯片构成的数字万用表，已被广泛用于电子及电工测量、工业自动化仪表、自动测试系统等智能化测试领域，显示着强大的生命力。

数字万用表具有体积小、电路简单、装配调试容易、耐用等特点，特别适合在校学生和电子爱好者学习、组装。在装配完成的同时也就得到了一款实用的测量工具。

任务一　数字万用表的装配

任务分析

要想装配好一块数字万用表，首先应该学会识别和检测各个元器件，保证各个元器件是合格的；其次依据电路图和 PCB 上的位号图对元器件正确的插装整形；最后对每个焊点可靠地焊接，这样才可能装配好一台合格的数字万用表。

装配好的收音机的电器性能指标应能满足如表 10-12 所示的技术指标。

表 10-12　数字万用表的技术指标

显示	3 1/2 位，带极性
过挡表示	3 位字空白
最大一般方式电压	500V 峰值
温度	−15～50、0～18 和 28～50，每摄氏度小于 0.1° 精确度
电源	9V 碱性或碳电池

所需的实训器材如表 10-13 所示。

表 10-13　实训器材清单

NT9205A 套件	1 套	吸锡及焊接辅助工具	1 套
MF-47 型万用表	1 块	斜口钳	1 把
标准数字万用表	1 块	尖嘴钳	1 把
直流标准电源	1 台	镊子	1 把
一个 10Ω、25W 的电阻	1 支	小刀	1 把
带放大镜台灯	1 台	起子	1 套
毫伏表	1 块	热塑枪	1 把
电烙铁	1 把	9V 电池	1 只

知识点

数字万用表是我们经常用到的一种测量工具，它的外形结构、功能、性能特点和工作原理到底是怎样的呢？

一、数字万用表的组成

数字万用表 NT9205A 主要由表头（液晶显示器）、电源开关、转换开关、输入插孔、晶体管插孔、复制保持键、表笔等部分构成，如图 10-15 所示。

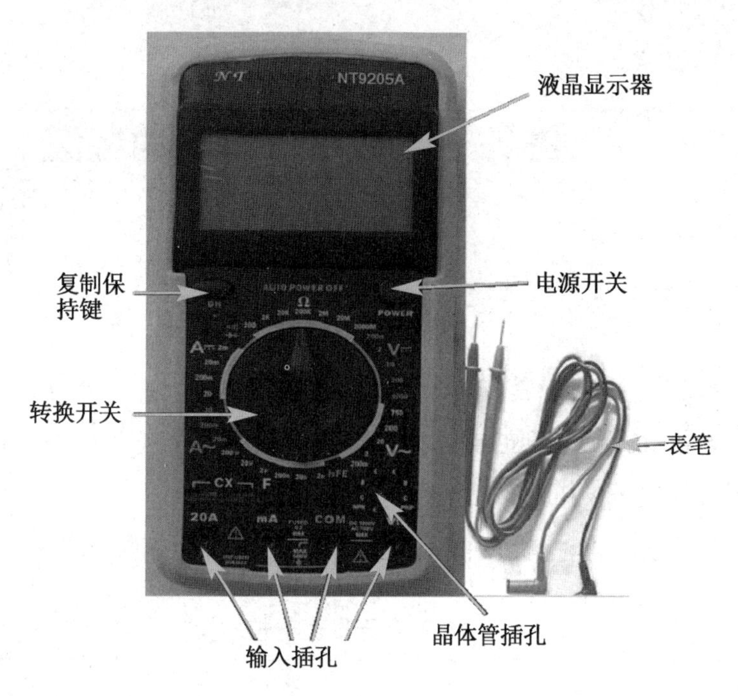

图 10-15　数字万用表的组成

1. 表头（液晶显示器）

一般由一只 A/D（模拟/数字）转换芯片、外围元件、液晶显示器组成，万用表的精度受表头的影响，万用表由于 A/D 芯片转换出来的数字，一般也称 3 1/2 位数字万用表、4 1/2 位数字万用表等。最常用的芯片是 ICL7106。

液晶显示器是数字万用表的显示部分，显示四位数字，最高位只能显示 1 或不显示数字，算半位，故称为三位半。最大指示为 1999 或-1999。

2. 复制保持键和电源开关部分

左边按键为万用表的复制保持键，在按下此键以后，显示器上测得的数据将会被保持，松开此键以后，显示器上数据恢复成原来的 0，右边标有 POWER 的键是电源开关键，用来接通和断开万用表电源。

3. 转换开关

转换开关的作用是选择各种不同的测量线路，以满足不同种类和不同量程的测量要求。转换开关一般是一个圆形拨盘，在其周围分别标有功能和量程。

① 测量电阻时将拨盘旋钮转到电阻挡，电阻挡量程有 200Ω、2kΩ、20kΩ、200kΩ、2MΩ、20MΩ、2000MΩ 挡位。

② 测量直流电压时，将拨盘旋钮转到直流电压挡，直流电压挡主要有 200mV、2V、20V、200V、1000V 挡位。

③ 测量交流电压时，将拨盘旋钮转到交流电压挡，交流电压挡有 200mV、2V、20V、200V、750V 挡位。

三极管测试挡用来检测三极管使用。

① 电容挡量程有 2nF、20nF、200nF、2μF、20μF、200μF 挡位。

② 交流电流挡有 20mA、200mA、20A 量程。

③ 直流电流挡有 2mA、20mA、200mA、20A 量程。

二极管蜂鸣器挡用来测量二极管的电阻，正向导通时蜂鸣，当红黑表笔短接时蜂鸣。

4. 插孔

数字万用表面板 6 个晶体管插孔分别为 NPN 和 PNP 型三极管 E、B、C 三个引脚的插孔，主要用来测量三极管电流放大系数和判断三极管极性。

数字万用表面板上有 4 个输入插孔，测量时，将黑色测试笔插入“COM”的插座。红色测试笔有如下三种插法，测量电压和电阻时插入“V·Ω”插座；测量小于 200mA 的电流时插入“mA”插座；测量大于 200mA 的电流时插入“10A”插座，测量时将红黑表笔插入对应的输入插孔，测量直流电或检测二极管时将红表笔接“+”黑表笔接“-”。

二、数字万用表的工作原理

数字万用表是由数字电压表配上相应的功能转换电路构成的，它可对交、直流电压，交、直流电流，电阻，电容及频率等多种参数进行直接测量。数字万用表的整体性能主要由这一数字表头的性能决定。数字电压表是数字万用表的核心，A/D 转换器是数字电压表的核心，不同的 A/D 转换器构成不同原理的数字万用表。功能转换电路是数字万用表实现多参数测量的必备电路。数字万用表的原理框图包括功能选择电路、转换电路、量程选择电路、电源电路、A/D 转换电路、显示逻辑电路和显示器几部分，如图 10-16 所示。NT9205A 电路原理如图 10-17 所示。

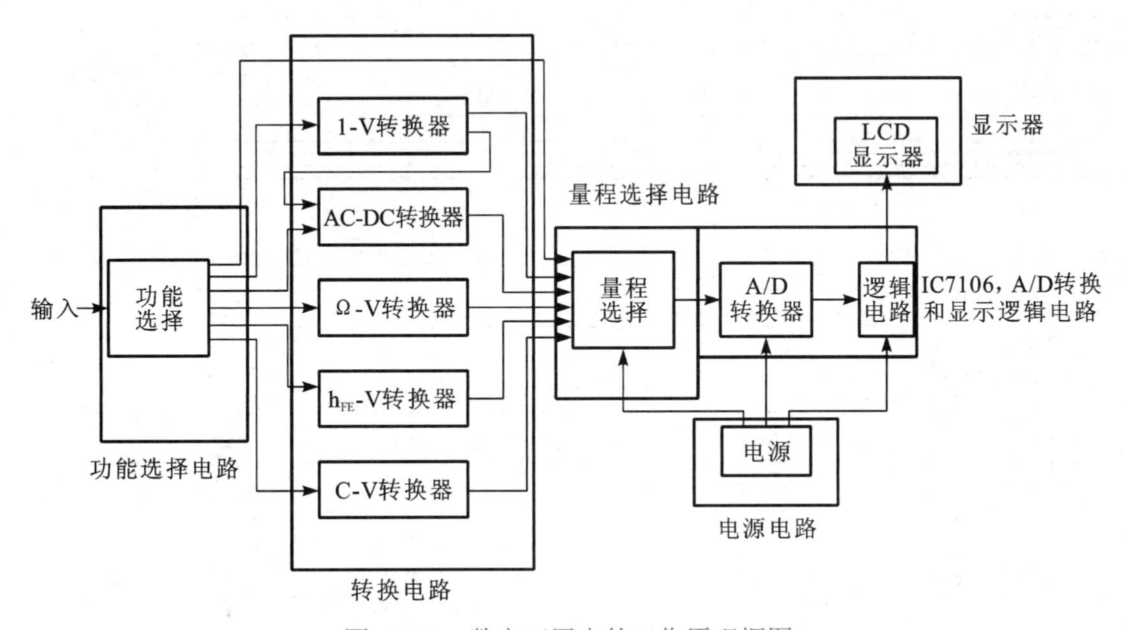

图 10-16　数字万用表的工作原理框图

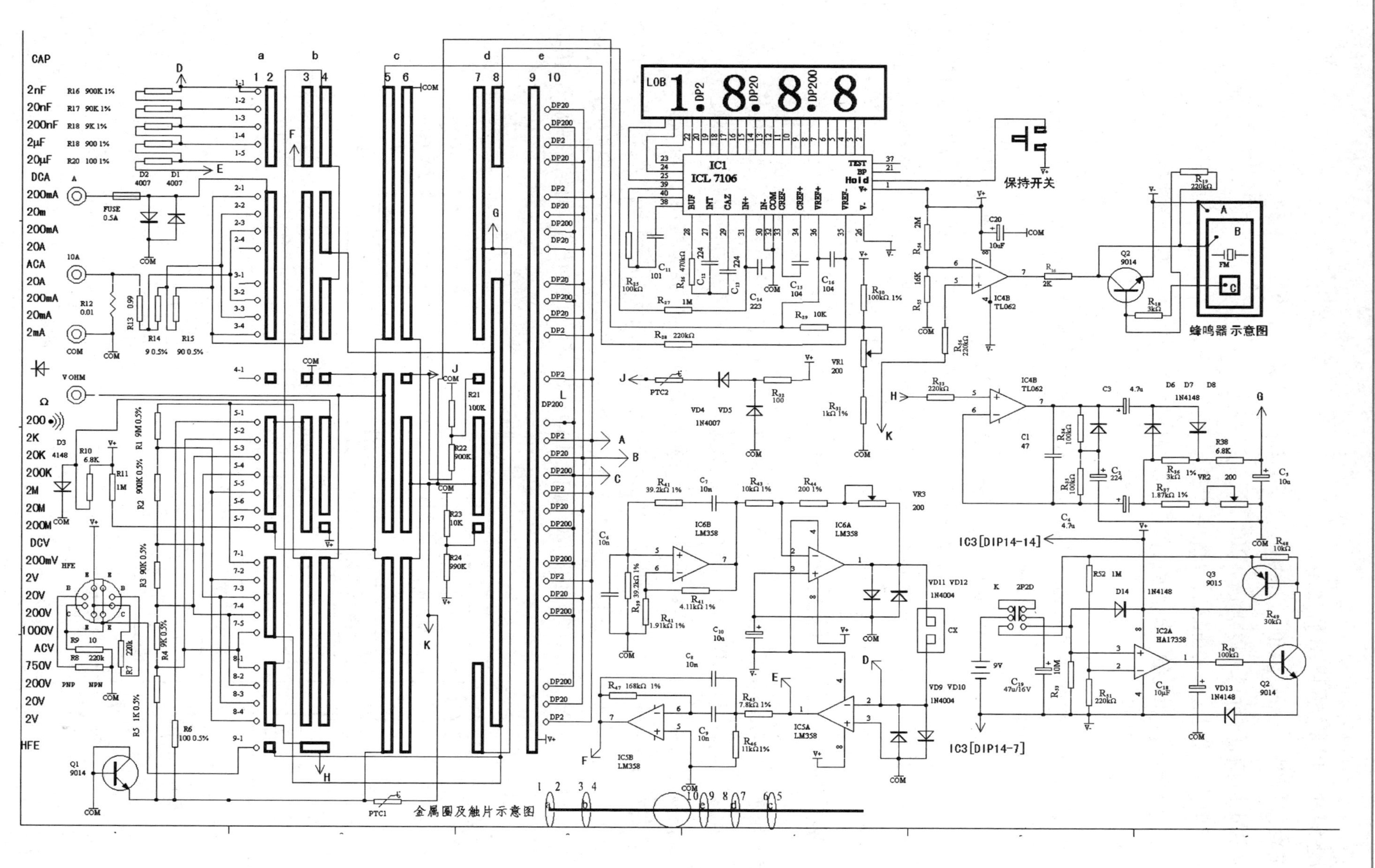

图 10-17　NT9205A 电路原理

三、NT9205组装套件的识别

在万用表组装套件中，有些元器件是常见的，如电阻、电容等，而有些元器件是万用表所特有的。

1. 机盒

由前后两片盒盖组成，如图10-18所示。用于安装放置组装焊接完成后的PCB、拨盘旋钮、液晶屏等部件。

（a）前盒盖

（b）后盒盖

图10-18　机盒

2. 拨盘旋钮和表笔

拨盘旋钮在万用表中用来改变测量功能和挡位，V形接触片就安装在拨盘旋钮上（背面槽口），拨盘旋钮由弹簧和钢珠定位。

万用表测量时，用表笔把万用表和被测点连接起来，万用表表笔有红色和黑色两根表笔。和万用表相连时，红笔插入“+”号孔中，黑笔插入“COM”孔中，如图10-19所示。

（a）拨盘旋钮正面

（b）拨盘旋钮背面

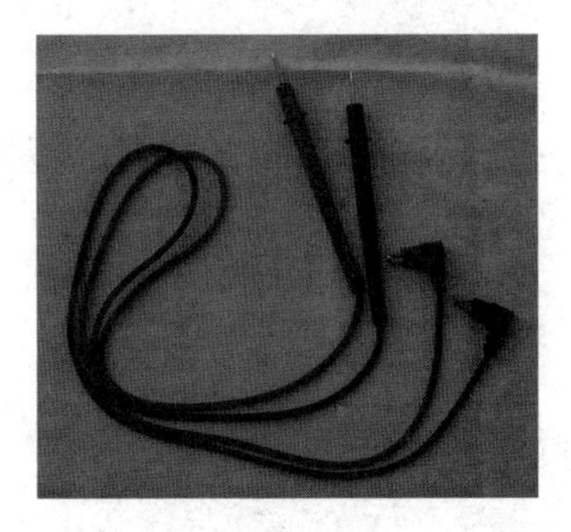

（c）表笔

图10-19　拨盘旋钮和表笔

3. 液晶屏

液晶屏用来显示万用表所测量的数值。由导电橡胶把液晶片和电路板连接起来，如图10-20所示。

（a）正面

（b）背面

图 10-20　液晶屏

4. PCB

万用表的 PCB 为双面敷铜板。

A 面中间部位为旋钮 V 形触片接触导轨，在组装过程中注意保护，切勿污损。部分电阻、电容从 B 面插入，在 A 面焊接，如图 10-21（a）所示。

贴片元件焊接在 B 面，部分通孔插件从 A 面插入，在 B 面焊接，如图 10-21（b）所示。

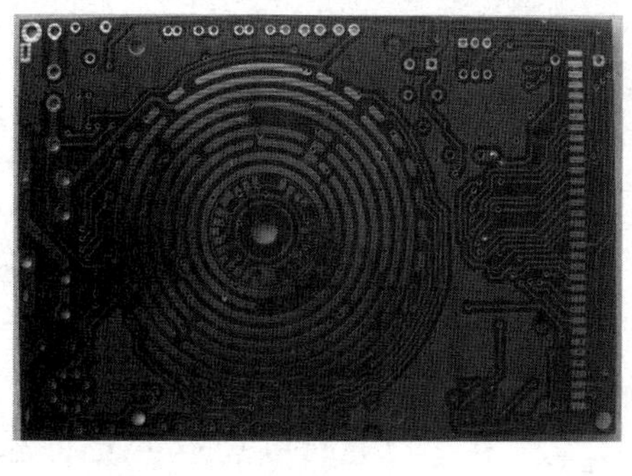

（a）A 面

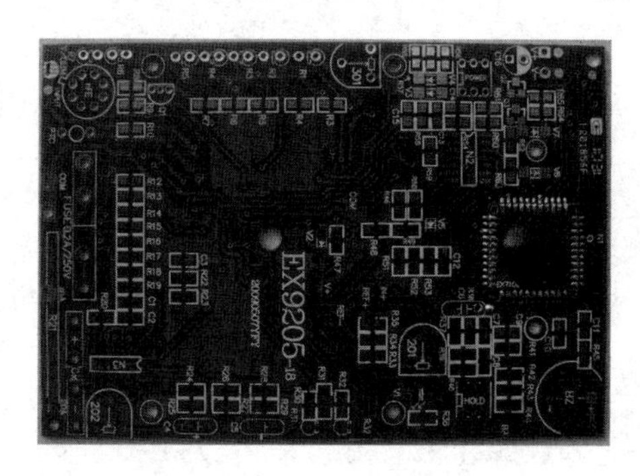

（b）B 面

图 10-21　PCB

5. 导电橡胶和导电橡胶支架

导电橡胶用于连接液晶片和电路板，如图 10-22（a）所示。导电橡胶支架用于放置导电橡胶，如图 10-22（b）所示。

（a）导电橡胶

（b）导电橡胶支架

图 10-22　导电橡胶和导电橡胶支架

6. 电池扣、晶体管测试座和电源开关

电池扣用于安装电池，电池扣的两个电极不相同，正好与 9V 层叠电池的两个电极相对应

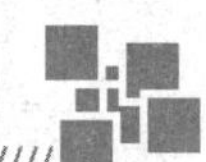

（接合），更换电池时，不会由于失误导致极性接反错误，如图 10-23（a）所示。

晶体管测试座用于接插被测晶体管，测量晶体管的电流放大系数，如图 10-23（b）所示。

电源开关用于万用表电源的接通或关断，开关有自锁功能，如图 10-23（c）所示。

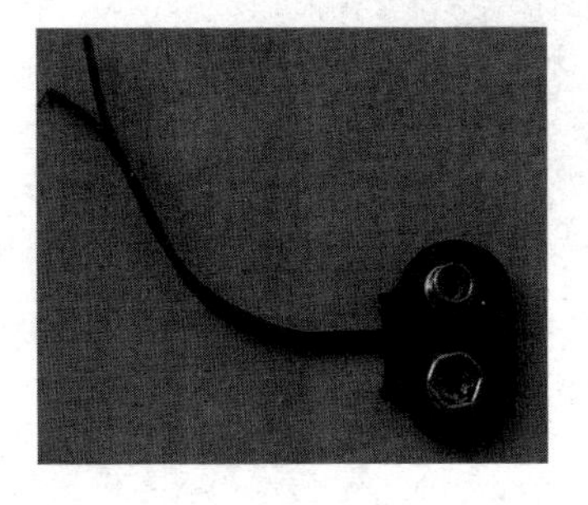

（a）电池扣

（b）晶体管测试座

（c）电源开关

图 10-23　电池扣、晶体管测试座和电源开关

7. 表笔插孔、蜂鸣器和发光二极管

表笔插孔安装在前面板上，尾部导条折尖焊接在电路板上，用于接插表笔，如图 10-24（a）所示。

陶瓷蜂鸣器有两个电极，焊接在电路板上，万用表测试二极管当正向导通时，能发出蜂鸣音，如图 10-24（b）所示。

发光二极管安装在电路板面上（在 B 面焊接），安装时，要注意引脚要留有合适的长度，以便总装时，发光二极管能从面板上凸出（从前面板露出），用于电源接通指示，如图 10-24（c）所示。

（a）表笔插孔

（b）蜂鸣器

（c）发光二极管

图 10-24　表笔插孔、蜂鸣器和发光二极管

8. IC7106

IC7106 为大规模集成电路，固化封装在电路板上（B 面），这种方式一般称为 COB（Chip On Board）。内部包含模拟电路和数字电路，是万用表的核心部件。IC7106 实物图和引脚图如图 10-25 所示。

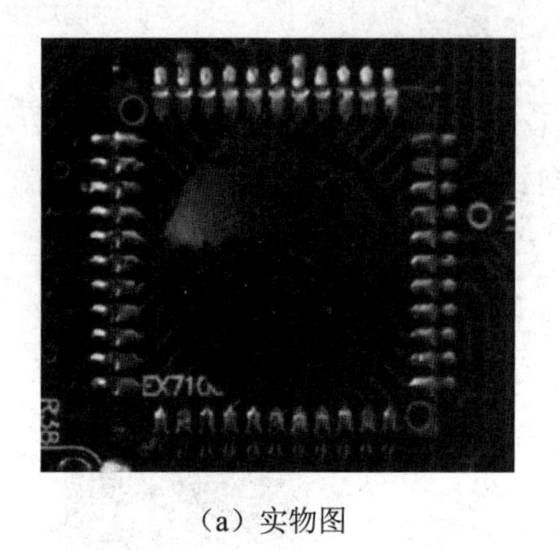
（a）实物图

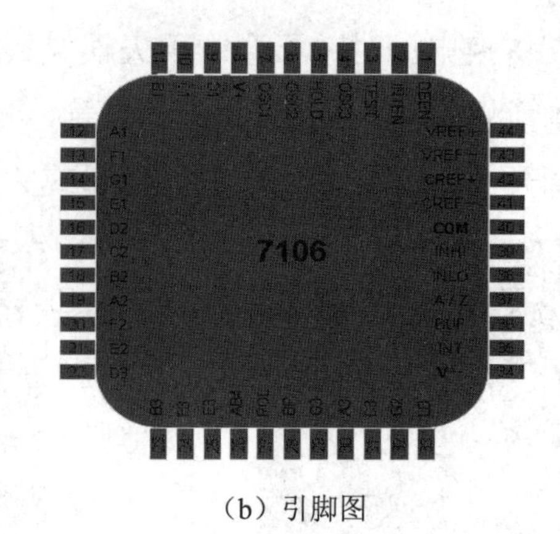

（b）引脚图

图 10-25　IC7106 实物图和引脚图

任务实施

推荐使用 40W 的外热式电烙铁和 63/37 铅锡合金松香心焊锡丝。并随时保持烙铁头的清洁和镀锡。

下列所有的安装步骤，在没有特别指明的情况下，元件必须从线路板正面装入。线路板上的元件符号图指出了每个元件的位置和方向。

一、安装步骤

特别注意：

（1）焊接时注意防护眼睛。

（2）不要将焊锡放入口中，焊锡中含铅和其他有毒物质，手工焊接后须清洁双手。

（3）确保焊接现场有足够的通风。

具体装配工艺卡片如表 10-14～表 10-16 所示。

表 10-14　装配工艺卡片

<table>
<tr><td colspan="4" rowspan="4">装配工艺卡片</td><td>工序名称</td><td>产品名称</td></tr>
<tr><td rowspan="3">B 面装配及焊接（贴片）</td><td>数字万用表</td></tr>
<tr><td>产品型号</td></tr>
<tr><td>NT9205A</td></tr>
<tr><td>工序号</td><td colspan="3">装入件及辅材代号、名称、规格</td><td>数量</td><td>插装工艺要求</td></tr>
<tr><td>1</td><td>R_{31}</td><td>金膜电阻</td><td>1Ω 0.5%1/4W</td><td></td><td>贴片安装</td></tr>
<tr><td>2</td><td>R_{32}</td><td>金膜电阻</td><td>9Ω0.5%1/4W</td><td></td><td>贴片安装</td></tr>
<tr><td>3</td><td>R_7</td><td>金膜电阻</td><td>100Ω0.5%1/4W</td><td></td><td>贴片安装</td></tr>
<tr><td>4</td><td>R_6</td><td>金膜电阻</td><td>900Ω0.5%1/4W</td><td></td><td>贴片安装</td></tr>
<tr><td>5</td><td>R_5</td><td>金膜电阻</td><td>9kΩ0.5%1/4W</td><td></td><td>贴片安装</td></tr>
</table>

续表

装配工艺卡片				工序名称	产品名称
				B 面装配及焊接（贴片）	数字万用表
					产品型号
					NT9205A
工序号	装入件及辅材代号、名称、规格			数量	插装工艺要求
6	R_4	金膜电阻	90kΩ0.5%1/4W		贴片安装
7	R_3	金膜电阻	900kΩ0.5%1/4W		贴片安装
8	R_{30}	碳膜电阻	51Ω±5%	1	贴片安装
9	R_{37}	碳膜电阻	470Ω±5%	1	贴片安装
10	R_{10}	碳膜电阻	1.3kΩ±5%	1	贴片安装
11	R_{36}	碳膜电阻	2kΩ±5%	1	贴片安装
12	R_{47}	碳膜电阻	6.8kΩ±5%	1	贴片安装
13	R_{35}、R_{56}、R_{57}、R_{65}	碳膜电阻	10kΩ±5%	4	贴片安装
14	R_{38}	碳膜电阻	47kΩ±5%	1	贴片安装
15	R_{45}、R_{59}、R_{62}	碳膜电阻	100kΩ±5%	3	贴片安装
16	R_8、R_9、R_{39}、R_{40}、R_{48}、R_{58}、R_{61}	碳膜电阻	220kΩ±5%	7	贴片安装
17	R_{52}	碳膜电阻	470kΩ±5%	1	贴片安装
18	R_{41}、R_{42}、R_{43}、R_{44}、R_{51}、R_{53}、R_{60}	碳膜电阻	1MΩ±5%	7	贴片安装
19	R_{49}、R_{50}	碳膜电阻	2MΩ±5%	2	贴片安装
20	R_{63}	碳膜电阻	10MΩ±5%	1	贴片安装
21	R_{54}	碳膜电阻	20MΩ±5%	1	贴片安装
22	R_{17}	碳膜电阻	10Ω±1%	1	贴片安装
23	R_{16}	碳膜电阻	90Ω±1%	1	贴片安装
24	R_{15}、R_{34}	碳膜电阻	900Ω±1%	2	贴片安装
25	R_{25}	碳膜电阻	2k±1%	1	贴片安装
26	R_{55}	碳膜电阻	4.53kΩ±1%	1	贴片安装
27	R_{27}	碳膜电阻	6.2kΩ±1%	1	贴片安装
28	R_{14}	碳膜电阻	9kΩ±1%	1	贴片安装
29	R_{23}	碳膜电阻	10kΩ±1%	1	贴片安装
30	R_{19}	碳膜电阻	11kΩ±1%	1	贴片安装
31	R_{26}	碳膜电阻	13kΩ±1%	1	贴片安装
32	R_{33}、R_{46}、R_{64}	碳膜电阻	30kΩ±1%	3	贴片安装
33	R_{28}、R_{29}	碳膜电阻	39.2kΩ±1%	2	贴片安装
34	R_{18}	碳膜电阻	76.8kΩ±1%	1	贴片安装
35	R_{13}	碳膜电阻	90kΩ±1%	1	贴片安装
36	R_{24}	碳膜电阻	100kΩ±1%	1	贴片安装

续表

装配工艺卡片				工序名称	产品名称
				B 面装配及焊接（贴片）	数字万用表
					产品型号
					NT9205A
工序号	装入件及辅材代号、名称、规格			数量	插装工艺要求
37	R_{20}	碳膜电阻	168kΩ（160kΩ±5%代用）	1	贴片安装
38	R_{12}	碳膜电阻	900kΩ±1%	1	贴片安装
39	R_{22}	碳膜电阻	990kΩ（1M±5%代用）	1	贴片安装
40	C_{11}、C_{12}	贴片电容	100pF（101）±5%	2	贴片安装
41	C_1、C_2	贴片电容	10nF（103）±10%	2	贴片安装
42	C_8、C_9、C_{10}、C_{14}	贴片电容	0.1μF（104）	4	贴片安装
43	C_7	贴片电容	0.22μF（224）	1	贴片安装
44	C_3、C_{13}、C_{15}	贴片电容	1μF（105）	3	贴片安装
45	VD_2～VD_7	贴片二极管	二极管 IN4148	6	贴片安装
46	Q3	贴片三极管	三极管 9014	1	贴片安装
47	Q2	贴片三极管	三极管 9015	1	贴片安装
焊接工艺要求：符合通用手工贴片焊接规范，焊点整洁、圆润、光滑，焊锡量适中，焊面呈内凹弧形，无虚焊、漏焊、冷焊等现象					

表 10-15 装配工艺卡片

装配工艺卡片				工序名称	产品名称
				B 面装配及焊接（通孔）	数字万用表
					产品型号
					NT9205A
工序号	装入件及辅材代号、名称、规格			数量	插装工艺要求
1	R_1、R_2	金膜电阻	4.5M Ω0.5%1/4W	2	立式安装
2	PTC	热敏电阻	1～1.5kΩ	1	立式安装
3	C_{16}	电解电容	47μF 16V	1	正负对应、立式贴板安装
4	C_6	聚酯电容	220nF（224）CBB	1	立式安装
5	C_4、C_5	聚酯电容	10μF（103）CBB	2	立式安装
6	VR1	电位器	201（200Ω）	1	水平贴板
7	VR2	电位器	301（300Ω）	1	水平贴板
8	VR3	电位器	202（2kΩ）	1	水平贴板
9	WR1	锰铜电阻	0.01Ωϕ1.6×48mm	1	立式安装
焊接工艺要求：符合通用手工焊接规范，焊点整洁、圆润、光滑、无虚焊、漏焊、冷焊等现象。剪脚整齐，引脚末端留存 0.5～1mm					

表 10-16　装配工艺卡片

装配工艺卡片				工序名称	产品名称
				A 面装配及焊接	数字万用表
					产品型号
					NT9205A
工序号	装入件及辅材代号、名称、规格			数量	插装工艺要求
1	发光二极管		$\phi3$	1	立式安装
2	输入插座		$\phi4.5\times11$mm	4	立式安装
3	电源按键开关		5.8×5.8　2P2T	2	立式安装
4	圆八脚		830D 型	1	立式安装
5	电容夹片		7.6mm×16.2mm×0.7mm	2	立式安装
焊接工艺要求：符合通用手工焊接规范，焊点整洁、圆润、光滑、无虚焊、漏焊、冷焊等现象。剪脚整齐，引脚末端留存 0.5～1mm					

焊接注意事项：

在插件完成后，先用一块软垫或海绵覆盖在插件的表面，反转线路板，用手指按住线路板再进行焊接，或者在每插一个零件后，将零件的两只脚掰开，这样在焊接线路板时，零件才不会从线路板上掉下来。但是对开关、电容插座、电源线、输入插座的焊接，应当逐一进行。

二、总装

（1）PCB 挡位旋钮的插接组装，如图 10-26 所示。

第一步：首先将 5 个弹簧片安放在挡位旋钮的图中方框标记的位置。

（a）第一步

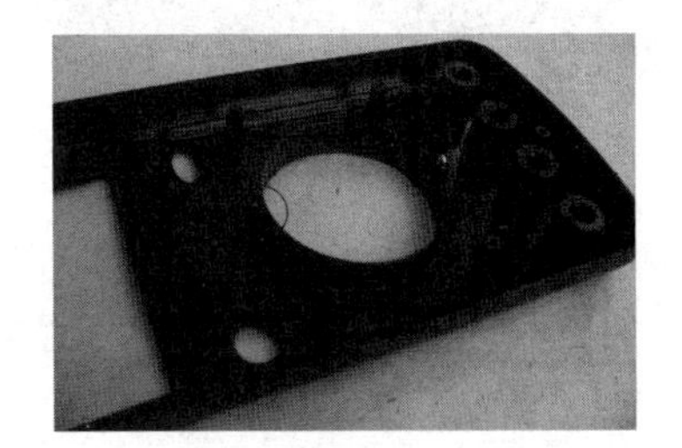

（b）第二步

（c）第三步

（d）第四步

图 10-26　PCB 挡位旋钮的插接组装

第二步：在万用表底壳上圆圈指示位置，把弹簧放在孔里，在弹簧上面放置弹珠。这个步骤要细心，不要让弹簧将弹珠弹丢了。

第三步：将旋钮开关反过来，盖在万用表底壳上，注意不要碰落圆圈位置的弹珠。

第四步：轻轻左右旋转，确保安装合适。但需要注意的是，这时的挡位旋钮并没有固定，所以只能轻轻保持这个姿态放在原地，等待下一个安装环节。

（2）PCB 液晶片的插接组装，如图 10-27 所示。

第一步：首先将透明的有机防护膜片放在屏幕位置。注意里面有卡口，要卡好。

第二步：将液晶片压在刚才放置的有机防护膜片上面。注意方向，并卡在卡口里。

第三步：将导电胶条放置在导电胶条支架里面。

第四步：然后将导电胶条和支架一起放到前面板如图所示的位置。

（a）第一步

（b）第二步

（c）第三步

（d）第四步

图 10-27　PCB 液晶片的插接组装

（3）数字万用表的总装，如图 10-28 所示。

第一步：将电源控制开关和保持开关帽安装好。

第二步：将焊接好的 PCB 放置到前面板里。此步骤注意两点：① PCB 和导电胶条要可靠接触；② 注意挡位旋钮的位置，圆圈部位是定位孔和定位销。

第三步：用手压好电路板，用螺丝刀把圆圈标示的 5 个螺钉拧紧固定。

第四步：将蜂鸣器和电池分别安放到指定位置。

第五步：将前后盖壳合起来。

第六步：将圆圈所标示的 4 个螺钉拧紧固定。

第七步：将底壳支架安装好。

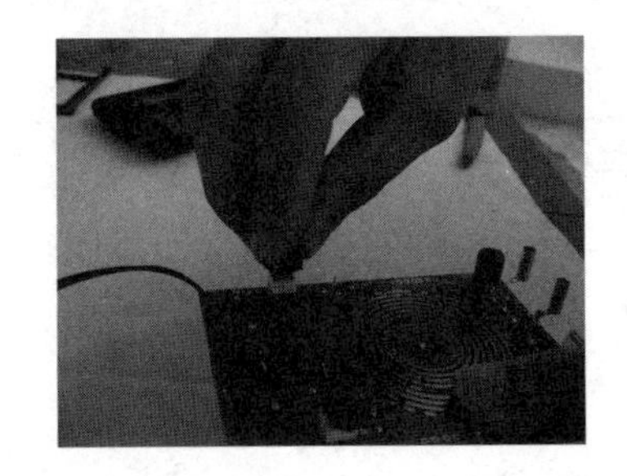

（a）第一步

（b）第二步

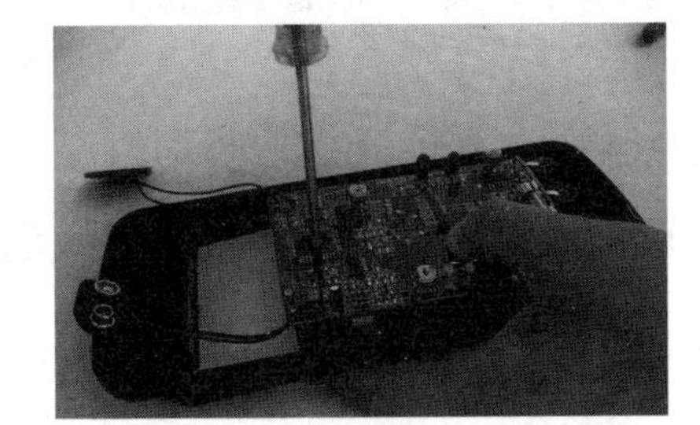

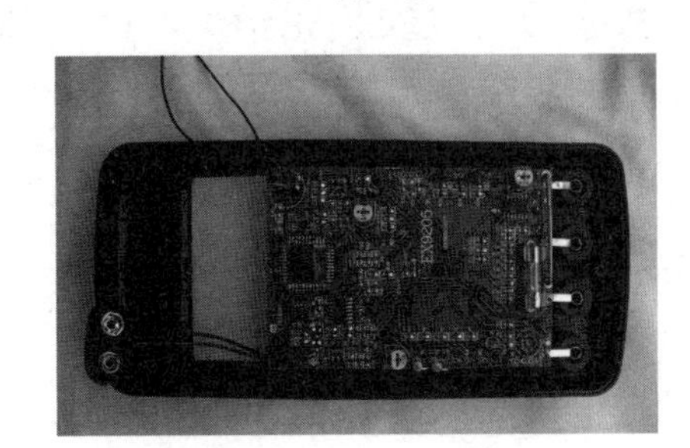

（c）第三步

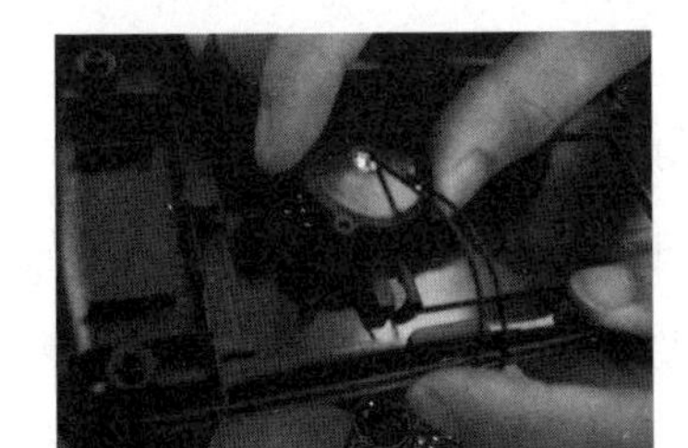

（d）第四步

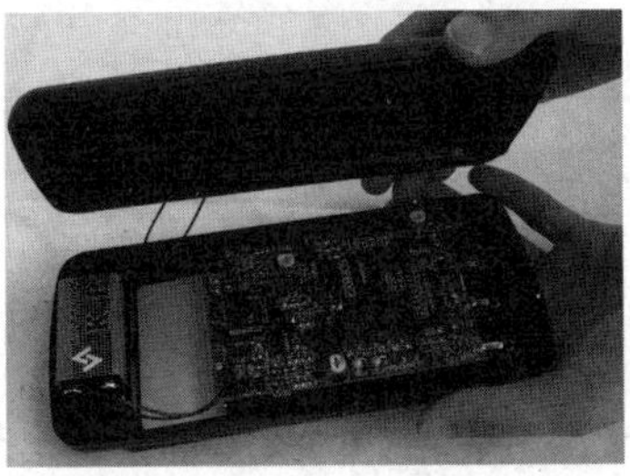

（e）第五步

（f）第六步

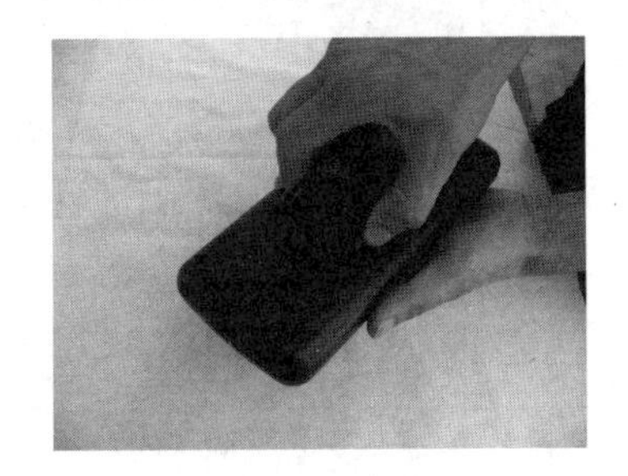

（g）第七步

图 10-28　数字万用表的总装

任务二 数字万用表测试、校准

任务分析

一台数字万用表安装完毕后，应仔细检查元件是否有错焊、虚焊及漏焊。检查无误后就可进行测试了。

对于一个成熟的产品该有明确的检测标准、良好的检测设备和严格的检测手段。

万用表已经装配好，那么我们组装的表，是不是都正常，测量准确吗？接下来我们就要对组装好的数字万用表进行测试、校准。

任务实施

一、正常显示测试

不连接测试笔，转动拨盘，仪表在各挡位的读数如表 10-17 所示发生变化，负号（-）可能会在各为零的挡位中闪动显示，另外，尾数有一些数字的跳动也算正常。

表 10-17 各挡位的读数显示

功能量程		显示数字		功能量程		显示数字
DCV	200mV	00.0	可能有几个字不回零	h_{FE}	三极管	000
	2V	0.000		Diode	二极管	1
	20V	0.00		OHM	200Ω	1
	200V	00.0			2kΩ	1
	1000V	000			20kΩ	1
DCA					200kΩ	1
	200mA	00.0	可能有几个字不回零		2MΩ	1
	20mA	0.00	可能有几个字不回零		20MΩ	1
	2mA	000			200MΩ	1
	10A	0.00		通断测试	30Ω 以下	1
ACV	200mV	00.0				
	2V	0.000				
	20V	0.00		电容挡	2000pF/2nF	0.000
	200V	00.0			20nF	0.00
	750V	000			200nF	00.0

续表

功能量程		显示数字		功能量程		显示数字
DCA	200mA	00.0			2μF	0.000
	20mA	0.00			20μF	0.00
	2mA	000				
	10A	0.00				

二、校准

1. A/D 转换器校准

将被测仪表的拨盘开关转到 20V 挡位，插好表笔；用另一块已校准仪表做监测表，监测一个小于 20V 的直流电源（如 9V 电池），然后用该电源校准装配好的仪表，调整电位器 VR1（201）直到被校准表与监测表的读数相同（注意，不能用被校准表测量自身的电池）。当两个仪表读数一致时，套件安装表就被校准了。将表笔移开电源，拨盘转到关机位。

2. 直流 10A 挡校准

准备一个负载能力大约为 5A、电压 5V 的直流标准源。将被校准表的拨盘转到 10A 位置，表笔连接如图 10-29 所示。如果仪表显示高于 5A，在锰铜丝上增加焊锡使锰铜丝电阻在 10A 和 COM 输入端之间的截面积相对减小，直到仪表显示 5A；如果仪表显示小于 5A，将锰铜丝从线路板上焊起来一点点，使锰铜丝电阻在 10A 和 COM 输入端之间的阻值增大，直到仪表显示 5A。（注意，在焊接锰铜丝时，锰铜丝的阻值会随它的温度变化而变化，只有等到冷却时才是最准确的。剪锰铜丝时使它的截面积减小，从而使阻值增大，要注意一定不要剪断锰铜丝。）

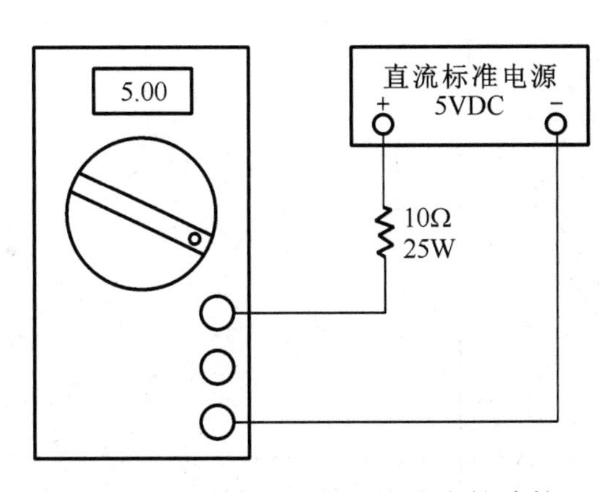

图 10-29 直流 10A 挡校准表笔连接

三、挡位测试

1. 直流电压测试

准备一个直流可变电压源，将电源分别设置在 DCV 量程各挡的中间值，然后对比被测表与监测表测量各挡中间值的误差，读数误差应在允许范围内。直流电压测试电路如图 10-30 所示。

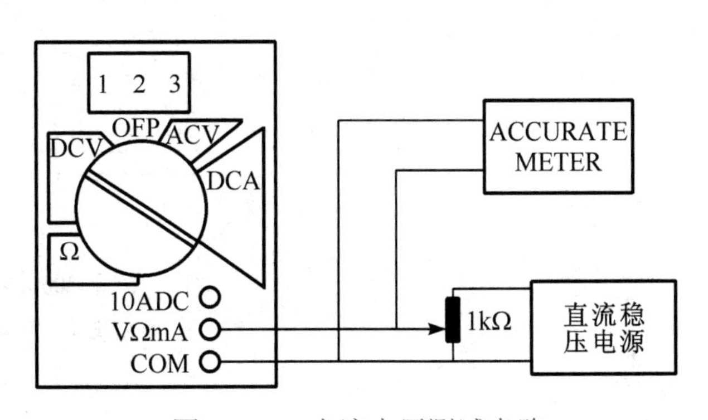

图 10-30 直流电压测试电路

2. 交流电压测试

准备一个 AC 电压源（50Hz，10V）。

注意： 为了安全，只选用 10V 的交流电压或用低频信号发生器输出 10V、50Hz 正弦交流信号代替。

挡位为 2V-200V-750VAC 各挡，输入 10V AC 电压，跟已知精确表比较读数误差应在允许范围内。

挡位为 2V～200mV 时，输入分压的 100mV AC 电压，跟已知精确表比较读数误差应在允许范围内。交流电压测试电路如图 10-31 所示。

3. 直流电流测量

将拨盘转到 200μA 挡位，直流电流测量测试电路如图 10-32 所示，当 R_A 等于 100kΩ 时回路电流约为 90μA，对比被测表与监测表的读数。

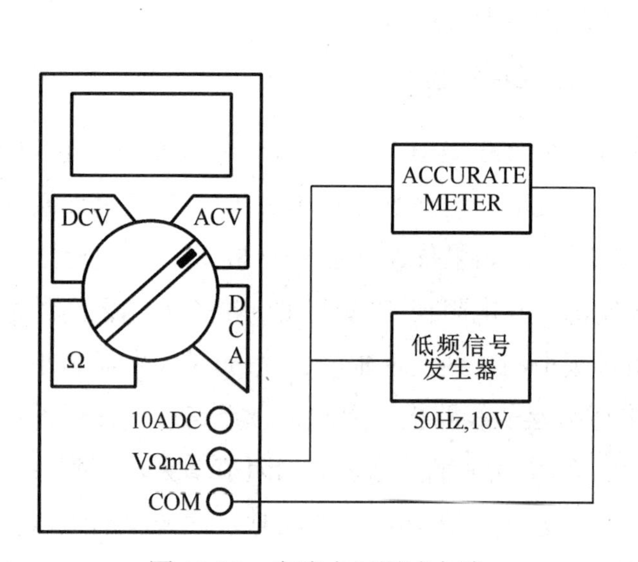

图 10-31 交流电压测试电路

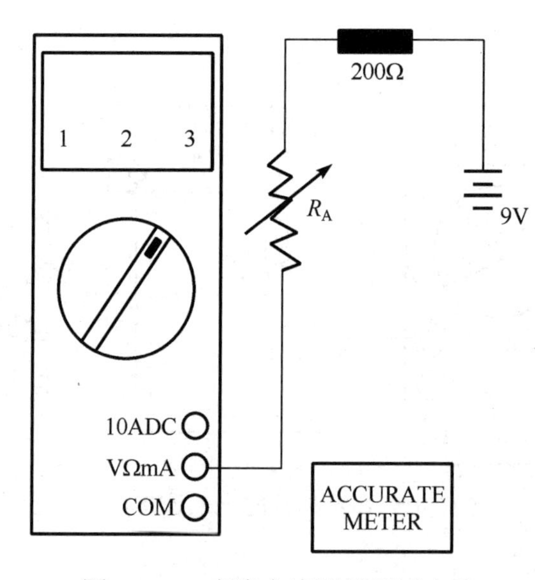

图 10-32 直流电流测量测试电路

将拨盘转到表 10-18 中的各电流挡，同时按表中所示改变 R_A 的数值，对比被测表与监测表的读数。

表 10-18 直流电流测量

量　程	RA	电流（大约）	备　注
200μA	10kΩ	900μA	如果 200mA 挡偏高，可以改变 0.99Ω 的阻值，从而使它正常，在 0.99Ω 的电阻旁 R_X 上并联一个电阻
20mA	1kΩ	9mA	
200mA	470Ω	19mA	

4. 电阻/二极管测试

（1）准备 1000kΩ、100kΩ、10kΩ、1000Ω、100Ω 的电阻各一个，分别用欧姆挡的各挡测

量。跟已知精确仪表比较读数误差应在允许范围内。

（2）挡位为 20M、200M 时用 10MΩ 标准电阻校准。

（3）用一个好的硅二极管（如 1N4004）测试二极管挡，读数应约为 650Ω，对于功率二极管显示数值要低一些，请与监测表对比使用。电阻/二极管测试电路如图 10-33 所示。

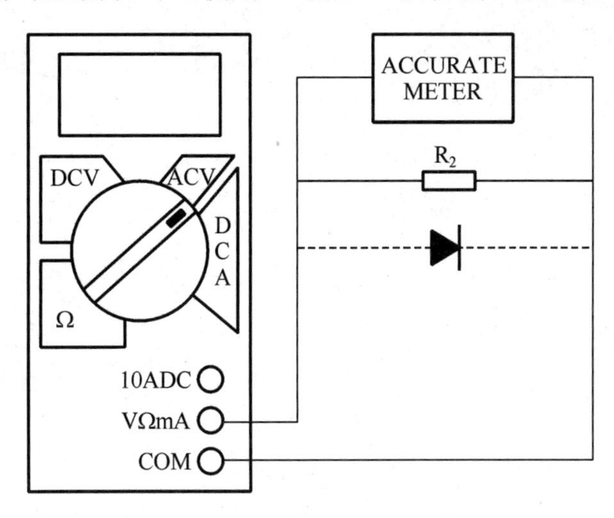

图 10-33　电阻/二极管测试电路

5. 通断测试

（1）将待测表功能旋钮转至音频通断测试挡，红、黑表笔短路，蜂鸣器应能发声，声音应清脆无杂音。

（2）欧姆挡可以测试晶体二极管单向导电性，如果红表笔连接二极管正极，黑表笔连接二极管负极。万用表内部电池使二极管正向导通，导通电阻很小，使蜂鸣器发声。如果红黑表笔对调，万用表内部电池使二极管反向截止，截止电阻很大，蜂鸣器不发声，显示面板显示被测二极管反向截止电阻。

6. h_{FE} 测试

（1）将拨盘转到 h_{FE} 挡位，用一个小的 NPN（9014）和 PNP（9015）晶体管，并将发射极、基极、集电极分别插入相应的插孔。

（2）被测表显示晶体管的 h_{FE} 值，晶体管的 h_{FE} 值范围较宽，与已知标准值比较，其误差应在允许范围内。

7. 电容测量

将转盘拨至 200nF 量程，取一个标准的 100nF 的金属电容，插在电容夹的两个输入端，注意不要短路，如有误差可调节 VR_3 电位器直到读数准确。